# 供电所
# 安全质量员
## 岗位培训教材

张　涛　王生甫　徐文忠　主编

中国电力出版社
CHINA ELECTRIC POWER PRESS

## 内 容 提 要

本书根据国家电网有限公司《“全能型”乡镇供电所完善提升2019—2020年行动计划》中的安全工作目标、基本原则、重点任务和工作要求，结合供电所安全质量员培训需求编写而成，主要内容包括：供电所安全管理体系、供电所安全质量员岗位工作标准、供电所“两票”管理与“两措”执行、安全工器具管理、供电所安全质量员信息系统应用管理（可扫码看操作视频）、供电所安全缺陷管理、供电所安全培训等内容。

本书可作为供电所安全质量员、供电所营销人员、供电所运维人员等专业人员的岗位培训用书，也可作为职工培训及职业技能鉴定的参考书。

**图书在版编目（CIP）数据**

供电所安全质量员岗位培训教材 / 张涛，王生甫，徐文忠主编．—北京：中国电力出版社，2019.9

ISBN 978-7-5198-3169-1

Ⅰ．①供…　Ⅱ．①张…②王…③徐…　Ⅲ．①供电－工业企业管理－安全管理－中国－岗位培训－教材　Ⅳ．①F426.61

中国版本图书馆CIP数据核字（2019）第096439号

---

出版发行：中国电力出版社
地　　址：北京市东城区北京站西街19号（邮政编码100005）
网　　址：http://www.cepp.sgcc.com.cn
责任编辑：丁　钊（010-63412393）
责任校对：黄　蓓　太兴华
装帧设计：王红柳
责任印制：杨晓东

---

印　　刷：三河市航远印刷有限公司
版　　次：2019年9月第一版
印　　次：2019年9月北京第一次印刷
开　　本：710毫米×980毫米　16开本
印　　张：19.75
字　　数：292千字
印　　数：0001—3000册
定　　价：68.00元

---

# 前　言

为深入贯彻习近平新时代中国特色社会主义思想和党的十九大精神，全面提升乡镇供电所安全质量、效率效益和供电服务水平，打造电力服务“三农”坚强前沿阵地，助力乡村振兴战略实施，国网河南省电力公司技能培训中心组织专家、专兼职培训师编写了本教材。

根据国家电网有限公司《“全能型”乡镇供电所完善提升2019—2020年行动计划》中的安全工作目标、基本原则、重点任务和工作要求，结合供电所安全质量员培训需求，本书重点聚焦运检和营销两大主营业务岗位人员的素质提升，旨在助力供电所尽快实现“安全基础牢固、业务执行规范、信息融会贯通、队伍支撑有力、基础设施完备、服务便捷高效”总体目标，以此提升供电所安全管理穿透力和工作执行力。

本培训教材包括八章内容，主要包括概述、供电所安全管理体系、供电所安全质量员岗位工作标准、供电所“两票”管理与“两措”执行、安全工器具管理、供电所安全质量员信息系统应用管理（可扫码看操作视频）、供电所安全缺陷管理、供电所安全培训等内容。本书汇聚了参编人员多年基层工作的经验总结，书中所选案例具备一定的代表性和典型性，可起到一定的警示、提醒及纠正违章的作用。本书可作为供电所安全质量员、供电所营销人员、供电所运维人员等专业人员的岗位培训用书，也可作为职工培训及职业技能鉴定的参考书。

本培训教材由国网河南省电力公司技能培训中心张涛、王生甫、徐文忠主编；国网河南正阳县供电公司王保民，国网河南南阳供电公司陈攀、苏长宝，国网河南安阳县供电公司李大红，国网河南省电力公司技能培训中心张光磊、王伟钢副主编。

国网湖南邵阳供电公司禹仲明，国网河南电科院姚伟，国网河南省电力公司技能培训中心张书军、贾凤姣、符贵、陈邓伟，国网河南南阳供电公司张亚涛、李晓豫、邓科、郭跃东、侯麟、张义萍、叶健、兰奎、刘明浩、李楠、李成、齐军、李新生、武波、党军然、芮景泽，国网河南安阳县供电公司张素民，国网河南正阳县供电公司杨怀周、黄娟、黄朋辉，国网河南上蔡县供电公司王灿彬，国网河南洛阳供电公司冯辉、赵帅，国网南京南瑞集团公司王冠，国网河南商丘供电公司王峰、田新、周鑫、刘民杰，国网河南郑州供电公司苏沛、郭辉；国网河南三门峡供电公司司毅峰、任媛、巴瑞，国网河南省检修公司陈亚洲、杨峰，国网河南濮阳供电公司杨军、孙建军、麻峰杰、李宁，国网济源供电公司陈志勇，国网河南方城县供电公司余泳、李彬，国网北京大兴供电公司刘智源，国网河南遂平县供电公司江新华，国网河南平顶山供电公司颜靓、张帆、王金山、王晓培、代虎、可晓康，国网河南安阳供电公司张大伟，国网河南沈丘县供电公司王飞鹏，国网河南鲁山县供电公司闫晓，国网河南灵宝供电公司彭志杰、高盼、南辉，国网河南长垣县供电公司李洪涛、邢卫民，国网河南睢县供电公司田晓东、许飞、李战杰，国网河南民权县供电公司魏玉峰，国网河南永城供电公司乔新安、刘璐、孙鹏超、赵振宇，国网河南确山县供电公司刘建伟、喻鹏、魏东舟、赵小生，国网河南鹤壁供电公司李鑫路，国网新野县供电公司闵波、刘俊林、李勇、王芳、邓冰、黄国涛、李瑞、詹雪松，国网河南扶沟县供电公司宋光辉、刘俊伟，国网河南孟津县供电公司韩彦雷、朱婷婷、明盟，国网河南偃师市供电公司熊伟、赵志刚，国网河南镇平县供电公司李宏博，国网巩义市供电公司杨京卫、王飞，国网河南固始县供电公司陈建康、王国冲、刘军娟，国网河南中牟县供电公司韩松、陈克力、石富武、田成忠、靳磊、吴越，国网河南罗山县供电公司岑伟，国网河南新县供电公司张耀兵参编。

国网河南省电力公司技能培训中心曾爽、马晓娟、国网南阳供电公司孙更主审。

本培训教材在编写过程中，得到了国网河南省电力公司技能培训中心以及相关电网企业的大力帮助和技术支持，在此深表谢意。

由于编写时间仓促，本培训教材难免存在疏漏之处，加之编者的水平有限，教材中难免会出现一些不当和谬误之处，恳请各位专家和读者提出宝贵意见，使之不断完善。

编者

# 目　录

# 第一章 概述

乡镇供电所是国家电网有限公司最基层的供电服务组织，是直面市场、服务“三农”的最前端，也是国家电网有限公司安全生产、经营管理、供电服务、树立品牌形象的一线阵地和窗口。2017 年初，国家电网有限公司党组研究部署开展“全能型”乡镇供电所建设工作，目标是依托信息技术应用，推进营配业务融合，建立网格化供电服务模式，优化班组设置，培养复合型员工，支撑新型业务推广，构建快速响应的服务前端，建设业务协同运行、人员一专多能、服务一次到位的“全能型”供电所。

为贯彻落实“全能型”乡镇供电所建设要求，按照业务“末端融合”的思路，特制定供电所设置标准，旨在优化供电所及班组、岗位设置和人力资源配置，全面提升供电所劳动效率。新上岗的安全质量人员一般应具有中等职业教育及以上学历，三年及以上运检或营销工作经历，高级工及以上技能等级。其岗位职责主要是负责供电所安全生产工作的监督检查，负责指导运维、检修、抢修、营销服务中的安全工作，负责各项安全类指标管理。

## 一、全面开展星级乡镇供电所建设

通过星级乡镇供电所建设工作，力争到 2020 年，打造 800 个基础管理扎实、配网安全可靠、专业管理精益、指标业绩领先、供电服务优质的“国家电网公司五星级乡镇供电所”，公司系统乡镇供电所全部达到三星级及以上乡镇供电所建设标准，为农村经济社会发展提供优质供电服务保障。

## 二、“全能型”乡镇供电所完善提升 2019～2020 年行动计划

利用 2019～2020 年两年时间，聚焦运检和营销两大主营业务，以可靠供电

和优质服务为着力点，全面实施“全能型”乡镇供电所建设完善提升“六个一”工程，实现供电所“安全基础牢固、业务执行规范、信息融会贯通、队伍支撑有力、基础设施完备、服务便捷高效”的总体目标，即供电所员工安全技能水平显著提升，杜绝严重违章和人身伤亡事故；推动营配业务深度融合，现场业务一次处理率100%；信息系统互联互通，移动终端全覆盖、专业应用全整合；员工业务能力显著增强，队伍结构明显改善，绩效考核全面推广；生产营业用房用车问题全面解决，设施设备配备满足需求；供电可靠性和客户满意度明显提升。

建立一套管控有力的安全保证与监督体系，健全各级安全责任，完善安全风险管控机制和流程，员工安全意识和技能显著增强，专业协同安全保证与监督更加有力，杜绝严重违章和人身伤亡事故。

(1) 全面落实安全责任制，编制覆盖相关专业的安全责任清单，明确供电所分管运检、营销业务的负责人，将安全生产责任落实到供电所每一个岗位、每一个员工、每一个流程，实现供电所安全责任的全覆盖，并抓好宣贯落实。严格监督考核，各级相关专业部门抓好业务范围内的安全管理，依托信息化手段，强化事前监督、过程管控和考核评价，做到奖惩分明，提升供电所安全管理穿透力和工作执行力。

(2) 强化员工安全技能培训，加强日常培训管理。现场作业人员春检、秋检工作前须参加培训并通过《电力安全工作规程》考试，两票“三种人”每年须经考试合格后发文认定。提高安全培训实效，通过模拟案例推演、现场实训等方式，开展“理论+实操”的跨专业岗位适应性安全技能培训，严格特种作业人员培训和使用管理，以直观的人身伤亡案例强化新入职员工安全警示教育，促使员工全面强化安全意识、提高实操水平。

(3) 防控业务融合下的现场作业风险，强化作业现场安全监督管控，制订安全管控“一岗位一清单”，规范作业班组内部的安全监护措施，采用现场作业移动视频监控等手段，实现全流程无死角管控。深化反违章管理，积极开展创建无违章供电所、无违章员工活动，“两票”使用率、合格率100%。

国家电网公司建设“三型两网”世界一流能源互联网企业，首先要夯实供电所安全基础，抓细、抓实现场安全，开展营配综合服务、“三供一业”维修改造、充换电设施建设运营等现场安全专项治理，确保人身与设备安全。加强客户侧用电安全管理，厘清安全责任界面，落实“服务、通知、报告、督导”四到位。抓细、抓实网络安全，深化网络安全在线监测应用，实现全系统接入、全功能覆盖，全面完成营销相关信息脱敏改造。继续强化“技防”措施，加强终端、信道、信息系统、服务平台的网络安全防护，确保网络与信息安全。

# 第二章

## 供电所安全管理体系

供电所安全管理涉及各专业、各客户，贯穿于整个供用电过程始终，必须作为一项系统工程来管理，才能实现运转、监督和保障到位，具体要建立起供电所安全管理的五个体系。通过体系的建立和运转，供电所各岗位安全职责的落实，是实现供电所安全管理的保障，也是供电所管理水平的综合体现。

供电所安全管理体系，同时也是以供电所所长为责任人的安全生产责任体系、以运检技术员为责任人的安全生产技术体系、以班组生产人员为责任人的安全生产实施体系和以安全质量员为责任人的安全生产监督体系。

（1）思想保证体系。主要是处理好安全与生产、安全与效益的关系，统一全所人员思想，贯彻安全生产的方针政策和上级安全工作指示，做到责任明确，有计划、有布置、有检查、有监督、有总结、有整改措施，在各项工作实施过程中保证安全生产。

（2）组织保证体系。主要是明确所长、管理人员及专职农电用工的安全责任制，明确安全监督人员的管理细则和安全监督网的组织保证，做到整个供电所管理工作过程流程明细、分工明确、措施得力、上下贯通、指挥灵活、监督到位。

（3）管理保证体系。主要是确保各岗位的工作人员都是经过培训合格的人员，保证用户侧电气操作人员是经过劳动部门、电力部门培训并取得特种行业操作证的工作人员，才能保证供电过程不违章，使用人员有章可循。

（4）两措保证体系。主要是从新建、投运到维护、检修始终确保设备安全管理在监督之中，使安措、反措得到贯彻和落实。

（5）信息反馈保证体系。主要是监督各体系的运行状态，通过信息流程、会议汇报、报表等手段反馈各体系运转信息，从而制定新的工作目标，强化人员安全管理意识，保证供电所安全生产工作顺利进行。

# 第一节 供电所安全责任制

## 一、供电所安全职责

坚持“安全第一、预防为主、综合治理”的工作方针，坚定不移的贯彻执行国家电网有限公司有关安全工作的各项规程、制度和精神要求；牢固树立“责任重于泰山、安全生产人人有责”的理念，充分认识当前安全生产形势，坚持“保人身、保电网、保设备”的原则，开展各项安全生产工作；各岗位明确自己的安全工作职责，严格执行安全工作规程和公司各项安全规章制度，在工作中认真履行自己的安全生产职责；严格执行“四不伤害”原则，保证自身和他人的人身安全。

（1）负责归口专业安全技术管理工作。强化技术管理制度的落地执行，落实各级技术人员的安全生产责任制，参加重大安全技术组织措施的编制。

（2）组织或参加编审归口专业年度反事故措施计划，做到任务、时间、费用、措施、责任人“五落实”，监督检查实施进展情况，并根据需要及时进行完善和调整。

（3）组织或参加修编归口技术规程，参与上级单位管理制度修编，并组织实施。

（4）根据各个时期不同的工作任务及新出现的安全技术问题，及时提出现场规程、图纸资料或设备系统、检修（施工）工艺、运行规程的补充或修改意见，经审批后监督实施。

（5）负责或参加编制设备大修（施工）、非标准检修、更改工程、新技术、新工艺或重要施工项目的安全技术组织措施，经批准后对工作班组进行技术交底和安全措施交底，并布置、指导、检查班组技术员编制分项检修（施工）项目的安全措施和交底工作，认真履行设备检修验收职责。

（6）参加定期的运行分析、事故预想及反事故演习。组织编制并实施归口专业各类事故应急处理预案。

（7）参加安全大检查和专业性安全检查，审阅班组的安全技术台账，并做好本专业的安全技术资料、台账、图纸的管理工作。

（8）负责组织安全技术规程宣贯培训，严格执行“工作票”和“倒闸操作票”（简称“两票”）制度，并对执行情况进行监督检查和评价。

（9）经常深入现场、班组，监督检查安全技术措施及规章制度的贯彻执行情况，指导做好各项安全技术管理工作。

（10）参加有关事故（事件）的调查处理，严格执行“四不放过”。

（11）审核归口专业事故调查报告和事故统计报表。

## 二、供电所长安全职责

（1）供电所长是供电所的安全第一责任人，对供电所安全工作和安全目标负全面责任，对供电所安全生产负直接领导责任，对供电所人员在生产中的安全和健康负责，对所辖设备（设施）的安全运行负责。

（2）根据生产性质分解安全责任目标。落实安全目标责任制，组织制订实现年度安全目标的具体措施，层层落实安全责任，确保安全目标的实现。

（3）认真执行安全生产规章制度和操作规程，负责组织编制重大（或复杂）作业项目的安全技术措施，履行到位监督职责或到现场指挥作业，做好各项工作任务的事先“两交底”（即施工技术交底和安全措施交底），有序组织各项生产活动；遵守劳动纪律，不违章指挥，不强令作业人员冒险作业，及时纠正或制止各类违章行为。

（4）加强所辖设备（设施）管理，组织开展电力设施的安装验收、巡视检查和维护检修，保证设备安全运行。定期开展设备（设施）质量监督及运行评价、分析，提出更新改造方案和计划，及时编制、提报年度“两措”计划，经审批下达后组织实施。

（5）开展标准化作业，严格检修、施工等工作项目的安全技术措施审查，加强电能计量装置和用电信息采集等设备的装拆、周期轮换、故障处理、设备现场检验等工作的安全组织措施和技术措施管理，防止因客户或电网反送电影响安全工作。严格执行业务委托有关规定，做好安全管理工作。

（6）建立健全安全设施和设备（如安全警示标志牌、剩余电流动作保护器等）、作业工器具、消防器材等管理制度；加强交通车辆安全管理，定期组织安全大检查、专项安全检查、隐患排查和安全性评价工作，根据存在问题制订整改措施计划，并组织整改。

（7）组织编制各种应急预案和现场处置方案，为各类事故处理和灾后抢险恢复做好准备。针对特殊天气、节假日及重要社会活动，落实对重要客户、场所可靠供电的措施方案，开展用电安全检查，保证安全可靠供电。

（8）定期组织开展安全工器具及劳动保护用品检查，对发现的问题及时处理和上报，确保作业人员工器具及防护用品符合国家、行业标准要求，督促、检查、教育作业人员按规定佩戴和使用。

（9）开展《中华人民共和国电力法》《电力设施保护条例》《电力供应与使用条例》等法律、法规的宣贯，依法加强对所辖电力设施的保护，开展辖区安全用电检查和安全用电、依法用电知识的宣传普及工作。

（10）对供电所全体人员进行经常性的安全教育。协助做好岗位安全技术培训以及新入职人员、调换岗位人员的安全培训考试；组织本供电所人员参加紧急救护法的培训，做到全员正确掌握救护方法。

（11）及时传达上级有关安全工作的文件、通知、事故通报等，组织开展安全事故教育活动，规范应用风险辨识、承载力分析等风险管控措施，做好安全事故防范的落实。领导、支持供电所安全专责的工作，定期组织周安全日活动；经常检查现场生产工作，严肃查处违章、违纪行为。

（12）严格执行电力安全事故（事件）报告制度，及时汇报安全事故（事件），保证汇报内容准确、完整，做好事故现场的保护，配合开展事故调查工作。协助政府主管部门做好供电辖区人身触电伤亡事故的调查处理。

## 三、安全质量员安全监督职责

（1）安全质量员是所长在安全生产管理工作上的助手，负责监督检查现场安全措施是否正确完备、个人安全劳动防护措施是否得当，及时制止各类违章现象；遵守劳动纪律，制止违章指挥和强令作业人员冒险作业。

（2）负责贯彻执行上级单位及本单位安全管理规章制度、电网调度管理条例、运行及检修规程等，教育班组人员严格执行，做好人身、电网、设备、信息安全事件防范工作。

（3）负责制订班组年度安全培训计划，做好新入职人员、变换岗位人员的安全教育培训和考试，培训班组人员使用劳动保护用品和安全设施。

（4）组织并参加周安全日活动，对班组安全生产情况进行总结、分析，开展员工安全思想教育。联系实际，布置当前安全生产重点工作，批评忽视安全、违章作业等不良现象，并做好记录。

（5）负责班组安全工器具的保管、定期校验，确保安全防护用品及安全工器具处于完好状态。组织开展安全设施和设备（如安全工器具、安全警示标示牌、剩余电流动作保护器等）、作业工器具、消防器材等的安全检查，并做好记录。组织开展安全大检查、专项安全检查、隐患排查和安全性评价工作，及时汇报、处理有关问题。

（6）参与班组所承担基建、大修、技改等重点工作的组织措施、技术措施、安全措施（简称“三大措施”）的制定，做好对重点、特殊工作的危险点分析。积极开展技术革新，开展技术研究应用；制订班组保证安全的技术措施，为安全生产提供技术保证。

（7）按时上报班组安全活动总结、各类安全检查总结、安全情况分析等资料，负责班组“两票”的检查、统计、分析、上报、归档工作。

（8）参加安全会议或有关安全事件分析会，协助开展事故调查。

## 四、运检技术员安全职责

（1）运检技术员是供电所安全技术责任人，对班组在生产作业过程中的安全和健康负责，把保证人身安全和控制电网、设备、信息事件作为安全目标，组织班组人员开展设备运行安全分析、预测，做到及时发现异常并进行安全控制。

（2）认真执行安全生产规章制度和操作规程，及时对现场规程提出修改建议；做好各项工作任务（倒闸操作、检修、试验、施工、事故应急处理等）的事先“两交底”工作，有序组织各项生产活动；遵守劳动纪律，不违章指挥、不强令作业人员冒险作业。

（3）负责组织落实作业项目的安全技术措施，履行到位监督职责或到现场指挥作业，及时纠正或制止各类违章行为。

（4）及时传达上级有关安全工作的文件、通知、事故通报等，组织开展安全事故警示教育活动，做好安全事故防范措施的落实，防止同类事故重复发生。规范应用风险辨识、承载力分析等风险防控措施，实施标准化作业，对生产现场安全措施的合理性、可靠性、完整性负责。

（5）对班组人员进行经常性的安全思想教育，协助做好岗位安全技术培训以及新入职人员、调换岗位人员的安全培训考试；组织全班人员参加紧急救护法的培训，做到全员正确掌握救护方法。

（6）经常检查班组工作场所的工作环境、安全设施（如消防器材、警示标志、通风装置、氧量检测装置、遮拦等）、设备工器具（如绝缘工器具、施工机具、压力容器等）的安全状况，定期开展检查、试验，对发现的问题做到及时登记上报和处理，对班组人员正确使用劳动防护用品进行监督检查。

（7）负责支持召开班前、班后会和每周一次（或每个轮值）的班组安全日活动，丰富活动内容，增强活动针对性和时效性，并指导做好安全活动记录。

（8）开展定期安全检查、隐患排查、“安全生产月”和专项安全检查活动，及时汇总反馈检查情况，落实上级下达的各项反事故技术措施。

（9）严格执行电力安全事故（事件）报告制度，及时汇报安全事故（事件），保证汇报问题准确、完整，做好事故现场保护，配合开展事故调查工作。

（10）支持班组安全员履行岗位职责。对班组发生的安全事故（事件）、违章等，及时登记上报，并组织开展原因分析，总结教训，落实改进措施。

## 五、班组员工安全职责

（1）对自己的安全负责，认真学习安全生产知识，提高安全生产意识，增强自我保护能力；接受相应的安全生产教育和岗位技能培训，掌握必要的专业安全知识和操作技能；积极开展设备改造和技术创新，不断改善作业环境和劳动条件。

（2）严格遵守安全规章制度、操作规程和劳动纪律，服从管理，坚守岗位，对自己在工作中的行为负责，履行工作安全责任，互相关心工作安全，不违章作业。

（3）接受工作任务，应熟悉工作内容、工作流程、作业环境，掌握安全措施，明确工作中的危险点，并履行安全确认手续；严格执行“两票三制”并规范开展作业活动。

（4）保证工作场所、设备（设施）、工器具的安全整洁，不随意拆除安全防护装置，正确操作机械和设备，正确佩戴和使用劳动防护用品。

（5）有权拒绝违章指挥和强令冒险作业，发现异常情况及时处理和报告。在发现直接危及人身、电网和设备安全的紧急情况时，有权停止作业或在采取可能的紧急措施后撤离作业场所，并立即报告。

（6）积极参加各项安全生产活动，做好安全生产工作总结。

## 第二节　安全检查与安全监督

按照“事前预防、事中控制、事后总结”的原则，从不定期检查、定期例行检查和生产作业现场监督检查三个方面，及时发现供电所安全生产工作中暴露出来的问题和存在的安全隐患，是制订整改计划的依据。通过对安全组织、设备、电网、规章制度等方面的定期和不定期检查，达到及时发现隐患，全面掌握本单位安全生产状况，从而有效地控制各类事故和异常的发生。

### 一、供电所安全检查工作组织、内容和要求

#### 1. 不定期安全检查

（1）“两票”的监督和检查。工作票和操作票管理是供电所安全管理的重要内容，只有严格执行“两票”工作制度，按危险点分析预控，工作票填写、签发、审核、许可、执行、终结、评价、考核、归档的流程认真执行，严禁无票操作，进行规范化、标准化管控，才能确保施工作业安全。

（2）“三制”的监督和检查。交接班制度、巡回检查制度、设备定期试验轮换制度，简称为“三制”。供电所执行三制的主要内容是严格执行安全生产责任制，切实落实各项安全生产经营工作程序，有计划地进行线路、设备巡视检查

和维护等工作。

(3) 检查工作现场安全措施交底及执行情况。现场安全措施的交待执行，即在工作现场组织工作班成员进行的安全措施交底，这是工作负责人在履行完工作票许可手续后，必须实施且对保障工作安全非常重要的环节。在工作实施前，使每一个工作班成员完全知悉工作地点、工作任务、安全措施和危险点情况，并逐一进行签字确认。

(4) 检查剩余电流动作保护器运行及日常情况。落实剩余电流动作保护器“三率”管理，安装率、投运率和动作可靠率必须达到100%。

1) 剩余电流动作保护器动作值整定检查。总保护（一级保护）剩余电流动作保护器动作电流值，在躲过低压电网正常泄漏电流情况下，尽量选小，动作值整定应参照规程规定，按照季节和天气进行调整。

2) 家用、移动式电力设备及临时用电设备的剩余电流动作保护器，漏电工作电流值不可大于规程规定。

3) 安装在总保护（一级保护）与末级保护（三级保护）之间的剩余电流动作保护器（二级保护），其额定漏电动作电流值，应介于上、下级剩余电流动作保护器漏电动作电流值之间，其数值也可根据运行经验确定。

4) 剩余电流动作保护器的定期测试检查。剩余电流动作保护器安装后，应按规定总保护器每月至少检查接地试跳一次，并做好记录；末级家用（或单机）保护器每月至少也试跳一次。对剩余电流动作保护器进行测试，重点在雷雨季节、春耕生产来临之前及农村生产用电高峰季节，组织对供电所所有台区的剩余电流动作保护器进行全面的测试，保证其合格率达到100%。

5) 保护器的安装接线应正确。

(5) 检查安全工器具的保管及使用情况。

1) 供电所安全工器具统一按照《国家电网公司电力安全工器具管理规定》中班组安全工器具配置要求配置。

2) 建立安全工器具登记台账，做到账、卡、物相符。

3) 安全工器具（含电动）按周期进行试验，试验报告、检查记录齐全备档。

4）安全工器具室应符合通风、干燥、清洁要求，安全工器具应统一编号，定置定位，入库检查后放置在安全工器具柜内对应编号位置，不得混放其他物品及不合格安全工器具，所有安全工器具实行集中保管。

5）严格按照供电所安全工器具出入库管理要求，安全工器具的领用应办理领用、归还手续，并做好记录。

6）供电所应定期组织安全工器具使用培训，新型安全工器具使用前应组织针对性培训，保证安全工器具正确使用。

7）严禁使用不合格或超试验周期的安全工器具。

**2. 定期安全检查**

1）根据公司下达的春秋季安全检查计划安排，制订供电所安全检查计划，落实任务，明确责任项目、工作进度和要求。

2）组织实施安全大检查计划项目，所长和安全质量员不间断地进行检查和监督，并按项目分类及时填写春秋季安全检查的实时记录。

3）定期检查（例行检查）涵盖的范围较广，包括安全组织情况及安全工作的各项记录、线路设备运行情况、两票及危险点分析预控记录、安全工器具管理、交通安全管理和消防安全管理等。

4）安全组织情况及安全工作的各项记录的检查重点，包括安全活动记录、安全组织是否齐全和安全分析会记录。

5）定期检查分本单位自行组织的检查和上级部门组织实施的检查两种，检查周期根据各单位实际情况而定，涵盖了季节性安全检查。检查的主要对人员、设备、工作环境、进行全方位、综合性的大检查。

6）月度分析会，检查和总结春检、秋检工作实施情况；

7）计划任务完成后，及时总结，以书面形式向主管部门报告安全检查情况。

**3. 安全大检查工作内容**

（1）例行安全检查。

1）查个人安全工器具保管、使用情况。

2）查“两票三制”执行情况。

3）查现场安全措施执行情况。

4）查线路设备问题整改落实情况。

5）客户安全用电情况。

（2）春秋季安全检查。这是全方位大检查，春查是以防止雷击伤害为主要内容的综合性安全大检查，秋查是以防止冰冻和污闪伤害为主要内容的季节性大检查，具体包括：①安全管理工作检查；②查领导安全意识；③查各级人员安全思想是否牢固；④查规章制度执行情况；⑤查劳动纪律遵守情况；⑥查安全工器具配置、保管使用和执行情况。

（3）设备运行状态检查。

1）设备检修（停电式状态检修）清扫检查。

2）设备预防性试验。

3）防雷设备的投入、防冰害装置的投入。

## 二、生产作业及设备运行监督检查

### 1. 生产作业现场的安全监督

主要由本单位和上级安全监督部门组织实施，重点督查施工现场各项安全措施的落实情况，检查现场违章作业、违章指挥和违反劳动纪律的“三违”现象。安全生产监督检查是安全管理工作的重要内容，通过不同类型的检查，及时发现生产过程中的危险因素，以便有计划地制订整改措施，实现安全检查监督工作上的闭环，有效控制各类事故和异常的发生。

### 2. 检查配电线路及配电设备运行情况

为了动态的掌握线路和设备的运行状况，及早发现其本身出现的缺陷、异常或外在的诸如违章建筑、树障、外力破坏等影响安全的各种隐患，并及时采取相应的措施予以消除，保证线路设施的安全运行，供电所需要组织人员对所辖线路和设备进行认真、规范的巡视作业。设备巡视依据巡视类型，分为五种，即定期巡视、特殊巡视、夜间巡视、故障巡视和监察巡视，见表 2-1。

表 2-1　　　　线路巡视周期表

| 序号 | 巡视项目 | 周期 | 备注 |
|---|---|---|---|
| 1 | 定期巡视<br>1～10kV 线路<br>1kV 以下线路 | 市区：一般每月一次<br>郊区及农村：每季度至少一次<br>一般每季度至少一次 | |
| 2 | 特殊巡视 | | 按需要定 |
| 3 | 夜间巡视 | 重负荷和污秽地区<br>1～10kV 线路：每年至少一次 | |
| 4 | 故障巡视 | | 由配电系统调度或配电主管生产领导决定，一般线路抽查巡视 |
| 5 | 监察巡视 | 重要线路和事故多的线路每年至少一次 | |

（1）定期巡视。由专职巡线员进行，掌握线路运行状况，沿线环境变化情况，并做好护线宣传工作。

（2）特殊巡视。在气候恶劣（如台风、暴雨、覆冰等）、河水泛滥、火灾和其他特殊情况下，对线路的全部或部分进行巡视或检查。

（3）夜间巡视。在线路高峰负荷或阴雾天气时进行，检查导线接点有无发热打火现象，绝缘子表面有无闪络，检查木横担有无燃烧现象等。

（4）故障巡视。查明线路发生故障的地点和原因。

（5）监察巡视。由部门领导和线路专责技术人员进行，目的是了解线路及设备状况并检查、指导巡线员的工作。

**3. 缺陷管理**

缺陷管理的目的是为了掌握运行设备存在的问题，以便按轻、重、缓、急消除缺陷，提高设备的健康水平，保障线路、设备的安全运行，另一方面对缺陷进行全面分析总结变化规律，为大修、更新改造设备提供依据。

1）一般缺陷。是指对近期安全运行影响不大的缺陷，可列入年、季检修计划或日常维护工作中去消除。

2）重大缺陷。是指缺陷比较严重，但设备仍可短期继续安全运行。该缺陷应在短期内消除，消除前应加强监视。

3）紧急缺陷。是指严重程度已使设备不能继续安全运行，随时可能导致发生事故或危及人身安全的缺陷，必须尽快消除或采取必要的安全技术措施进行临时处理。

运行人员应将发现的缺陷，详细记入缺陷记录表内，并提出处理意见，紧急缺陷应立即向领导汇报，及时处理。

供电所对检查情况应填写安全检查记录，在月度安全分析会上，对查出的问题制订整改措施，整改结束后进行总结和考核。

## 第三节 供电所安全风险管控

描述：本节从生产作业（管理方面）、设备运维（行为方面）、劳动防护（装置方面）和交通、消防、危险点预控等习惯性违章的管控，梳理了生产作业工作流程，分解明确流程中作业计划、作业准备、作业实施、监督考核等环节安全工作的主要内容及管控要求，实现生产作业安全管控流程化；推进生产作业超前策划和超前准备，有效落实各级人员的安全责任制，严格执行“两票三制”，落实“两措”计划，实现生产作业安全管控标准化；同时包含对引起供电所（班组）工作中不安全因素的分析和预控，通过危险点辨识以及所采取措施的落实，达到基层人员对安全风险的认识和控制。

### 一、生产作业安全风险管控

#### （一）术语定义

（1）生产作业。公司系统区域内输电、变电、配电、营销等专业的设备检修、试验、维护、改（扩）建、业扩项目施工等工作（以下简称作业）。

（2）两票。工作票和操作票。

（3）四措。组织措施、技术措施、安全措施、文明施工措施。

（4）三种人。工作票签发人、工作许可人、工作负责人。

（5）到岗到位人员。各级领导干部、生产管理人员。

#### （二）各级管控职责(见附录 1. 生产作业安全管控流程图)

（1）公司职责。负责组织、协调和督导本单位生产作业安全管控工作，负责管辖范围内生产作业计划的编制、审核、发布，对所属单位作业计划执行情况进行监督检查和评价考核。

(2) 二级机构（管理部门）职责。负责组织实施生产作业安全管控工作，编制并上报作业计划，按照批复的作业计划，组织落实作业准备、作业实施等各环节安全管控措施和要求。

(3) 班组职责。负责落实现场勘察、风险评估、“两票”执行、班前（后）会、安全交底、作业监护等安全管控措施和要求。

(4) 三种人职责。负责生产作业现场安全管控措施的组织制定、审核把关、执行落实，严格履行《电力安全工作规程》规定的安全职责。

(5) 作业人员职责。负责生产作业现场安全管控措施的执行，严格落实“两票三制”，对自己的工作行为负责，互相关心安全。

(6) 到岗到位人员职责。负责督导落实生产作业安全，检查“两票”执行及现场安全措施落实情况，针对发现的各类问题和不安全行为责令整改。到岗到位人员禁止违章指挥，禁止参与工作。

### （三）作业计划

作业计划管理包括计划编制、计划发布、计划管控，实行月计划、周安排、日落实。

(1) 月度作业计划的编制。应根据设备状态、电网需求、反事故措施、基建技改及用户工程、保供电、气候特点、承载力及物资供应等因素制订月度作业计划。

(2) 周计划编制。应根据月度计划，结合保供电、气候特点、日常运维需求、承载力分析结果等情况统筹编制周作业计划，分级审核信息共享。

(3) 日作业安排。供电所班组应根据周作业计划，结合临时性工作，合理安排工作任务。

### （四）作业准备

作业准备包括现场勘察、风险评估、承载力分析、“四措”编制、“两票”填写、班前会。

**1. 现场勘察**

（1）供电所工作需要勘察的作业项目。

1）配电线路杆塔组立、导线架设、电缆敷设等检修、改造和业扩项目施工作业。

2）新装（更换）环网柜、电缆分支箱、柱上变压器、柱上开关等设备作业。

3）带电作业。

4）涉及多专业、多单位、多班组的大型复杂作业和非本班组管辖范围内设备检修（施工）作业。

5）使用吊车、挖掘机等大型机械的作业；跨越铁路、高速公路、通航河流等施工作业。

6）试验推广新技术、新工艺、新设备和新材料的作业项目。

7）工作票签发人和工作负责人认为有必要现场勘察的其他作业项目。

（2）现场勘察的组织。

1）现场勘察应在编制“四措”及填写工作票前完成。

2）现场勘察由工作票签发人或工作负责人组织。

3）现场勘察一般由工作负责人、设备运行管理单位和作业单位相关人员参加。

4）开工前工作负责人或工作票签发人应重新核对现场勘察情况，发现与原勘察情况有变化时，应及时修正、完善相应的安全措施。

（3）现场勘察的主要内容。

1）需要停电的范围。作业中直接触及的设备，作业机具、人员及材料可能触及或接近导致安全距离不能满足《国家电网公司电力安全工作规程》规定距离的电气设备。

2）保留的带电部位。临近、交叉、跨越等不许停电的线路及设备、双电源、自备电源、分布式电源等可能反送电设备。

3）现场作业条件。装设接电线位置，人员进出通道，设备、机械搬运通道及摆放地点，地下管沟、隧道、工井等有限空间，地下管线设施走向等。

4）作业现场的环境。施工线路跨越铁路、电力线路、公路、河流等环境，作业对周边建筑物、易燃易爆设施、通信设施、交通设施产生的影响，作业可能对城区、人口密集区、交通路口、通行道路上人员产生的人身伤害风险等。

5）需要落实的“反措”及设备遗留缺陷。

（4）现场勘察记录（附录2：现场勘察记录）。

1）现场勘察应填写勘察记录。

2）现场勘察记录宜采用文字、图示或影像结合的方式。记录内容包括：工作地点需要停电的范围，保留的带电部位，作业现场条件、环境及其他危险点，应采取的安全措施，附图与说明。

3）现场勘察记录由工作负责人收执。勘察记录应同工作票一起保存一年。

**2. 风险评估**

1）现场勘察结束后，编制“四措一案”、填写“两票”前，应针对作业开展风险评估工作。

2）风险评估一般由工作票签发人或工作负责人组织。

3）风险评估应针对触电伤害、高空坠落、物体打击、机械伤害、特殊环境作业、误操作等方面存在的危险因素，全面开展评估。

4）评估出的危险点及预控措施应在“两票”“四措”中予以明确。

**3. 承载力分析**

（1）供电所作业班组承载力分析。

1）可同时派出的工作组和工作负责人数量。每个作业班组同时开工的作业现场数量，不得超过工作负责人数量。

2）作业任务难易水平、工作量大小，安全防护用品、安全工器具、施工机具、车辆等是否满足作业要求。

3）作业环境因素（地形地貌，天气等）对工作进度、人员配备及工作状态造成的影响等。

（2）作业班组人员承载力分析内容。

1）作业人员的身体状况、精神状态以及有无妨碍工作的特殊病症。

2）作业人员的技能水平、安全能力。技能水平可根据其岗位角色、是否担任工作负责人、本专业工作年限等综合评定。安全能力应结合《电力安全工作规程》考试成绩、人员违章情况综合评定。

**4.“四措一案”编制**

（1）供电所工程实施都需要编制组织措施、安全措施、技术措施、文明施工措施和施工方案，需要编制“四措”的工作项目（见附录3四措范本）。

1）首次开展的带电作业项目。

2）涉及多专业、多单位、多班组的大型复杂作业项目。

3）跨越铁路、高速公路、通航河流等施工作业。

4）试验和推广新技术、新工艺、新设备和新材料的作业项目。

（2）作业单位应根据现场勘察结果和风险评估内容编制“四措”。

（3）“四措”内容包括任务类别、概况、时间、进度、需停电的范围、保留的带电部位及组织措施、技术措施和安全措施（见附录4）。

（4）“四措”应分级管理，经作业单位、监理单位、设备运行管理单位、相关专业管理部门、分管领导逐级审批，严禁执行未经审批的“四措”。

**5.“两票”填写**

（1）在电气设备上及相关场所工作，应填用工作票、倒闸操作票。

（2）作业单位应根据现场勘察、风险评估结果，由工作负责人和工作票签发人填写工作票。

（3）在承发包工程中，工作票由作业单位和设备运维管理单位共同签发，实行“双签发”。

**6. 班前会**

班前会由班长（工作负责人）组织全体人员召开。班前会应结合当班运行方式、工作任务，开展安全风险评估，布置风险预控措施，组织交代工作任务、作业风险和安全措施，检查个人安全工器具、个人劳动防护用品和人员精神状况。

## （五）生产作业实施

生产作业实施包括倒闸操作、安全措施布置、许可开工、安全交底、现场作业、作业监护、到岗到位、验收及工作终结和班后会。

**1. 倒闸操作**

（1）操作人和监护人由设备运维管理单位通过考试合格的人员进行。

（2）严格执行倒闸操作制度，严格执行防误操作安全管理规定，不准擅自更改操作票，不准随意解除闭锁装置。

**2. 安全措施布置**

（1）配电专业工作许可人所做安全措施由其负责布置，工作班所做的安全措施由工作负责人布置，安全措施布置完成前，禁止作业。

（2）10kV及以上双电源用户或大型发电机用户配合布置和解除安全措施时，作业人员应现场检查确认。

（3）现场为防止感应电或完善安全措施需加装接地线时，应明确装、拆人员，每次装、拆后应立即向工作负责人或小组负责人汇报，并在工作票中注明接地线的编号及装、拆的时间和位置。

**3. 许可开工**

（1）现场履行工作许可前，工作许可人会同工作负责人检查现场安全措施布置情况，指明实际隔离措施、带电设备位置和注意事项，验明检修设备确无电压，并在工作票上分别确认签字。

（2）电话许可时由工作许可人和工作负责人分别记录双方姓名，并复核无误。

（3）所有许可手续（工作许可人姓名、方式、时间等）均应记录在工作票上，若需其他单位配合停电的作业应履行书面许可手续。

**4. 安全交底**

（1）工作许可手续完成后，工作负责人组织全体作业人员整理着装，统一进入作业现场，进行安全交底，列队宣读工作票，交代工作内容、人员分工、带电部位、安全措施和技术措施，进行危险点及安全防范措施告知，抽取作业人员提问无误后，全体作业人员确认签字。

（2）执行总、分工作票或小组工作任务单的作业，由总工作票负责人（工作负责人）和分工作票（小组）负责人分别进行安全交底。

（3）现场安全交底宜采用录音或影像方式，作业后由作业班组留存一年。

**5. 现场作业**

（1）现场作业人员安全要求。

1）作业人员应正确佩戴安全帽，统一穿全棉长袖工作服、绝缘鞋。

2）特种作业人员及特种设备操作人员应持证上岗。开工前，工作负责人对特种作业人员及特种设备操作人员交代安全注意事项，指定专人监护。特种作业人员及特种设备操作人员不得单独作业。

3）外来工作人员须经过安全知识和《电力安全工作规程》培训考试合格，佩戴有效证件，配置必要的劳动防护用品和安全工器具后，方可进场作业。

（2）安全工器具和施工机具安全要求。

1）作业人员应正确使用施工机具和安全工器具，严禁使用损坏、变形、有故障或未经检验合格的施工机具和安全工器具。

2）特种车辆及设备应具有专业资质机构检验合格的标志后，方可投入使用。

（3）工作负责人须携带工作票、现场勘察记录、“四措”等资料袋到作业现场。

（4）涉及多专业、多单位的大型复杂作业，应明确专人负责工作总体协调。

**6. 作业监护**

（1）工作票签发人或工作负责人对有触电危险、施工复杂容易发生事故等作业，应增设专责监护人，确定被监护人员和监护范围，专职监护人员应佩戴明显标识，始终在工作现场，及时纠正不安全行为。

（2）专职监护人不得兼做其他工作，临时离开时，应通知被监护人员停止或离开工作现场，待监护人返回后方可恢复工作。若监护人必须长时间离开工作现场时，应由工作负责人变更专责监护人，履行变更手续，并告知全体被监护人员。

**7. 工作终结及班后会**

（1）工作结束后，工作班应清扫、整理现场，工作负责人应先周密检查，待全体作业人员撤离工作地点后，方可履行工作终结手续。

（2）执行总、分工作票或多个小组工作时，总工作票负责人应得到所有分工作票负责人工作结束的汇报后，方可与工作许可人履行工作终结手续。

（3）班后会一般在工作结束后由班长组织全体班组人员召开，班后会应对作业现场安全管控措施落实及“两票三制”执行情况总结评价，分析不足，表扬遵章守纪行为，批评忽视安全、违章作业等不良现象。

## 二、设备运维安全风险管控

是指现场作业人员在建设、运行、检修、营销服务等生产活动过程中，违反保证安全的规程、规定、制度、反事故措施等不安全行为。诸多的事故表明，安全事故的发生是事故的结果；事故的发生是由于人的不安全行为、物的不安全状态和环境的不安全因素所导致。发生安全事故，问题就出在对事故征兆和事故苗头上的忽视，所以要降低生产经营中的风险，加大风险管控尤为重要。

（1）人的不安全行为是由于人的因素造成的。人的因素是由个人思想情绪诱发造成的。不安全行为是人表现出来的，与人的心理特征相违背的非正常行为。从事电力生产经营活动，随时随地都会遇到和接触到危险因素，应加大多方面危险因素的管控，一旦对危险因素失控，必将导致事故的发生。

不安全行为主要表现在：违章指挥、违章作业、施工现场不戴安全帽、蹬杆全程未系好安全带、使用不合格安全工器具、无票作业等都属于人的不安全行为。

（2）物的不安全状态。在生产过程中，物的不安全状态极易出现，所有物的不安全状态都与人的不安全行为或人为操作、管理失误有关。往往在物的不安全状态背后经常隐藏着人的不安全行为或人的失误。

物的不安全状态既反映了物的自身特性，又反映了人的素质和人的决策水平，物的不安全状态的运动轨迹一旦与人的不安全行为的运动轨迹交叉，就具备了发生事故的时间与空间。

所以，物的不安全状态是发生事故的直接原因。正确判断物的具体不安全状态，控制其发展，对预防、消除事故有直接的现实意义。

物的不安全状态主要表现在：安全工器具破损、变压器漏油、接地装置不合格、电杆倾斜、杆身裂纹、地基塌陷等都属于物的不安全状态。

（3）环境的不安全因素。任何人都会由于自身与环境因素影响，对同一事故的反应、表现与行为出现差异。人的自身因素是人的行为根据，是内因；环境因素是人的行为外因，是影响人的行为的条件，甚至产生重大影响。

行为者的每项行为都是在一定的环境中进行的。生产作业环境因素的好坏，直接影响人的作业行为。作业环境恶劣既增加了劳动强度，使人产生疲劳，又会使人感到心烦意乱，注意力不集中，自我控制力降低，因此作业环境不良是产生不安全行为的一个重要因素。

环境的不安全因素主要表现在：过强的噪声会使人的听觉灵敏度降低，过暗或过强的照明会使人视觉疲劳，过分狭窄的场所会影响正常的作业，过高或过低温度会引起动作失误，有毒、有害气体会使人由于中毒而产生动作失调等。

## 三、劳动防护安全风险管控

（1）劳动防护安全风险管控。是指生产作业使用的工器具及安全防护用品不满足规程、规定、标准、反事故措施等要求，不能可靠保证人身、电网和设备安全的不安全状态和环境的不安全因素；绝大部分的作业行为是通过各种机械设备、工器具来完成的。如果行为者所接触的机械设备或使用的工器具有缺陷或整个系统设计不合理等，就会使行为者的行为达不到预期的目的。为了达到目的就必须采取一些不规范的动作，也就导致了不安全行为的产生；加强对一些容易被遗忘或忽略的不安全行为的监督，如接地线接地及埋深不够、杆作业全程未使用安全带、临时拉线的固定不牢固等。

正确运用安全标志，可以在无人监督的情况下提醒作业人员注意安全，是防止不安全行为发生的有效措施。

（2）施工场所危险源管控。局限于存在施工过程现场的活动，主要与施工分部、分项（工序）工程、施工装置（设施、机械）及物质有关。针对电网企业，存在于分部、分项（工序）工程施工、施工装置运行过程，主要包括：

1）脚手架（包括落地架，悬挑架、爬架等）、模板和支撑、起重塔吊，人工挖孔桩（井）、基坑（槽）施工等工作所有用到的工具及机械应符合国家相关的质量标准。每两天检查一次。以免造成坠落物体（件）打击人员等意外。

2）高度大于 2m 的作业面（包括高空、洞口、临时作业）均应安装安全防护设施且符合相应标准。人员配系防护绳（带），并且每天检查一次。

3）焊接、金属切割、冲击钻孔（凿岩）等施工及各种施工电器设备应加装安全保护设施（如剩余电流动作保护器），每天检查一次。

4）工程材料、构件及设备的堆放应统一分类、定置摆放在相应的空地上，安全半径 2m（米），堆放高度不超过 3m。搬（吊）运时要确保垂直方向上无人。

5）放线、紧线、撤线工作，必须统一指挥，统一信号，禁止采用突然剪断导线的做法松线；工作人员不得站在或跨在已受力的牵引绳、导线的内角侧和展放的导、地线圈内以及牵引绳或架空线的垂直下方，防止意外跑线时抽伤。

6）交叉跨越施工，如跨越电力线路、通信线路、公路、河流等，特别是交叉跨越电力线路施工，要有跨越架，在安全距离不满足《国家电网公司电力安全工作规程》要求时，相邻、相交或同杆的设备应采取停电措施，并得到相关部门的许可。

7）人在电缆沟（井）、室内涂料（油漆）及粘贴等工作时，须通风的场所要保持 24h 通风。

8）施工用易燃易爆化学物品，临时存放、使用或防护，根据物品特性，符合相应的标准。

9）工地饮食应符合国家相关卫生标准。

（3）施工场所及周围地段危险源管控。存在于施工过程现场周围，主要与工程项目所经过地段、交叉跨越物、工程类型、工序、施工装置及物质有关。从可能危害施工人员的重要角度来看，一个施工项目应当确定为一个重大危险源，进行辨识和监控。

1）邻街或居民聚居地，做好周边的防护工作，根据周边人口密度采用相应的人力做好协调工作。

2）工程深基坑、竖井、大型管沟的施工，确保支护、项撑等设施合格并且每天检查是否正常，以免失稳、坍塌，造成施工场所破坏，或引起地面、周边建筑和电力设施的坍塌、塌陷、触电与火灾等意外。

3）基坑开挖等项目施工降水时，应根据工程规模，配备相应的排水设施，以免造成周围建筑物因地基不均匀沉降而倾斜、开裂、倒塌等意外。

（4）危险点预控措施票管理。实施危险点预控法的作业文件称为“危险点预控措施票”，危险点预控法是指引导职工对电力生产中的每项工作，根据作业内容、工作方法、环境、人员状况等分析可能产生危及人身或设备安全的危险因素，也就是不安全因素，再依据规程规定，采取可靠的防范措施，以达到防止事故发生的目的。对作业全过程的危险因素进行分析控制，是针对性很强的补充安全注意事项。它便于提高职工的安全意识，增强职工的自我防护能力，有利于纠正习惯性违章，是电力安全生产规范化管理的重要内容（见附录D现场作业危险点及控制措施票）。

1）危险点预控措施票的基本要求。

① 真实性：每一个操作任务、每一个施工现场都有不同特征的作业危险点，要调查研究分析，不能照抄照搬、弄虚作假应付检查。

② 具体性：作业点控制措施的制订应深入现场实地调查，根据作业任务，对照有关规程条款和事故通报有关防范措施、结合工区地理、气候、现场条件、工器具、高低压施工跨越，临近带电和人员素质情况，认真分析研究，做到内容具体，便于操作。

③ 全面性：要有全过程控制措施，要从明显的、隐蔽的各个环节，以及开工前的准备、工作中和完工的各个环节，组织工作人员进行全面的分析讨论。

④ 专责性：制订好危险点预控措施，必须在开工前向工作班成员宣讲，交代清楚，并指定专人负责落实，必须实行全过程专人监控，及时纠正和查处违章。

⑤ 完整性：对已执行的危险点预控措施，要认真总结经验，查找不足和隐患，以便于下次执行得更好。

2）危险点预控措施票程序。

① 在接受工作任务后，工作负责人组织工作班成员讨论分析存在的危险因素并制订具体的控制措施。

② 工作负责人负责填写《现场作业危险点及预控措施票》，控制措施应明确具体，责任落实到人。

③《现场作业危险点及预控措施票》经主管人员审核批准后，工作负责人组织落实控制措施。

④ 到达工作现场后，工作负责人再次指明危险点和预控措施，并严格监督执行、发现问题及时纠正。

⑤ 工作完成后，工作负责人按规定妥善保存《现场作业危险点及预控措施票》。

(5) 供电所“反事故技术保护措施计划”和“安全技术劳动保护措施计划”的执行。

1) 工作内容及要求。“反事故技术保护措施计划”（简称反措）和“安全技术劳动保护措施计划”（简称安措），以下简称为“两措”。

①“反措”的主要任务是采取组织和技术措施，消除设备隐患，提高设备可靠性，保证电网安全、人身安全和设备安全。

②“安措”的主要任务是加强劳动保护，改善生产工作条件，防止伤亡事故，预防职业病和职业危害，保证职工身心健康。

2) 工作流程。“两措”是由计划编制—计划实施—效果检验评价—工作总结四个阶段组成的闭环管理过程，是一个计划完成后即进入下一个计划的螺旋状不断盘升的过程。

① 两措计划的编制。供电所“反措”应根据上级下达的“反措”计划、需要消除的设备缺陷、提高设备可靠性及事故防范对策进行编制。主要内容包括：防止电气火灾事故、防止电气误操作事故、防止变压器损坏事故、防止开关设备事故、防止接地网事故、防止污闪事故、防止倒杆断线事故、防止垮塌事故、防止人身伤亡事故、防止交通事故、防止环境污染事故等。

② 供电所“安措”应根据国家、行业的标准和上级的安措计划，从改善作业环境、预防伤亡事故、预防职业病、加强安全监督管理等方面进行编制。主要内容包括：职工安全教育培训和安全工作规程的考核、考试，修改完善现场安全操作规程和标准化作业程序，改进完善现场安全保护措施、照明和生产工作环境，补充更新安全工器具，职工定期身体检查，劳动保护用品发放等。

③“两措”计划的实施。县级供电公司“两措”计划批准发布后，供电所应根据计划要求，编制实施的计划和材料、费用计划，落实工作组织、工作要求、安全措施，保证计划项目按期完成。在实施过程中，所长和安全质量员要加强监督检查，对存在的问题及时纠正。

④ 两措项目效果的检验评价。对两措计划的每一个项目都应进行效果检验评价。一般的反措项目，以是否能达到预期效果进行定性评价。重大的反措项

目，一般是以项目可避免事故直接经济损失进行定性定量评价。安措项目通常以人身事故、人员责任事故、违章情况、职业病危害情况等方面进行环比评价。

⑤ 两措计划工作总结。每年末，应对年度“两措”计划执行情况进行全面的统计和总结，并应向主管领导和上级主管部门报告。总结的主要内容包括：计划项目完成情况、计划资金执行情况、两措计划执行效果、工作中的主要经验和存在的问题、对下一期“两措”计划内容的建议。

供电所安全质量员按照企业规定填报《安措完成情况季度报表》和《反事故技术措施完成情况报表》，经供电所长审核后报送上级主管部门。

## 四、交通、消防安全风险管控

### （一）交通安全风险管控

供电所应有必要的交通工具，可为客户提供更加快捷的优质服务以提高工作效率。因此，加强车辆交通安全管理、防止交通事故的发生是供电所保证人身安全的重要措施之一。

（1）交通安全工作计划。供电所应根据上级部门下达的年度安全工作计划，结合本单位实际，编制供电所年度交通安全工作计划，应明确安全目标、要求及责任人等。供电所根据年度交通安全计划，具体分解，组织实施。

（2）组织实施。在具体实施中，供电所应加强职工交通安全教育，提高全员的交通安全意识，定期对车辆进行检查保养，始终保持车辆状况良好，确保行车安全。

（3）交通安全教育培训。每月应在安全活动中安排一次交通安全法规或交通事故通报学习，定期对本所车辆安全状况进行分析，积极安排专兼职驾驶员参加上级主管部门和交通管理部门组织的交通安全培训、交通法规考试、驾驶比武活动，做好交通安全教育培训记录。

（4）车辆安全检查。供电所每月对车辆的安全检查做到严肃、认真、细致、全面。必要时可邀请专业检修人员帮助检查，对检查中发现的缺陷应立即维修消除，做好消缺记录；对安全状况不佳、又未采取有效措施的车辆，不能带病行驶，做到“车有病不上路，人有病不上车”。

（5）供电所在交通安全管理中，应制定交通安全管理责任制度，健全车辆管理、维护保养和定期检查制度，所长应与专兼职驾驶员签订交通安全责任书，明确交通安全责任。

## （二）防火安全风险管控

供电所消防安全管理应按照 DL《电力设备典型消防规程》的要求，严格落实各项消防管理制度措施，加强消防安全管理，提高全员消防意识，预防火灾事故的发生，为供电所整体安全目标的实现奠定基础。

（1）消防安全工作计划。供电所应根据上级部门下达的年度安全工作计划，结合本单位实际，编制供电所年度消防安全工作计划，应明确安全目标、要求及责任人等。供电所根据年度消防安全计划组织实施，确保计划有序推进、稳步落实。

（2）组织实施。在具体实施中，供电所每月应组织人员对消防安全情况进行检查，做好各项检查记录，以便及时掌握消防安全情况；对检查中发现的问题，供电所应及时安排相关责任人落实整改，将消防安全隐患消灭在萌芽状态。

（3）消防安全检查。消防安全检查应做到严肃、认真、细致、全面，对检查情况逐项做好记录，为消缺整改奠定基础。检查消防安全工作计划各项措施是否得到落实，消防器材是否按要求建立台账，做到定置摆放，明确保管责任人；每只消防器材是否悬挂检查记录卡，每月进行检查并登记；各类消防器材是否配足、配齐，及时补充更换，确保完好；在配电室、营业厅、库房等部位是否悬挂消防警示标志；禁止烟火部位是否有标志醒目的“严禁烟火”警告牌等。

（4）消缺整改。根据安全检查情况和检查记录，供电所对发现消防安全隐患，应明确整改责任人，及时落实整改，对消费安全整改情况应及时反馈、跟踪管理、确保落实。

（5）供电所在消防安全工作管理中，应建立消防工作组织，健全消防责任制度，明确供电所消防安全员，签订消防责任书以明确各级消防安全责任。此外，供电所还应加强消防安全培训，组织消防演习，确保所有人都能正确使用消防器材，掌握安全灭火的操作方法。

## 五、典型案例

**［例 2-1］** 行为违章。

**［违章现象］** 临时拉线扎丝缠绕没有使用钢丝卡头（或数量不够，见图 2-1）。

图 2-1　没有使用钢丝卡头

**［违反条例］**《电力安全工作规程（线路部分）》第 14.2.9.4 条规定："钢丝绳端部用钢丝卡头固定连接时，钢丝卡头连接片应在钢丝绳主要受力的一边，不准正反交叉设置，钢丝卡头间距不应小于钢丝绳直径的 6 倍，数量应符合表 18 规定。"

**［例 2-2］** 高处作业时，断线钳随意放置在横担穿钉上，未采取防坠措施（见图 2-2）。

图 2-2　断线钳随意放置

［违反条例］《电力安全工作规程（线路部分）》第 10.12 条规定：“高处作业应使用工具袋。较大的工具应用绳索拴在牢固的构架上。工件、边角预料应放置在牢靠的地方或用铁丝扣牢并有防止坠落的措施，不准随便乱放，以防止从高空坠落发生事故。”

［例 2-3］ 人员密集或交通道口区域作业未装设围栏（见图 2-3）。

图 2-3　未装设围栏

［违反条款］《电力安全工作规程（线路部分）》第 6.6.3 条规定：“在城区、人员密集区地段或交通道口和通行道路上施工时，工作场所周围应装设遮拦（围栏），并在相应部位装设标示牌，必要时，派专人看管。”

［例 2-4］ 事故隐患未及时采取防患措施（见图 2-4）。

［违反条款］《国家电网公司安全生产工作规定》第九章第六十二条规定：“公司各级单位应针对电网、设备、管理和生产作业中存在的危及人身、电网、设备安全的隐患、缺陷和问题，有效组织年度方式分析、安全性评价、隐患排查治理、作业风险管控等工作，系统辨识安全风险，落实整改治理措施。”

［例 2-5］ 操作高压拉杆不带绝缘手套（见图 2-5）。

［违反条款］《电力安全工作规程（线路部分）》规定：“室外操作，应由两人进行，一人操作，另一人监护，操作人必须使用有防雨罩的绝缘拉杆，并穿绝缘靴，戴绝缘手套。”

图 2-4　事故隐患未及时采取有效措施

图 2-5　操作高压拉杆不带绝缘手套

**[安全要点]**　绝缘操作杆允许使用电压应与设备电压等级相符，操作时作业人员的手不得越过护环或手持部分的界限，人体应与带电设备保持安全距离，并注意防止绝缘杆被人体或设备短接，雷电时，禁止就地倒闸操作和更换熔丝。

**[例 2-6]**　登杆及杆上作业时，未使用后备保护绳（见图 2-6）。

图 2-6　登杆及杆上作业时，未使用后备保护绳

［违反条款］《电力安全工作规程（配电部分）》规定："在杆塔上作业时，宜使用有后备保护绳或速差自锁器的双控背带式安全带，安全带和保护绳应分挂在杆塔不同部位的牢固构件上。"

［例 2-7］ 工作票不按规定签名、涂改（见图 2-7）。

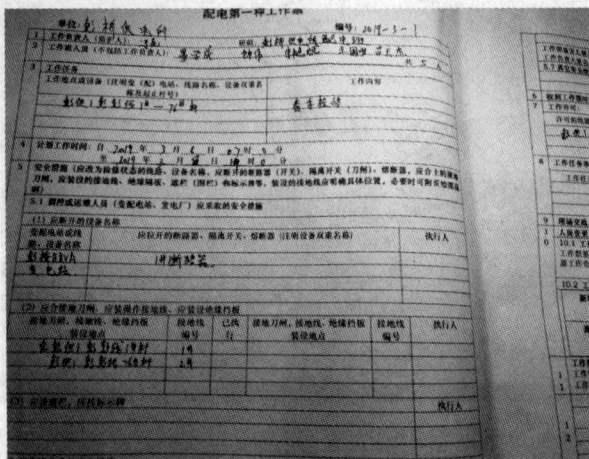

图 2-7　工作票不按规定签名、涂改

［违反条款］《电力安全工作规程（线路部分）》第 5.3.11.5 条规定："明确工作中的危险点，并在工作票上履行交底签名确认手续。"

［例 2-8］ 在杆塔上吃饭（见图 2-8）。

图 2-8 在杆塔上吃饭

**[违反条款]** 《电力安全工作规程（配电部分）》第 6.2.3 第 6 条规定："杆塔上作业时不得从事与工作无关的活动。"

**[例 2-9]** 作业人员在起吊物下方逗留，吊车司机未专心进行起吊作业（见图 2-9）。

图 2-9 作业人员在起吊物下方逗留

［违反条款］《电力安全工作规程（配电部分）》第 16.1.1 条规定：“起重设备的操作人员和指挥人员应经专业技术培训，并经实际操作及有关安全规程考试合格，取得合格证后方可独立上岗作业，其合格证种类应与所操作（指挥）的起重设备类型相符。起重设备作业人员在作业中应严格执行起重设备的操作规程和有安全规章制度。”16.2.11 条规定：“禁止与工作无关的人员在起重工作区域内行走或停留。”

［例 2-10］ 使用无编号、检验过期的绝缘操作杆（见图 2-10）。

图 2-10 使用无编号、检验过期的绝缘操作杆

［违反条款］《电力安全工作规程（线路部分）》第 14.4.2.1 条规定：“安全工器具使用前的外观检查应包括绝缘部分有无裂纹、老化、绝缘层脱落、严重伤痕，固定连接部分有无松动、锈蚀、断裂等现象。对其绝缘部分的外观有疑问时应进行绝缘试验并在合格期限内方可使用。”

［例 2-11］ 起重吊钩无闭锁装置（见图 2-11）。

［违反条款］《电力安全工作规程（变电部分）》第 17.3.3.1 条规定：“使用前应检查吊钩、链条、传动装置及刹车装置是否良好。吊钩、链轮、倒卡等有变形时，以及链条直径磨损量达 10％时，禁止使用作业，禁止吊物上站人，禁止作业人员利用吊钩来上升或下降。”

［例 2-12］ 安全带低挂高用、使用不规范（见图 2-12）。

图 2-11 起重吊钩无闭锁装置

图 2-12 安全带低挂高用

［违反条款］《电力安全工作规程（线路部分）》10.9 条规定：“安全带的挂钩或绳子应挂在结实牢固的构件或专为挂安全带用的钢丝绳上，并采用高挂低用的方式。禁止系挂在移动或不牢固的物件上（如隔离开关、支持绝缘子、瓷横担、未经固定的转动横担、线路支柱绝缘子、避雷器支柱绝缘子等）。”

［例 2-13］ 高空作业未系安全带（见图 2-13）。

［违反条款］《电力安全工作规程（线路部分）》第 10.6 规定：“在没有脚手架或者在没有栏杆的脚手架上工作高度超过 1.5m 时应使用安全带，或采取其他可靠的安全措施。”

图 2-13 未系安全带

**[例 2-14]** 配电变压器台架对地距离不够，台架下堆物、无警示标示（见图 2-14）。

图 2-14 配电变压器台架对地距离不够、台架下堆物、无警示标示

**[违反条款]** (1)《电力安全工作规程（电网建设部分）》第 3.5.2.1 规定："10kV/400kVA 及以下的变压器宜采用支柱上安装，柱上变压器的底部距地面高度不得小于 2.5m，组立后的支柱不应有倾斜、下沉及支柱基础积水等现象。"

(2) 违反《电力设施保护条例》第十五条:“任何单位和个人在架空电力设施保护区内,不得堆放谷物、草料、垃圾、矿渣、易燃物、易爆物及其他影响安全供电的物品。”

(3) 违反《电力安全工作规程(配电部分)》第 2.3.11 条规定:“凡装有攀登装置的杆、塔,攀登装置上应设置“禁止攀登,高压危险!”标识牌。装设于地面、台架上的配电变压器应设有安全围栏,并悬挂“止步,高压危险!”等标示牌。”

第三章

# 供电所安全质量员岗位工作标准

描述：本章节按照全能型供电所建设的机构优化及人员岗位设置，进一步明确安全质量员岗位工作职责和工作标准；明确供电所岗位安全考核内容及目标计划，以及在实际工作中应负责的台账资料等内容；通过学习掌握安全质量员岗位各项工作职责、安全管理与考核。

## 第一节　岗位工作标准

**1. 职责**

1）负责供电所安全生产工作的监督检查。

2）负责指导运维、检修、抢修、营销服务中的安全及各项安全类指标管理。

3）组织所内班组开展安全教育、安规考试，开展反违章自查自纠工作。

4）指导、汇总、统计、分析本所事故隐患排查治理情况。

5）统计、分析、整改所内的管理违章、装置违章。

6）协调组织本所实施电力设施保护宣传工作。

7）开展安全性评价相关工作。

8）组织开展本所“防盗、防火、防破坏、防治安灾害事故”日常检查，并落实隐患整改。

9）负责供电所安全工器具的日常维护管理，做好安全工器具的定期试验及补充更换工作。

10）编写并组织实施相关应急预案演练工作，并汇总评估本所负责应急演练的开展情况。

**2. 标准**

1）及时制止违章作业、违章指挥、违反生产现场劳动纪律的行为。

2）开展相关专项检查、日常安全检查，针对检查出的安全隐患，提出整改及考核意见。

3）对本所内的管理违章、装置违章进行统计、分析、整改，落实上级部门反违章检查整改措施并接受考核。

4）指导本所内各班组的安全报表工作，整理统计后及时提交。

5）对事故的调查分析结论和处理有不同意见时，积极提出或向上级安全监督机构反映，对违反规定、隐瞒事故或阻碍事故调查的行为及时纠正或向上级反映。

6）向上级就本岗位工作中存在的问题提出意见或建议。

## 第二节 供电所安全考核指标

供电所安全主要的考核指标为：①控制未遂和异常，不发生轻伤和障碍；②不发生本企业负同等及以上责任的农村触电伤亡事故；③不发生中低压的电力设备事故和电力设施失窃事件；④不发生七级及以上电网事件、设备事件、信息系统事件；⑤不发生误操作事故；⑥发生火灾事故和同等及以上责任的交通事故；⑦10kV线路故障跳闸次数为0次/(年·百千米)，故障报修到达现场及时率100%。

### 一、安全管理责任制落实与考核。

（1）按照“管业务必须管安全，谁管理谁负责，谁实施谁负责”的要求，建立健全以供电所所长为第一责任人的岗位安全责任制。

（2）根据供电所人员编制情况和所管辖的设备情况，编制发布岗位职责。

（3）供电所与县供电企业按年度签订安全生产责任书（责任状），制定落实安全目标的具体措施。

（4）供电所逐级签订安全责任状、并结合专业及岗位性质，签订三不伤害保证书，内容包括本专业的安全目标、保证安全目标实现的具体措施。

1）责任状目标制定。要根据自身生产实际，依据“保人身、保电网、保设备”的原则，制定有针对性的、可操作性的安全生产目标及保证安全生产目标实现的控制措施。

2）目标分解。所辖班组要依据工作性质及专业特点，分解细化安全工作目标、工作重点和措施。

3）目标逐级控制。所辖班组安全责任状要符合逐级控制要求，组织制定实现年度安全目标计划的具体措施，层层落实安全责任，确保安全目标的实现。

4）建立考核标准、对完成目标情况实施检查考核。每月定期对安全生产目标实施计划情况进行监督、检查与纠偏，对存在的问题进行考核。

（5）信息安全管控到位，计算机不安装与工作无关的应用软件、游戏等，启用信息安全防护软件；严格按照信息系统授权许可管理规范及《国家电网公司信息系统账号实名制管理方案》相关要求执行，人员调整时信息系统账号及权限同步进行调整。

办公计算机不得安装、运行、使用与工作无关的软件，不得安装盗版软件。定期对办公计算机防病毒软件、木马防范软件的升级和使用情况进行检查，不得随意卸载统一安装的防病毒（木马）软件。

## 二、法律法规和安全规章制度学习考核

（1）配置国家和行业相关法律法规，国家电网有限公司相关规章、制度、规范及相关文件，将有关标准、规范、规程发放到相关岗位。

（2）对上级下发的相关规章制度、规范及文件逐一进行登记，在供电所建立清单。

（3）集中组织学习国家和行业相关法律法规，国家电网有限公司相关规章、制度、规范及相关文件，将学习情况纳入安全日活动中，并做好记录。

## 三、安全活动管理考核

供电所每周进行一次安全日活动。要做到全员参加，所有参加活动的人员均应由本人签到，活动要做好记录，全程录音，录音记录要保存一年，活动记录要及时上传至安监一体化管理平台“班组安全建设”模块。

**1. 工作内容**

（1）学习上级的安全文件、事故通报、快报、安全简报等。

（2）学习上级安全规章制度，电力行业的专业安全工作规程以及安全生产

责任制、消防管理制度、设备管理制度、安全工器具使用管理制度等。

（3）本周安全状况分析、讲评、交流、总结以及下周安全工作要求和安排。

（4）针对近期现场工作中遇到的安全技术问题进行讨论。

（5）供电所对年度安全目标、“两措”“两票”“三制”及执行情况进行对照检查，提出存在问题、整改要求、月度安全分析评价工作、事故预想、安全技术知识考试问答、质量事件等。

（6）布置落实安全检查工作和专项安全检查工作。

（7）其他与安全相关的活动。

**2. 工作措施**

（1）班组安全日活动由所长主持，所长不在由副所长（安全质量员）主持，作业现场的安全日活动可由工作负责人或安全质量员主持。

（2）所长、安全质量员在安全日活动前要做好充分准备。安全日活动内容要充实、联系实际、形式多样、讲求实效，切忌流于形式，每次活动均应有所侧重、有所收获。

（3）班组安全日活动所有班组人员全部参加并签到，如有缺席应注明原因，会后及时补课。

（4）录音部分。①明确录制的安全日活动日期、主持人、参加人员、活动议题；②录制所有参加人员的个人发言，未录音人员按照未参加进行考核；③为保证录音效果，录音笔要放置到发言人处，保持声音清晰，录音记录要保存1年。

（5）“参加人姓名”“主持人”“记录人”“参加会议的上级领导”须本人签字，不得代签。

（6）供电所“安全日活动”记录执行。①完成《安全日活动记录》（手工填写）；②及时录入“安监一体化管理平台”—班组安全建设—安全日活动—活动记录。

## 四、“两措”的管理考核

落实“反事故措施计划”“安全技术劳动保护措施计划”是为了消除设备重大缺陷，提高设备可靠性，改善劳动环境，防止伤亡事故，预防职业病。供电所应结合实际情况加强“两措”管理（见附录E）。

（1）计划落实。供电所应认真落实上级相关部门“两措”（反措、安措）计划。“安措”计划应包含安全工器具和安全设施、教育培训和宣传、人员伤亡应急处理预案的演练、安全监察工作必需的设备和装备、安全信息网络平台建设等方面内容。“反措”计划应根据国家电网有限公司颁布的防止电力生产重大事故的重点要求、安全性评价结果及上级机关颁发的反事故技术措施并结合实际情况制定落实。

（2）组织实施。安全质量员、运检技术员根据上级批准的“两措”工作项目，编制具体实施计划。配电营业班长根据本所编制的“两措”实施计划，安排月、周工作计划，并组织人员实施。安全质量员、运检技术员应对“两措”计划执行情况进行详细分析和跟踪，确保在规定的期限内完成所承担的“两措”计划项目。配电营业班按竣工一项申报一项的原则，及时向上级部门汇报“两措”完成情况。一般项目完成后，由项目责任班组组织进行验收并进行效果评估。对于重大安措项目，应由上级部门会同项目责任班组进行竣工验收及效果评估。“两措”计划项目验收报告及效果评估应汇总至上级部门备案。

（3）总结归档。安全质量员、运检技术员对已通过验收的（两措）工作项目进行归档。

## 五、供电所安全工器具管理工作考核

### （一）供电所安全工器具保管存放考核管理

安全工器具必须符合国家和行业有关安全工器具的法律、法规、强制性标准和技术规程以及国家电网有限公司相应规定的要求，并严格执行采购、领用和保管维护规定。

（1）申报采购。根据供电所安全工器具使用情况，由安全质量员提出并编制安全工器需求，所长或分管副所长对需求表进行审核，并提交相关部门审批、采购。采购的安全工器具应严格履行物资验收手续，由物资部门负责组织验收，安全监察质量部门和使用单位派人参加。

（2）领用入库。安全质量员向上级物资部门领用已采购的安全工器具并进行外观检查，然后送安全工器具检测中心进行安全试验。安全工器具应由具有资质的检验机构进行检验，检验合格后，由检验机构在合格的安全工器具上（不妨碍绝缘性能、使用性能且醒目的部位）牢固粘贴“合格证”标签或可追溯的唯一标识，并出具检测报告。

合格的安全工器具入库后应建立管理台账，及时登记安全工器具的规格、数量、检验、变更等情况，做到账、卡、物一致，试验报告、检查记录齐全。不合格的安全工器具由安全质量员负责向上级物资部门报废，并重新编制需求，履行领用、送检、入库手续。

（3）保管维护。安全质量员是供电所安全工器具管理的负责人，负责监督安全工器具的配备、保管、使用、试验及检查等情况。

安全工器具宜根据产品要求存放于合适的温度、湿度及通风条件处，与其他物资材料、设备设施应分开存放。公用的安全工器具由安全质量员负责管理、维护和保养；个人使用的安全工器具，应集中存放在个人工器具库，使用者负责管理、维护和保养，安全质量员不定期抽查使用维护情况。安全工器具在保管及运输过程中应防止损坏和磨损，绝缘安全工器具应做好防潮措施。

安全工器具的定期试验必须严格按《电力安全工作规程》中规定的试验周期执行。由安全质量员按期对安全工器具进行送检。根据试验结果，如试验合格，试验结果应记录到台账上，并正常使用；如果试验不合格且已无法修复，则进行安全工器具报废、更新。

## （二）供电所安全工器具领用管理

工器具领用管理应规范合理，满足供电所各类检修（施工）作业对“安全可靠、合格有效”工器具的要求，保证人身安全，防止电力事故或职业危害，确保各类作业安全。

（1）工器具领用。工作负责人（许可人）根据班组检修（施工）计划，提出工器具领用申请。安全质量员对工作负责人（许可人）提出的工器具领用申请进行审批。安全质量员根据审批的工器具需求申请单，开展工器具登记及出库工作。安全质量员和工作负责人（许可人）在出库前共同对工器具的外观和质量检查，对于安全工器具应检查其试验有效期，确认合格后，方可出库。严禁使用不合格的工器具。

（2）工器具使用。工作负责人（许可人）领取合格的工器具并实施相关检修（施工）工作，工作过程中工器具使用人员有义务对工器具的完好性负责。

（3）工器具归还。工作负责人（许可人）应在相关检修（施工）工作实施完毕后，第一时间归还工器具。安全质量员和工作负责人（许可人）在归还时，应共同进行清洁整理和检查确认，检查合格的返库存放，不合格的应单独存放，做出“禁用”标识，停止使用。

（4）工器具定期检查维护。安全质量员应定期对工器具进行全面检查维护，做好检查维护台账记录；对发现不合格或超试验周期的应隔离存放，做出禁用标识，停止使用。安全质量员应定期或不定期对工器具台账进行复核，提出建议。

## 六、供电所备品备件使用考核管理

备品备件是供电所为及时处理各种电网故障，提高供电可靠性而储备的一定数量的供电设备、部件、材料和配件，确保满足及时消除设备缺陷、快速抢修事故、缩短停电时间的需要（见附录F供电所备品备件管理工作流程）。

（1）定额核定。供电所的备品备件定额是指在一定生产技术和管理条件下，为保证生产建设顺利进行物资储备数量的标准。定额可根据供电所辖区历年运行的设备健康状况及检修经验，由供电所编制，报上级主管部门审批，或直接由上级部门核定。

（2）计划制定。运检技术员根据供电所备品备件使用和库存情况，每年初提出并编制备品备件需求，保证备品备件随时可以使用，使用后库存量满足定额要求。所长（副所长）对备品备件需求表进行审核，并提交相关部门审批、采购。

（3）入库登记。运检技术员应及时向上级物资部门领用备品备件，做好现场型号、质量、数量核对和签字登记，完成备品备件入库，履行入库手续，并妥善保管有关生产厂家的合格证、图纸等资料，验收不合格的备品备件不能入库，备品备件应单独建账、分类存放。

（4）日常管理。运检技术员履行备品备件的内部领用、废旧物资回退手续。备品备件的领用，必须由所长或检修（施工）工作负责人（许可人）签字及填写使用原因，并完成型号、质量、数量核对后，方可完成领用，并根据工程的实际使用情况完成废旧材料的回退工作。

运检技术员应对备品备件的质量和数量定期检查，检查中发现质量不合格的备品备件应及时清理，如数量不满足备品备件定额要求，应及时向所长反馈，并编制补充需求。运检技术员结合近期检修（施工）计划，初审备品备件补充需求，并由所长（副所长）对补充需求计划进行审核，并提交相关部门审批、采购。

## 七、工作票（抢修工作票）、操作票管理考核

### （一）工作票(见附录G工作票管理工作流程)

（1）工作内容及考评。严格执行调度指令，按操作顺序执行。

（2）接地线编号与操作票、工作票一致并填写规范，所有内容不得任意涂改。

（3）严格执行工作票制度，正确使用工作票、配电故障紧急抢修单等，落实工作票上所列安全措施。

（4）每月对已执行工作票进行汇总、评价和分析，并妥善保管，保管期为一年。

### （二）操作票(见附录H操作票管理工作流程)

（1）严格执行调度指令和操作票制度，倒闸操作时，不允许改变操作顺序，当操作产生疑问时，应立即停止操作，并向发令人报告，不允许随意修改操作票。

（2）解锁操作履行审批手续，并实行专人监护；接地线编号与操作票、工作票一致。

（3）操作票填写符合规定要求，所有内容不得任意涂改。

（4）以下工作可以不使用操作票：①事故紧急处理；②拉合断路器（开关）的单一操作；③程序操作；④低压操作；⑤工作班组的现场操作。

（5）以上①～④项的工作，在完成操作后应做好记录，事故紧急处理应保存原始记录。工作班组的现场操作执行“由工作班组现场操作时，若不填用操作票，应将设备的双重名称，线路的名称、杆号、位置及操作内容等按操作顺序填写在工作票上”。由工作班组现场操作的设备、项目及操作人员需经设备运维管理单位或调度控制中心批准。

（6）每月对已执行工作票进行汇总、评价和分析，并妥善保管，保管期为一年。

## 八、安全检查和巡视管理考核

按照要求开展一般性检查、专项检查和季节性安全检查。供电所根据配电网设备在电网中的重要程度以及不同区域、季节、环境特点，采取定期巡视、特殊巡视、夜间巡视、故障巡视、监察巡视等方式，开展设备巡视管理（见附录I设备巡视管理工作流程）。

（1）计划制定。运检技术员结合配电网设备、设施运行状况和气候、环境变化情况以及上级运维管理部门的要求，编制巡视计划并报配电营业班长审核后由所长（副所长）审批。配电营业班长编制周巡视工作计划，并按周计划合理安排组织开展巡视工作。

（2）现场作业。配电营业班班长组织巡视人员召开巡视工作班前会，布置当日工作任务、分工及交底、“三交三查”、巡视作业卡签发、巡视车辆分配、班前会签名等巡视作业准备内容。巡视人员对现场设备进行巡视，并判断设备运行状况是否良好。对一般性的设备异常并不涉及安全的，可由巡视人员进行现场维护和缺陷处理。发现影响配网安全的施工作业现象，应立即开展调查，做好现场宣传、劝阻工作，并书面通知施工单位。对设备有较大影响的缺陷，应按设备缺陷分类标准和处理流程进行缺陷消除。发现紧急缺陷时应立即向班长汇报，并按故障紧急处理程序做好消缺工作。

巡视人员应对设备巡视的现场情况进行详细记录。巡视记录应包括气象条件、巡视人、巡视日期、巡视范围、线路设备名称及发现的缺陷情况、缺陷类别，施工情况、存在外力破坏可能的情况、交叉跨越的变动情况以及初步处理意见和情况等。

（3）总结归档。巡视工作完毕后，由班长召集巡视人员召开班后会，进行工作小结、分析巡视工作情况，并做好班后会记录。班长对巡视工作的相关情况、设备运行情况进行整理总结，并将资料报送运检技术员。运检技术员对巡视人员完成的巡视工作、巡视工作质量、发现的缺陷隐患进行记录和分析，并进行资料归档。

供电所应积极应用各类信息化手段，确保资料的及时性、准确性、完整性、唯一性，减轻维护工作量。运维资料主要分为投运前信息、运行信息、检修试验信息等。

## 九、设备缺陷管理及处理工作考核

设备缺陷是指配电网设备本身及周边环境出现的影响配电网安全、经济和优质运行的情况，超出消缺周期仍未消除的设备紧急缺陷和严重缺陷，即为安全隐患。设备缺陷与隐患的发现与消除应优先采取不停电作业方式，实行影像化管理（见附录J设备缺陷管理工作流程）。

（1）缺陷发现及准备。台区经理通过巡视等工作，发现设备缺陷，及时做好记录并上报配电营业班长。班长对设备形成的缺陷进行分析，并提出初步整改方案。运检技术员应根据相关规定进行分类和分级：紧急缺陷、严重缺陷、一般缺陷，并根据缺陷形成的原因编制缺陷报告。紧急缺陷消除时间不得超过24h，严重缺陷应在30天内消除，一般缺陷可结合检修计划尽早消除，但应处于可控状态。所长（副所长）对缺陷报告中的缺陷进行审定，审定缺陷内容、缺陷定级、报送时限及缺陷形成的原因等进行审批，并根据审批的消缺方案，给配电营业班长下达消缺工作任务。

（2）缺陷处理。配电营业班长根据下达消缺工作任务编制周工作计划，运检技术员、配电营业班长进行状态评价，确定缺陷整改方案，然后由配电营业班长分解工作任务。工作负责人（班长）组织工作人员召开班前会，进行作业准备，并执行“二票三制”工作制度，进行现场缺陷处理。工作完成后工作负责人会同工作班成员进行完工检查。如缺陷处理不合格，则要求重新进行整改。通过完工检查后，配电营业班长对缺陷处理工作进行总结，运检技术员从技术层面对缺陷处理工作进行总结分析，并把处理结果统计上报。

（3）资料归档。运检技术员对设备缺陷台账、记录更新，并进行资料归档。

## 十、电力设施保护工作管理考核

（1）在必要的区段设立标志，并按规定标明保护区宽度、安全距离等内容。

（2）认真组织开展电力设施保护宣传，及时发现电力设施安全隐患，对危害电力设施的行为下发隐患告知书。

（3）供电所应确保辖区内每条线路通道属地化工作具体到人。定期开展属地化输电线路巡视，做好巡视记录，留存备查。

（4）按运维工作要求，开展通道树障砍伐及塔基周围杂树、杂草、杂物、排水沟等清理工作，配合运维单位完成其他通道隐患处理工作。

（5）协助运维单位开展区域内线路通道故障查巡。按要求报送线路通道内缺陷、隐患信息，确保信息真实、有效。

（6）签订电力设施保护属地化管理责任书。

## 十一、故障跳闸治理考核

（1）加强故障跳闸综合治理，有效降低百千米故障跳闸率。

10kV 线路百公里故障率＝10kV 线路故障次数/10kV 线路百千米长度

（2）10kV 线路故障包含 10kV 线路出线开关跳闸和线路接地。

（3）10kV 线路长度为统计期末 10kV 线路数据。线路长度及故障次数均含用户资产。

（4）全年单条线路累计故障≥6 次时，按 1.5 倍计算故障次数。故障线路条数以统计期末 PMS 系统线路条数为准。

（5）采用如下方法计算得分。规范值为 0，得分按 1 次/（百千米·年）扣 1 分计算，计算公式为 10kV 线路百千米故障次数×1，最低为 0 分。自然灾害引起的线路跳闸不纳入供电所线路跳闸次数统计（需附带证明），百公里线路长度取自 PMS 系统，10kV 故障次数取自调度自动化系统。

## 十二、农村用电安全及“三级”剩余电流动作保护器管理与考核

农村公用配电台区按照相关规定，安装、运行低压断线保护和剩余电流动作保护装置，实现农村公用配电台区断线保护和剩余电流动作保护装置安装率、投运率、动作可靠率达到 100%；同时，按规定对一、二、三级剩余电流动作保护器进行测试；根据居民季节性用电情况，每年至少开展二次大范围的用电安全宣

传；做好用户剩余电流动作保护器安装使用的宣传工作，协同政府部门推动户保安装、投运、使用（见附录K 供电所剩余电流动作保护装置管理工作流程）。

（1）计划编制。供电所根据本所低压配电网的运行情况、剩余电流动作保护装置的配置情况等，制定剩余电流动作保护装置的安装、运行维护工作任务，台区客户代表根据工作安排，落实现场安装、运行、试验、消缺及更换任务。

（2）安装调试。剩余电流动作保护装置安装应充分考虑供电方式、供电电压、系统接地型式及保护方式，保护装置的型式、额定电压、额定电流、短路分断能力、额定剩余动作电流、分断时间应满足被保护线路和电气设备的要求。采用不带过电流保护功能且需辅助电源的剩余电流保护装置时，与其配合的过电流保护元件应安装在剩余电流保护装置的负荷侧。保护装置的安装接线工艺和施工要求应符合相关的规程要求。

（3）运行管理。供电所应建立剩余电流动作保护装置台账，记录保护装置各项参数和运行、试验、消缺、更换情况。台区客户代表定期操作试验按钮，检查其动作特性是否正常。雷击活动期和用电高峰期应增加试验次数，一般每月至少进行一次试跳，每年至少进行一次特性测试。如定期试验不合格或装置运行中遇有异常现象，则进入缺陷处理流程。

剩余电流保护装置动作后，经检查未发现动作原因时，允许试送电一次；如果再次动作，应查明原因找出故障，不得连续强行送电，必要时对其进行动作特性试验。经检查确认保护装置本身发生故障时，应在最短时间内予以更换。

配电营业班长每月组织检查分析剩余电流保护装置的使用情况，特别是对保护装置的投运率、跳闸情况、故障情况等进行分析总结，安排安装及运维工作。

（4）用电安全宣传。根据居民季节性用电情况，每年至少开展二次大范围的用电安全宣传，向未安装、使用户保的用户发放户保安全使用告知书并取证留存影像资料。

（5）考核。

1）农村公用配电台区一级剩余电流动作保护装置安装率、投运率、动作可靠率100%。

2）农村公用配电台区剩余电流动作保护器台账，现场信息与台账和生产

PMS系统一致。

3）农村公用配电台区剩余电流动作保护器测试记录、试跳记录信息填写完善、齐全、并有测试人签字。

## 第三节 岗位工作目标计划

**1. 目标计划**

1）编制本所安全生产计划，组织在本所范围内签订“安全生产责任状”。

2）编制本所“安全措施执行情况年度总结”，纳入本所年、月度工作计划；指导本所劳动防护用品、安全工器具、安全防护用品的发放、保管、维护以及使用等工作；协调本所安措项目验收工作，督促问题整改；定期对本所安措计划执行情况进行总结评价，提交公司相关部门。

3）负责本所内安全工器具的验收、试验、使用、保管和报废等工作。定期组织电力安全工器具的使用方法培训。每月度检查本所安全工器具使用和维护情况。

4）负责本所内安全设施与标识的接收、验收、试验、使用、保管和报废等工作；建立安全设施台账，督促指导班组安全设施保管、使用等工作。

5）在公司相关部门指导下，对相关突发事件“应急预案演练方案”中本所负责部分的工作方案、演练脚本、安全保障方案等进行班组内学习，参与上级组织的现场处置方案演练。

**2. 工作内容**

1）统计班组安全管理信息，及时提供安全信息的相关支撑材料；组织了解、学习安监管理一体化系统最新的安全动态和安全信息。

2）协助组织落实安全分析会，分析月度工作计划执行与故障等有关情况，具体落实上级和安全分析会议的相关事项。

3）根据上级安全检查要求，组织开展相关的专项检查、日常安全检查，针对检查出的安全隐患，依据本所的整改意见，落实整改，并将整改计划上报公司相关部门。

4）指导现场勘察的组织、风险预警措施的落实，协调、指导和监督生产作业活动，控制现场环境中的人身伤害、设备损坏、电网故障等危险源。

5）指导对作业场所、电网设备及设施和安全生产管理等方面的事故隐患进行排查，实施预评估，并及时将材料上报公司相关部门核定。

6）参与对人身、电网、设备事故障碍的调查，编写事故障碍防范措施。

7）落实反违章工作要求，开展反违章宣传教育和培训，组织开展安全教育、安规考试，开展反违章自查自纠工作，对管理违章、装置违章进行统计、分析、整改，落实上级部门反违章检查整改措施并接受考核。

8）做好乡镇供电所安全性评价工作。完成所长、支部书记、副所长交办的其他工作任务。

**3. 安全管理形成的台账记录（见表 3-1）**

**表 3-1　　安全管理形成的台账记录**

| 序号 | 名称 | 责任人 | 保存地点 |
|---|---|---|---|
| 3-4-1 | 安全生产责任书 | 安全质量员 | 综合班 |
| 3-4-2 | 安全活动记录 | 安全质量员 | 综合班 |
| 3-4-3 | 供电所安全管理台账 | 安全质量员 | 综合班 |
| 3-4-4 | 工作票、操作票统计分析记录 | 安全质量员 | 综合班 |
| 3-4-5 | 安全隐患告知书 | 安全质量员 | 综合班 |
| 3-4-6 | 应急预案和处置措施 | 安全质量员 | 综合班 |
| 3-4-7 | 安全、施工工器具台账 | 安全质量员 | 综合班 |
| 3-4-8 | 安全、施工工器具试验和出入库记录 | 安全质量员 | 综合班 |
| 3-4-9 | 台区剩余电流动作保护器台账及运行测试记录 | 安全质量员 | 综合班 |

**4. 检查与考核**

执行情况由供电所按有关规定、规范进行检查与考核。

## 第四节　供电所安全质量员应编制的安全资料

**1. 安全生产责任书（见附录 L）**

（1）签订年度安全目标责任书。供电所安全目标是根据上级安全生产总目标和本所实际情况，制定出本所及个人的分目标。总目标指导分目标，分目标保证总目标，形成全企业的目标体系，并把目标完成情况作为对个人进行考核的依据。

（2）召开月度安全分析会。每月进行安全分析，是供电所及时查找安全管理工作的薄弱环节，不断提高安全管理水平的重要工作，必须认真执行，安全分析会由供电所安全质量员组织，所长主持，安全管理的相关人员均应参加。

(3) 安全分析会的主要内容。

1) 各班组汇报本班组当月安全情况，包括安全措施执行情况、设备运行情况、两票和两措执行情况、安全工器具检查情况、主要成绩和存在的问题。

2) 供电所安全质量员汇报全所的安全情况，包括现场安全检查情况、违章查处情况、两票和两措评价情况、月度安全工作计划执行情况、交通和防火设施检查情况、事故、障碍和异常的调查分析情况和今后的防范措施等。

3) 所长对全月安全情况进行全面总结，肯定成绩，指出问题，明确改进的措施，提出下一月度安全管理重点工作内容和要求。

每月的安全分析会召开后，供电所安全质量员须根据会议结论，制定下一月度安全工作计划，并下发执行，同时根据相关规定、要求填写各种报表。

**2. 安全活动记录（见附录M）**

供电所每周进行一次的安全活动，是对全体职工进行安全思想教育的有效方法，是提高职工安全意识、消除不安全因素、预防事故发生的有力措施，供电所长和安全质量员，必须按照本企业规定的时间要求，组织并主持供电所安全日活动，内容要紧扣当前安全形势和生产任务，防止流于形式。

安全活动内容：

1) 供电所及个人一周的安全情况小结。

2) 对本所发生的未遂和异常，按照“四不放过”的原则认真分析、制定防范措施。

3) 总结现场安全工作中的典型事例。

4) 学习安全规程、事故通报、安全简报以及有关安全方面的上级文件，并结合本所实际认真分析讨论，制定贯彻落实的措施。

5) 对所辖设备的运行情况和设备缺陷进行分析、提出对策。

6) 根据下周生产安排，讨论制订安全措施和明确注意事项。

7) 对安全工器具进行检查。

8) 对两票的填写和执行情况进行检查分析。

9) 进行技术问答、现场考问、反事故演习。

10）安规、安措的考试及问答等。

**3. 供电所安全管理台账（见附录N）**

供电所安全管理工作台账，按电压等级分为10kV配电设备的安全管理、低压设备的安全管理、客户侧安全管理三个方面。

安全管理台账涉及：两票的管理、三制的管理、危险点预控措施票管理、两措（反措与安措）管理、安全教育活动和安全统计分析、电气安全工器具管理、车辆交通安全管理、消防安全管理、剩余动作电流保护器管理、安全检查、电力设施保护、安全宣传的相关内容。

**4. 工作票、操作票统计分析记录（见附录O）**

（1）“两票”合格率的统计计算

工作票合格率＝(合格工作票分数/工作票总数)×100％

操作票合格率＝(合格操作票分数/操作票总数)×100％

（2）供电所安全质量员按规定填写两票登记簿，及时记录“两票”执行情况。

（3）供电所安全质量员按照企业规定，每月进行“两票”的汇总和评价，分析“两票”管理执行中存在的问题，制定改进措施。

（4）供电所安全质量员负责“两票”的保存、评价和统计上报工作。

**5. 安全隐患告知书（见附录P）**

电力设施保护关系到电网的安全运行，也关系到施工安全，根据《中华人民共和国电力法》《电力设施保护条例》《电力设施保护条例实施细则》和相关《电力设施保护区施工作业管理办法》，将有关规定以及客户在施工中涉及电力设施安全的有关问题，依法、依规进行告知。

供电所通过设备巡视、反映、举报等，对电力设施保护范围内出现的危及设施正常运行的现象，对当事人下发有效的《安全隐患告知书》并回执，应监督并督促客户限时采取有效措施进行整改。对所下发的《安全隐患告知书》及客户回执，逐事项建立台账备档留存，同时上报上一级安全管理部门备案。

**6. 应急预案和处置措施（见附录Q）**

（1）在安全管控、生产设备运维过程中，结合工作实际进行事故预想，应对突发事件的预防与应急准备，监测与预警、应急处置、事后恢复与重建。针对性的编制应急预案，进行评审、发布、备案、培训、演练、实施、修订。

（2）定期开展应急处置能力评估活动，加强应急救援基干队伍和应急抢修队伍的建设管理，配足备齐抢险装备和抢险材料，强化演练培训，提高基层员工应急意识预防、避险、自救、互救的应急能力。

（3）突发事件发生后，事发单位及时向上级主管部门报告，情况紧急可越级报告，根据突发事件的影响程度，依据相关要求报告当地政府有关部门和相关保险公司。

（4）突发事件发生，事发单位首先做好先期处置，采取的措施防止危害扩大。对因本单位问题引发的，或主体是本单位人员的社会安全事件，要迅速来派出负责人员赶赴现场开展劝解和疏导工作。

（5）突发事件应急处置工作结束后，要积极组织受损设施、场所和生产经营秩序的恢复及重建工作，对于重点部位和特殊区域，要认真分析研究，提出解决的意见和建议，按有关规定报批实施。

**7. 安全工器具台账 （见附录 R）**

安全工器具按照“配足备齐、规范保管、正确使用、定期校验”的原则，能满足本班组进行工作时，能按规程要求布置安全措施和使用安全防护不留余量为准，但对易损的安全工器具，应有适量的储备，以备损坏后及时补充。供电所要对配备、保管、使用的安全工器具，建立好台账，确保账、卡、物对应。

**8. 安全工器具出入库记录（见附录 S）**

无论任何情况，电气安全工器具均不可作为它用，要按照《电力安全工作规程》规定进行定期试验，各项试验项目符合《电力安全工器具预防性试验规程》的规定并填写《安全工器具试验记录》；建立安全工器具使用管理规定，使用前、后都要进行外观检查，每次使用完毕，应擦拭干净放回原处，避免污损，同时做好出、入库使用登记。

**9. 台区剩余电流动作保护器台账及运行测试记录 （见附录 T）**

低压电网分级装设剩余电流动作保护装置是减少或防止发生人身触电伤亡事故的有效措施之一，也是防止由漏电引起电气火灾和电气设备损坏的技术措施。应逐台建立运行台账，并按周期逐台进行测试和记录。

第四章

# 供电所“两票”管理与“两措”执行

本章描述：本章介绍了配电的第一、二种工作票，带电作业工作票、事故（故障）紧急抢修单、低压工作票、动火工作票、现场勘察记录、二次工作安全措施票、工作任务单，以及倒闸操作票、综合操作命令票和逐项操作命令票的填用、执行、统计与管理等全过程工作要求，并逐一编制了票面格式和填写规范。供电所“四措一案”的具体规范施工人员工作行为和工作程序。通过本章学习，让学员掌握“两票”的填写规范和统一的票面格式及“四措一案”的规范学习。

工作票是允许在电气设备上或生产区域内作业的书面命令，是落实安全组织措施、技术措施和安全责任的书面依据。

## 第一节　工作票的种类与使用

工作票是允许在电气设备上或生产区域内作业的书面命令，是落实安全组织措施、技术措施和安全责任的书面依据。

**1. 工作票的种类**

包括配电第一种工作票、配电第二种工作票、配电带电作业工作票、低压工作票、配电故障紧急抢修单、书面记录、配电工作任务单、现场勘察记录、一级动火工作票、二级动火工作票。

**2. 工作票的使用**

在电气设备上的工作，应填用工作票或事故（故障）紧急抢修单。

（1）填用配电第一种工作票的工作。需要将高压线路、设备停电或做安全措施的配电工作。

（2）填用配电第二种工作票的工作。与邻近带电高压线路或设备的距离大于《电力安全工作规程（配电部分）》表 3-1 规定，不需要将高压线路、设备停电或做安全措施的高压配电（含相关场所及二次系统）工作。

（3）填用配电带电作业工作票的工作。

1）高压配电带电作业。

2）与邻近带电高压线路或设备的距离大于《电力安全工作规程（配电部分）》表 3-2、小于《电力安全工作规程（配电部分）》表 3-1 规定的不停电作业。

（4）填用低压工作票的工作。不需要将高压线路、设备停电或做安全措施的低压配电工作。

对同一个工作日、相同安全措施的多条低压配电线路或设备上的工作，可使用一张低压工作票。

（5）填用配电故障紧急抢修单的工作。配电线路、设备发生故障被迫紧急停止运行，需短时间内恢复供电或排除故障的、连续进行的故障修复工作可填用故障紧急抢修单。非连续进行的故障修复工作应使用工作票。

（6）可使用其他书面记录或按口头、电话命令执行的工作。

1）测量接地电阻。

2）砍剪树木。

3）杆塔底部和基础等地面检查、消缺。

4）涂写杆塔号、安装标志牌等工作地点在杆塔最下层导线以下，并能够保持《电力安全工作规程（配电部分）》表 3-1 规定的安全距离工作。

5）接户、进户计量装置上的不停电工作。

6）单一电源低压分支线的停电工作。

7）不需要高压线路、设备停电或做安全措施的配电运维一体工作。实施此类工作时，可不使用工作票，但应以其他书面形式记录相应的操作和工作等内容。

8）书面记录包括作业指导书（卡）、派工单、任务单、工作记录等。

9）按口头、电话命令执行的工作应留有录音或书面派工记录。记录内容应包含指派人、工作人员（负责人）、工作任务、工作地点、派工时间、工作结束时间、安全措施（注意事项）及完成情况等内容。

（7）填用现场勘察记录的工作

1）配电检修（施工）作业和用户工程、设备上的工作，工作票签发人或工作负责人认为有必要现场勘察的，应根据工作任务组织现场勘察，并填写现场勘察记录。

2）外来单位进入本单位运维开关站开展新间隔安装或大型作业项目时，应提前组织开展现场勘察并履行现场勘察手续。

3）现场勘察应由工作票签发人或工作负责人组织，工作负责人、设备运维管理单位（用户单位）和检修（施工）单位相关人员参加。对涉及多专业、多部门多单位的作业项目，应由项目主管部门、单位组织相关人员共同参与。

4）现场勘察应查看检修（施工）作业需要停电的范围、保留的带电部位、装设接地线的位置、邻近线路、交叉跨越、多电源、自备电源、地下管线设施和作业现场的条件、环境及其他影响作业的危险点，并提出针对性的安全措施和注意事项。

5）现场勘察后，现场勘察记录应送交工作票签发人、工作负责人及相关各方，作为填写、签发工作票等的依据。

6）开工前，工作负责人或工作票签发人应重新核对现场勘察情况，发现与原勘察情况有变化时，应及时修正、完善相应的安全措施。

（8）填用一级动火工作票的工作。

1）油区和油库围墙内。

2）油管道及与油系统相连的设备、油箱（除此之外的部位列为二级动火区域）。

3）危险品仓库及汽车加油站、液化气站内。

4）变压器、电压互感器、充油电缆等注油设备、蓄电池室（铅酸）。

5）一旦发生火灾可能严重危及人身、设备和电网安全以及对消防安全有重大影响的部位。

（9）填用二级动火工作票的工作。

1）油管道支架及支架上的其他管道。

2）动火地点有可能火花飞溅至易燃易爆物体附近。

3）电缆沟井（竖井）内、隧道内、电缆夹层。

4）调度室、控制室、通信机房、电子设备间、计算机房、档案室。

5）一旦发生火灾可能危及人身、设备和电网安全以及对消防安全有影响的部位。

（10）以下情况可使用一张配电第一种工作票。

1）一条配电线路（含线路上的设备及其分支线，下同）或同一个电气连接部分的几条配电线路或同（联）杆塔架设、同沟（槽）敷设且同时停送电的几条配电线路。

2）不同配电线路经改造形成同一电气连接部分且同时停送电者。

3）同一高压配电站、开关站内，全部停电或属于同一电压等级、同时停送电、工作中不会触及带电导体的几个电气连接部分上的工作。

4）配电变压器及与其连接的高低压配电线路、设备上同时停送电的工作。

5）同一天在几处同类型高压配电站、开关站、箱式变电站、柱上变压器等配电设备上依次进行的同类型停电工作。同一张工作票多点工作，工作票上的工作地点、线路名称、设备双重名称、工作任务、安全措施应填写完整。不同工作地点的工作应分栏填写。

（11）以下情况可使用一张配电第二种工作票。

1）同一电压等级、同类型、相同安全措施且依次进行的不同配电线路或不同工作地点上的不停电工作。

2）同一高压配电站、开关站内，在几个电气连接部分上依次进行的同类型不停电工作。

（12）对同一电压等级、同类型、相同安全措施且依次进行的数条配电线路上的带电作业，可使用一张配电带电作业工作票。

（13）对同一个工作日、相同安全措施的多条低压配电线路或设备上的工作，可使用一张低压工作票。

（14）现场勘察后，现场勘察记录应送交工作票签发人、工作负责人及相关各方，作为填写、签发工作票等的依据。开工前，工作负责人或工作票签发人应重新核对现场勘察情况，发现与原勘察情况有变化时，应及时修正、完善相应的安全措施。

**3. 工作票的一般规定**

（1）工作票应统一格式，采用 A4 或 A3 纸，用黑色或蓝色的钢（水）笔或圆珠笔填写，也可用计算机生成或打印。工作票一式两份（或多份），内容填写应正确、清楚，不得任意涂改。

（2）每份工作票签发方和许可方修改均不得超过两处，但工作时间、工作地点、设备名称（即设备名称和编号）、接地线位置、动词等不得改动。错、漏字修改应使用规范的符号，字迹应清楚。填写有错字时，更改方法为在写错的字上划水平线，接着写正确的字即可。审查时发现错字，将正确的字写到空白处圈起来，将写错的字也圈起来，再用线联结。漏字时将要增补的字圈起来连线至增补位置，并画“∧”符号。工作票不允许刮改。禁止用“……”“同上”等省略填写。

（3）在同一时间内，工作负责人、工作班成员不得重复出现在不同的工作票上。

（4）工作票由工作负责人填写，也可由工作票签发人填写。工作票上所列的签名项，应采用人工签名或电子签名。电子签名指在 PMS 生产管理系统中经授权和规定程序自动生成的签名。已签发的工作票，未经签发人同意，不得擅自修改。

（5）在工作期间，工作票应始终保留在工作负责人手里。

**4. 填写与签发**

（1）工作票的编号。工作票编号应连续且唯一，由许可单位按工作票种类和顺序编号。

1）编号应包含变电站或调控（中调、地调）等特指字、年、月和顺序号三部分。年使用四位数字，月使用两位数字，顺序号使用三位数字。例如配电 2019 年 08 月第 1 份线路检修工作票编号为：配 2019-08-001。

2）事故（故障）紧急抢修单编号。按工作票的编号原则进行编号。

3）工作若采用任务单时，任务单除填写对应的工作票编号外，在“工作任务登记栏”中填写任务单编号，任务单编号采用两位数字顺序号。

4）持许可后的线路或电缆、配电工作票进入变电站工作时，应增加相应的工作票份数，变电站许可时无需重新编号。

5）PMS 生产管理系统填写工作票若自动生成编号，编号要求一致。

(2) 单位。指工作负责人所在的工区、专业、室、所等。外来单位应填写单位全称。

(3) 工作负责人（监护人）。指该项工作的负责人（监护人）。

(4) 班组。指参与工作的班组，多班组工作应填写全部工作班组。

(5) 工作班人员（不包括工作负责人）。指参加工作的工作班人员、厂方人员和临时用工等全部工作人员。

1）工作班人员应逐个填写姓名。

2）若采用工作任务单时，工作票的工作班成员栏内可只填明各工作任务单的负责人，并注明工作任务单人员数量，不必填写全部工作人员姓名，但应填写总人数。工作任务单上应填写工作班人员姓名。

(6) 工作票上的时间。年使用四位数字，月、日、时、分使用双位数字和24时制，如2019年05月08日16时06分。

(7) 计划工作时间。以批准的检修期为限。

(8) 现场施工简图的填写。

1）现场施工简图绘制，应使用标准图线和图形符号填划，清晰规范。标准图线和符号见表4-1。

**表4-1　　图 形 符 号**

| 图形 | 名称 | 图形 | 名称 |
|---|---|---|---|
| [symbol] | 断路器（断） | [symbol] | T接 |
| [symbol] | 熔断器（通） | [symbol] | 交叉跨越 |
| [symbol] | 隔离开关（通） | [symbol] | 接地 |
| [symbol] | 断连（通） | [symbol] | 在建线路 |
| [symbol] | 电缆线路 | [symbol] | 铁路 |
| [symbol] | 传真工作票<br>带电部分 | # # | 河流 |
| [symbol] | 终端杆 | [symbol] | |

续表

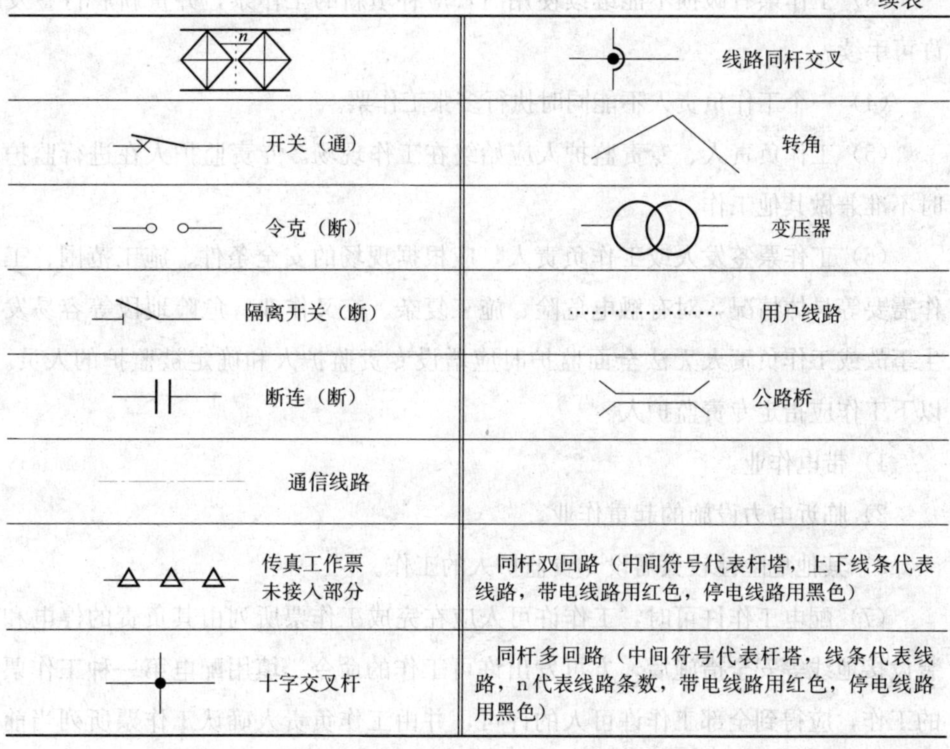

| 图形 | 说明 | 图形 | 说明 |
|---|---|---|---|
| n | | | 线路同杆交叉 |
| | 开关（通） | | 转角 |
| | 令克（断） | | 变压器 |
| | 隔离开关（断） | | 用户线路 |
| | 断连（断） | | 公路桥 |
| | 通信线路 | | |
| | 传真工作票未接入部分 | | 同杆双回路（中间符号代表杆塔，上下线条代表线路，带电线路用红色，停电线路用黑色） |
| | 十字交叉杆 | | 同杆多回路（中间符号代表杆塔，线条代表线路，n代表线路条数，带电线路用红色，停电线路用黑色） |

2）停电的线路和设备，用黑（蓝）色绘制。与停电线路同杆（塔）、邻近、平行、交叉的带电线路和设备，用红色线条划出。计算机生成（打印）的工作票，红色部分可在生成（打印）后再描成红色。

3）简图应标明停电工作地点或范围，接地线的编号及装设位置。

（9）工作票应由工作票签发人审核无误后，手工或电子签名后方可执行。

**5. 许可与执行**

（1）第一种工作票应在工作前一日送达运维值班人员（调控值班人员），可直接送达或通过传真、局域网、PMS生产管理系统传送，但传真传送的工作票许可手续应待正式工作票到达后履行。临时工作可在工作开始前直接交给工作许可人，许可人应在备注栏内注明原因。

（2）运维值班人员（调控值班人员）收到工作票后，应及时审查其安全措施是否完备，是否符合现场条件和《安规》（配电部分）规定。经审查不合格者，应将工作票退回。

（3）工作票有破损不能继续使用时，应补填新的工作票，并重新履行签发许可手续。

（4）一个工作负责人不能同时执行多张工作票。

（5）工作负责人、专责监护人应始终在工作现场。专责监护人在进行监护时不准兼做其他工作。

（6）工作票签发人或工作负责人，应根据现场的安全条件、施工范围、工作需要等具体情况，对有触电危险、施工复杂、交叉作业、危险地段等容易发生事故或工作负责人无法全面监护时应增设专责监护人和确定被监护的人员。以下工作应指定专责监护人。

1）带电作业。

2）临近电力设施的起重作业。

3）其他危险性较大需设专责监护人的工作。

（7）配电工作许可时，工作许可人应在完成工作票所列由其负责的停电和装设接地线等安全措施后，方可发出许可工作的命令。填用配电第一种工作票的工作，应得到全部工作许可人的许可，并由工作负责人确认工作票所列当前工作所需的安全措施全部完成后，方可下令工作。所有许可手续（工作许可人姓名、许可方式、许可时间等）均应记录在工作票上。

（8）现场办理配电工作许可手续前，工作许可人应与工作负责人核对线路名称、设备双重名称，检查核对现场安全措施，指明保留带电部位。

（9）用户侧设备检修，需电网侧设备配合停电时，应得到用户停送电联系人的书面申请，经批准后方可停电。在电网侧设备停电措施实施后，由电网侧设备的运维管理单位或调控中心负责向用户停送电联系人许可。恢复送电，应接到用户停送电联系人的工作结束报告，做好录音并记录后方可进行。

（10）在用户设备上工作，许可工作前，工作负责人应检查确认用户设备的运行状态、安全措施符合作业的安全要求。作业前检查多电源和有自备电源的用户已采取机械或电气连锁等防反送电的强制性技术措施，不得擅自操作用户设备。

（11）工作期间，工作负责人若因故暂时离开工作现场时，应指定能胜任的人员临时代替，交代现场工作情况，告知工作班成员。原工作负责人返回工作现场时，应履行同样的交接手续，并在工作票“备注栏”注明。

（12）非特殊情况不得变更工作负责人，如在工作票许可之前需变更工作负责人，则应由工作票签发人重新签发工作票。如确需变更工作负责人，应由工作票签发人同意并通知工作许可人，工作许可人将变动情况记录在工作票上。工作负责人只允许变更一次。原、现工作负责人应对工作任务和安全措施进行交接。

（13）需要变更工作班成员时，应经工作负责人同意，在对新增的作业人员履行安全交底手续后，填写增添人员的姓名、变动日期和时间后方可进行工作。新添工作人员应履行确认签名手续。

**6. 延期与终结**

（1）若工作需要延期，工作负责人应在工期尚未结束以前向运维值班负责人提出延期申请（属于调控管辖、许可的设备，还应通过值班调控人员批准），履行延期手续。配电第二种工作票和不需要办理许可手续的配电第二种工作票，应在工期尚未结束以前由工作负责人向工作票签发人提出延期申请。第一、二种工作票只能延期一次，若延期后工作仍未完成，应终结工作票或重新办理新的工作票。带电作业工作票不准延期。

（2）工作完工后，应清扫整理现场。工作负责人（包括小组负责人）应检查工作地段的状况，确认工作的配电设备和配电线路的杆塔、导线、绝缘子及其他辅助设备上没有遗留个人保安线和其他工具、材料，查明全部工作人员确由线路. 设备上撤离后，再命令拆除由工作班自行装设的接地线等安全措施。接地线拆除后，任何人不得再登杆工作或在设备上工作。

（3）工作地段所有由工作班自行装设的接地线拆除后，工作负责人应及时向相关工作许可人（含配合停电线路、设备许可人）报告工作终结。

多小组工作，工作负责人应在得到所有小组负责人工作结束的汇报后，方可与工作许可人办理工作终结手续。

（4）工作终结报告应按以下方式进行：①当面报告；②电话报告，并经复诵无误。

（5）工作终结报告应简明扼要，主要包括下列内容：①工作负责人姓名；②某线路（设备）上某处（说明起止杆塔号、分支线名称、位置称号、设备双重名称等）工作已经完工；③所修项目、试验结果、设备改动情况和存在问题；④工作班自行装设的接地线已全部拆除；⑤线路（设备）上已无本班组工作人员和遗留物。

（6）对未执行的工作票，在其编号上加盖“未执行”章，在备注栏说明原因。

## 第二节　工作票的统计与管理

（1）各单位应定期统计分析工作票填写和执行情况，对发现的问题及时制定整改措施。

（2）调控值班负责人应在交班前对本值工作票执行情况进行检查。

（3）班长和班组安全员应每月对所执行的工作票进行整理、汇总，按编号统计、分析。

（4）二级机构管理人员每季度至少对已执行的工作票进行检查并填写检查意见。

（5）地市公司级单位、县公司级单位安监部门每半年至少抽查调阅一次工作票。

（6）省公司安监部门每年至少抽查调阅一次工作票。

（7）有下列情况之一者统计为不合格工作票。

1）工作票类型使用错误。

2）工作票未按规定编号，工作票遗失、缺号，已执行的工作票重号。

3）工作成员姓名、人数未按规定填写。

4）工作班人员总数与签字总数不符又不注明原因。

5）工作任务不明确。

6）所列安全措施与现场实际或工作任务不符。

7）装设接地线的地点填写不明确或不写接地线编号。

8）工作票项目填错或漏填。

9）字迹不清，对所用动词、设备编号涂改，或一份工作票涂改超过两处。

10）工作班人员、工作许可人、工作负责人、工作票签发人未按规定签名。

11）工作票中工作现场简图未按规定绘画或绘画错误。

12）工作延期未办延期手续，工作负责人、工作班成员变更未按照规定履行手续。

13）不按规定加盖“未执行”“已执行”印章。

14）每日开工、收工没按规定办理手续；工作间断、转移和工作终结不按规定办理手续。

15）工作票终结未拆除接地线或未拉开的接地开关等实际与票面不符未说明原因。

16）简图与工作任务不相符合，停电、带电设备未用颜色区分，漏划带电的高压交叉跨越线路（指松紧导线、起落线、换杆塔及金具绝缘子等部件有误触跨越线路可能的工作，输配电线路清扫作业，与其交叉跨越的带电线路可不画出）。

17）不按规定填写电压等级者。

18）未列入上述标准的其他违反《电力安全工作规程》和上级有关规定的均作为不合格统计。

（8）合格率的统计方法为

合格率=(已执行的总票数－不合格的总票数)/(已执行的总票数)×100%。

（9）工作票、故障紧急抢修单由许可单位和工作单位分别保存。已执行的工作票、故障紧急抢修单应至少保存1年。

配电第一种工作票格式见表4-2。

**表4-2　　配电第一种工作票**

| 单位： | | 编号： |
|---|---|---|
| 1 | 工作负责人（监护人）： | 班组： |
| 2 | 工作班人员（不包括工作负责人）： | |
| | | |
| | | |
| | | |
| | 共　人 | |

续表

| 3 | 工作任务 | |
|---|---|---|
| | 工作地点或设备［注明变（配）电站、线路名称、设备双重名称及起止杆号］ | 工作内容 |
| | | |
| | | |
| | | |

| 4 | 计划工作时间：自____年____月____日____时____分<br>至____年____月____日____时____分 |
|---|---|

5

安全措施［应改为检修状态的线路、设备名称，应断开的断路器（开关）、隔离开关（刀闸）、熔断器，应合上的接地开关，应装设的接地线、绝缘隔板、遮栏（围栏）和标示牌等，装设的接地线应明确具体位置，必要时可附页绘图说明］

5.1 调控或运维人员（变配电站）应采取的安全措施

（1）应断开的设备名称

| 变配电站或线路、设备名称 | 应拉开的断路器、隔离开关、熔断器（注明设备双重名称） | 执行人 |
|---|---|---|
| | | |
| | | |
| | | |

（2）应合接地开关、应装操作接地线、应装设绝缘挡板

| 接地开关，接地线、绝缘挡板装设地点 | 接地线（绝缘挡板）编号 | 执行人 | 接地开关，接地线、绝缘挡板装设地点 | 接地线（绝缘挡板）编号 | 执行人 |
|---|---|---|---|---|---|
| | | | | | |
| | | | | | |

| （3）应设遮栏，应挂标示牌 | 执行人 |
|---|---|
| | |
| | |
| | |

| 5.2 工作班完成的安全措施 | 已执行 |
|---|---|
| | |
| | |
| | |

5.3 工作班装设（或拆除）的工作接地线

| 线路名称或设备双重名称和装设位置 | 接地线编号 | 装设时间 | 拆除时间 |
|---|---|---|---|

续表

<table>
<tr><td rowspan="7">5</td><td></td><td></td><td></td><td></td></tr>
<tr><td colspan="3">5.4 配合停电线路应采取的安全措施</td><td>执行人</td></tr>
<tr><td colspan="4">5.5 保留或邻近的带电线路、设备</td></tr>
<tr><td colspan="4">5.6 其他安全措施和注意事项：</td></tr>
<tr><td colspan="4">工作票签发人签名：______、______ ______年______月______日______时______分<br>工作负责人签名：________ ______年______月______日______时______分</td></tr>
<tr><td colspan="4">5.7 其他安全措施和注意事项补充（由工作负责人或工作许可人填写）</td></tr>
<tr><td colspan="4"></td></tr>
<tr><td>6</td><td colspan="4">收到工作票时间：________年________月________日________时________分 调控（运维）人员签名：________</td></tr>
</table>

<table>
<tr><td rowspan="5">7</td><td colspan="5">工作许可：</td></tr>
<tr><td>许可的线路或设备</td><td>许可方式</td><td>许可人</td><td>工作负责人签名</td><td>许可工作的时间</td></tr>
<tr><td></td><td></td><td></td><td></td><td>年 月 日 时 分</td></tr>
<tr><td></td><td></td><td></td><td></td><td>年 月 日 时 分</td></tr>
<tr><td></td><td></td><td></td><td></td><td>年 月 日 时 分</td></tr>
<tr><td rowspan="5">8</td><td colspan="5">工作任务单登记：</td></tr>
<tr><td>工作任务单编号</td><td>工作任务</td><td>小组负责人</td><td>工作许可时间</td><td>工作结束报告时间</td></tr>
<tr><td></td><td></td><td></td><td></td><td>年 月 日 时 分</td></tr>
<tr><td></td><td></td><td></td><td></td><td>年 月 日 时 分</td></tr>
<tr><td></td><td></td><td></td><td></td><td>年 月 日 时 分</td></tr>
<tr><td>9</td><td colspan="5">指定专责监护人：<br>（1）指定专责监护人________________负责监护________________<br>（地点及具体工作）<br>（2）指定专责监护人________________负责监护________________<br>（地点及具体工作）<br>（3）指定专责监护人________________负责监护________________<br>（地点及具体工作）<br>现场交底，工作班成员确认工作负责人布置的工作任务、人员分工、安全措施和注意事项并签名：</td></tr>
</table>

续表

<table>
<tr><td rowspan="4">10</td><td colspan="8">人员变更：</td></tr>
<tr><td colspan="8">10.1　工作负责人变动情况：原工作负责人＿＿＿＿＿＿离去，变更＿＿＿＿＿＿为工作负责人工作票签发人签名＿＿＿＿＿＿＿年＿＿月＿＿日＿＿时＿＿分<br>原工作负责人签名确认：＿＿＿＿　＿＿＿＿新工作负责人签名确认：＿＿＿＿＿＿＿年＿＿月＿＿日＿＿时＿＿分</td></tr>
<tr><td colspan="8">10.2　工作人员变动情况</td></tr>
<tr><td colspan="8">
<table>
<tr><td rowspan="2">新增人员</td><td>姓　名</td><td></td><td></td><td></td><td></td><td></td><td></td></tr>
<tr><td>变更时间</td><td></td><td></td><td></td><td></td><td></td><td></td></tr>
<tr><td rowspan="2">离开人员</td><td>姓　名</td><td></td><td></td><td></td><td></td><td></td><td></td></tr>
<tr><td>变更时间</td><td></td><td></td><td></td><td></td><td></td><td></td></tr>
</table>
</td></tr>
<tr><td>11</td><td colspan="8">工作票延期：有效期延长到＿＿年＿＿月＿＿日＿＿时＿＿分<br>工作负责人签名＿＿＿＿　＿＿＿＿年＿＿月＿＿日＿＿时＿＿分<br>工作许可人签名＿＿＿＿　＿＿＿＿年＿＿月＿＿日＿＿时＿＿分</td></tr>
<tr><td rowspan="2">12</td><td colspan="8">每日开工和收工记录（使用一天的工作票不必填写）</td></tr>
<tr><td colspan="8">
<table>
<tr><td>收工时间</td><td>办理方式</td><td>工作许可人</td><td>工作负责人</td><td>开工时间</td><td>办理方式</td><td>工作许可人</td><td>工作负责人</td></tr>
<tr><td></td><td></td><td></td><td></td><td></td><td></td><td></td><td></td></tr>
<tr><td></td><td></td><td></td><td></td><td></td><td></td><td></td><td></td></tr>
<tr><td></td><td></td><td></td><td></td><td></td><td></td><td></td><td></td></tr>
</table>
</td></tr>
<tr><td rowspan="4">13</td><td colspan="8">工作终结：</td></tr>
<tr><td colspan="8">13.1　工作班现场所装设接地线共＿＿＿＿组、个人保安线共＿＿＿＿组已全部拆除，工作班人员已全部撤离现场，材料工具已清理完毕，杆塔、设备上已无遗留物。</td></tr>
<tr><td colspan="8">13.2　工作终结报告：</td></tr>
<tr><td colspan="8">
<table>
<tr><td>终结的线路或设备</td><td>报告方式</td><td>工作负责人</td><td>工作许可人</td><td>终结报告时间</td></tr>
<tr><td></td><td></td><td></td><td></td><td>年　月　日　时　分</td></tr>
<tr><td></td><td></td><td></td><td></td><td>年　月　日　时　分</td></tr>
<tr><td></td><td></td><td></td><td></td><td>年　月　日　时　分</td></tr>
</table>
</td></tr>
<tr><td>14</td><td colspan="8">备注：</td></tr>
<tr><td>15</td><td colspan="8">现场施工简图：</td></tr>
</table>

配电第一种工作票填写规范如下：

(1) 指工作负责人所在的工区、专业、室、所等。

(2) 外来单位应填写单位全称。

工作票编号应连续且唯一，由许可单位按顺序编号，不得重号。编号共由4部分组成，含调控中心（配电站、开关站）特指字、年、月和顺序号4部分。例如2017年9月第1份配电第一种工作票编号为：配2017-09-001。

1）工作负责人（监护人）。指该项工作的负责人（监护人）。

2）班组。指参与工作的班组，若多班组工作，应填写全部工作班组。

3）工作班人员（不包括工作负责人）：应逐个填写参加工作的人员姓名。

(3) 工作任务。

1）工作地点或设备［注明变（配）电站、线路名称、设备双重名称及起止杆号］。

2）配电线路工作。填写工作线路（包括有工作的分支线、T接线路等）电压等级、双重名称（同杆双回或多回线路应注明线路双重称号）、工作地点地段起止杆号。

3）配电设备工作。填写工作的配电站、开关站等名称，检修工作地点及检修设备的双重名称，填写的设备名称应与现场相符。配电站、开关站内无运行编号的设备，填写时应叙述清楚。

4）工作内容。填写应清晰准确，术语规范，不得使用模糊词语。

例如：10kV样例三线1～20号杆更换导线及金具，110kV样例变10kV样例1开关出线电缆头更换，10kV样例三线马庄支线5号杆新增公用变压器接火。

| 工作地点或设备［注明变（配）电站、线路名称、设备双重名称及起止杆号］ | 工作内容 |
|---|---|
| 10kV样例三线1～20号杆 | 更换导线及金具 |
| 110kV样例变电站10kV典型1开关间隔 | 电缆头更换 |
| 10kV样例三线马庄支线5号杆 | 新增公用变压器接火 |

在原工作票的停电范围内增加工作任务时：

1）工作时间不超过原工作计划时间且不需要变更安全措施的工作，由工作负责人征得工作票签发人和工作许可人同意，在工作票上增填工作项目，并在备注栏中说明原因。

2）若需变更或增设安全措施时，应填用新的工作票，并重新履行工作票签发、许可手续。

（4）计划工作时间。填写已批准的检修期限，时间应使用阿拉伯数字填写，包含年（四位）、月、日、时、分（均为双位，24h 制），如 2019 年 09 月 01 日 16 时 06 分。

（5）安全措施［应改为检修状态的线路、设备名称，应断开的断路器（开关）、隔离开关（刀闸）、熔断器，应合上的接地开关，应装设的接地线、绝缘隔板、遮栏（围栏）和标示牌等，装设的接地线应明确具体位置，必要时可附页绘图说明］

1）调控或运维人员［变（配）电站、开关站］应采取的安全措施。

① 应断开的设备名称：填写变、配电站或线路名称，应拉开的断路器（开关）、隔离开关（刀闸）、熔断器（注明设备双重名称）：填写由调控或运维人员操作的各侧（包括变电站、配电站、用户站、各分支线路）断路器（开关）、隔离开关（刀闸）、熔断器。安全措施完成后，工作负责人与工作许可人逐项核对，由许可人签名。

② 应合接地开关或应装接地线，应装绝缘挡板：填写接地开关、操作接地线或绝缘挡板（罩）的编号和确切地点。安全措施完成后，工作负责人与工作许可人逐项核对，由许可人签名。

③ 应设遮栏，应挂标示牌：分类填写遮栏、标示牌及所设的位置。安全措施完成后，工作负责人与工作许可人逐项核对，由许可人签名。

2）工作班完成的安全措施。填写需要工作班操作的停电线路或设备、应装设的遮栏（围栏）等。工作班组现场操作不填用操作票时，应将设备的双重名称，线路的名称、杆号、位置及操作内容等按操作顺序填写清楚，没有则填写“无”。安全措施完成后，工作负责人逐项核对确认并打“√”。

3）工作班装设（或拆除）的工作接地线。填写应装设的工作接地线确切位置、地点，如 10kV 样例线 03 号杆小号侧；填写应装设接地线的编号，用双位数字表示，如“01 号”，分段工作，同一编号的接地线可分段重复使用；工作负责人依据现场工作班成员装设或拆除接地线完毕的时间填写，分段装设的接地线应根据工作区段转移情况逐段填写。

4）配合停电线路应采取的安全措施。填写配合停电的线路名称及应断开的断路器（开关）、隔离开关（刀闸）、熔断器，应合上的接地开关或应装设的操作接地线，没有则填写“无”。安全措施完成后，工作负责人与工作许可人（配合停电联系人）逐项核对，由许可人（配合停电联系人）签名。

5）保留或邻近的带电线路、设备。应注明工作地点或地段保留或邻近的带电线路、设备的名称及杆（塔）号，包括双回、多回、平行、交叉跨越的线路名称。配电线路、分接箱中断开的断路器（开关）、隔离开关（刀闸）带电侧，均应在工作票中注明，没有则填写“无”。

变配电站、开关站所内的配电设备工作，应填写工作地点及周围所保留的带电部位、带电设备名称。工作地点的低压交直流电源应注明和交代清楚，没有则填写“无”。

6）其他安全措施和注意事项。填写需要特别交代的安全注意事项，没有则填写“无”。

工作票签发人签名、工作负责人签名和时间。

确认工作票 1～5.6 项无误后工作票签发人和工作负责人在签名栏内签名，并在时间栏内填入时间。“双签发”时应履行同样手续。

7）其他安全措施和注意事项补充（由工作负责人或工作许可人填写）。

工作负责人或工作许可人根据现场的实际情况，补充安全措施和注意事项。无补充内容时填写“无”。

（6）收到工作票时间。调控或运维人员收到工作票后，审核正确后对工作票进行编号，填写收到时间并签名，填写相应记录。若填写不合格应将工作票退回。

（7）工作许可。各工作许可人在确认相关安全措施完成后，方可许可工作。

工作许可人和工作负责人分别在各自收执的工作票上填写许可的线路或设备名称、许可方式、工作许可人、工作负责人、许可工作时间。许可工作时间不得提前于计划工作开始时间。

（8）工作任务单登记。若一张工作票下设多个小组工作，工作负责人应指定每个小组的小组负责人（监护人），并使用工作任务单。

由工作负责人将所有工作任务单的编号、工作任务、小组负责人姓名以及工作许可、工作终结时间逐一登记。

（9）指定专责监护人。工作负责人根据现场情况，指定专责监护人，明确监护地点及具体工作。此项可只填写在工作负责人收执的工作票上。

现场交底，工作班成员确认工作负责人布置的工作任务、人员分工、安全措施和注意事项并签名：

工作班成员在明确了工作负责人、专责监护人交代的工作内容、人员分工、带电部位、现场布置的安全措施和工作的危险点及防范措施后，每个工作班成员在工作负责人所持工作票上签名，不得代签。使用配电工作任务单的工作，可由各小组负责人在工作票上签名，其他小组成员分别在对应的工作任务单上签名。

（10）人员变更。

1）工作负责人变动情况。经工作票签发人同意，在工作票上填写原工作负责人和新工作负责人的姓名及变动时间，同时通知工作许可人；如工作票签发人无法当面办理，应通过电话联系，工作许可人和原工作负责人在各自所持工作票上注明。工作负责人的变更应告知全体工作班成员。

变更的工作负责人应做好交接手续。交接手续完成后，原工作负责人与新工作负责人应分别在工作票上签名确认，并记录确认时间。

2）工作人员变动情况。工作人员新增或离开应经工作负责人同意并签名，在工作票上写明变更人员姓名、变更时间。

新增人员在明确了工作内容、人员分工、带电部位、现场安全措施和工作的危险点及防范措施，在工作负责人所持工作票确认栏签名后方可参加工作。

（11）工作票延期

办理工作票延期手续，应在工作票的有效期内，由工作负责人向工作许可人提出申请，得到同意后办理。

工作负责人和工作许可人在各自收执的工作票上签名并记录许可时间。

（12）每日开工和收工记录（使用一天的工作票不必填写）。

1）每日收工，工作人员全部撤离工作现场，清扫工作地点，开放已封闭的通路，工作负责人向许可人汇报；次日复工时，工作负责人应经许可人同意重新复核安全措施无误后方可工作。开工和收工双方均应填写姓名、时间和许可方式。

2）在变、配电站或发电厂内工作时，将工作票交回运维值班人员。收工后工作人员未经运维值班人员许可，不得擅自进入工作现场。次日复工时，取回工作票与许可人重新复核安全措施无误后方可工作。

3）在无人值班的变电站工作时，工作现场安全措施条件未发生变化时，工作负责人可在现场用电话与管理该站的运维站联系办理收、开工手续，并注明办理方式。

（13）工作终结。

1）工作负责人在工作班人员已全部撤离现场，材料工具已清理完毕，杆塔、设备上已无遗留物。填写拆除的所有工作接地线组数和个人保安线数量。

2）工作终结报告。

① 工作负责人向工作许可人汇报，说明检修项目、发现问题、试验结果、存在问题等内容。

工作许可人和工作负责人分别在各自收执的工作票上填写终结的线路或设备的名称、报告方式、工作负责人、工作许可人和终结报告时间，办理工作终结手续。工作一旦终结，任何工作人员不得进入工作现场。

② 工作终结后，工作许可人和工作负责人分别在“终结报告时间”栏加盖“已执行”章，填写相关记录。工作负责人和工作许可人各自保存工作票。

（14）备注。填写工作任务变动原因、未执行工作票的原因及其他需要说明的事项。

（15）现场施工简图。配电线路工作应绘制现场施工简图。

1）现场施工简图绘制，应使用标准图线和图形符号，清晰规范。标准图形符号见本专业 8.10。

2）停电的线路和设备用黑（蓝）色。与停电线路同杆（塔）、邻近、平行、交叉的带电线路和设备，用红色线条划出。计算机生成（打印）的工作票，红色部分可在生成（打印）后再描成红色。

3）简图应标明停电工作地点或范围，接地线的编号及装设位置。对于在同一张工作票上采用同一组接地线的，应注明分段执行方式。

配电第二种工作票格式见表 4-3。

**表 4-3　　配电第二种工作票**

<table>
<tr><td colspan="6">单位：　　　　　　　　　　　　　　　　　　　编号：</td></tr>
<tr><td>1</td><td colspan="5">工作负责人（监护人）：　　　　　　　　班组：</td></tr>
<tr><td>2</td><td colspan="5">工作班人员（不包括工作负责人）：<br><br>共　　人</td></tr>
<tr><td rowspan="5">3</td><td colspan="5">工作任务</td></tr>
<tr><td colspan="3">工作地点或设备［注明变（配）电站、线路名称、设备双重名称及起止杆号］</td><td colspan="2">工作内容</td></tr>
<tr><td colspan="3"></td><td colspan="2"></td></tr>
<tr><td colspan="3"></td><td colspan="2"></td></tr>
<tr><td colspan="3"></td><td colspan="2"></td></tr>
<tr><td>4</td><td colspan="5">计划工作时间：自＿＿年＿＿月＿＿日＿＿时＿＿分<br>至＿＿年＿＿月＿＿日＿＿时＿＿分</td></tr>
<tr><td rowspan="2">5</td><td colspan="5">工作条件和安全措施（必要时可附页绘图说明）：</td></tr>
<tr><td colspan="5">工作票签发人签名：＿＿＿＿　＿＿年＿＿月＿＿日＿＿时＿＿分<br>工作负责人签名：＿＿＿＿　＿＿年＿＿月＿＿日＿＿时＿＿分</td></tr>
<tr><td>6</td><td colspan="5">现场补充的安全措施</td></tr>
<tr><td rowspan="5">7</td><td colspan="5">工作许可：</td></tr>
<tr><td>许可的线路、设备</td><td>许可方式</td><td>工作许可人</td><td>工作负责人签名</td><td>许可工作的时间</td></tr>
<tr><td></td><td></td><td></td><td></td><td>年　月　日　时　分</td></tr>
<tr><td></td><td></td><td></td><td></td><td>年　月　日　时　分</td></tr>
<tr><td></td><td></td><td></td><td></td><td>年　月　日　时　分</td></tr>
</table>

续表

<table>
<tr><td>8</td><td colspan="5">（1）指定专责监护人______负责监护______（地点及具体工作）<br>（2）指定专责监护人______负责监护______（地点及具体工作）<br>（3）指定专责监护人______负责监护______（地点及具体工作）<br>现场交底，工作班成员确认工作负责人布置的工作任务、人员分工、安全措施和注意事项并签名：<br><br>工作开始时间____年____月____日____时____分____工作负责人签名______</td></tr>
<tr><td>9</td><td colspan="5">工作票延期：有效期延长到____年____月____日____时____分<br>工作负责人签名______ ____年____月____日____时____分<br>工作许可人签名______ ____年____月____日____时____分</td></tr>
<tr><td>10</td><td colspan="5">工作班人员已全部撤离现场，材料工具已清理完毕，杆塔、设备上已无遗留物。<br>工作完工时间：____年____月____日____时____分____工作负责人签名：______</td></tr>
<tr><td rowspan="4">11</td><td colspan="5">工作终结报告</td></tr>
<tr><td>终结的线路或设备</td><td>报告方式</td><td>工作负责人签名</td><td>工作许可人</td><td>终结报告（或结束）时间</td></tr>
<tr><td></td><td></td><td></td><td></td><td>年 月 日 时 分</td></tr>
<tr><td></td><td></td><td></td><td></td><td>年 月 日 时 分</td></tr>
<tr><td>12</td><td colspan="5">备注</td></tr>
</table>

配电第二种工作票填写规范如下。

（1）单位。是指工作负责人所在的工区、专业、室、所等。外来单位应填写单位全称。

（2）编号。工作票编号应连续且唯一，按顺序编号，不得重号。编号由 4 部分组成：①工作单位或配电站、开关站特指字；②年；③月；④顺序号。

（3）工作负责人（监护人）：指该项工作的负责人（监护人）。

（4）班组。指参与工作的班组，多班组工作，应填写全部工作班组。

（5）工作班人员（不包括工作负责人）。应逐个填写参加工作的人员姓名。

（6）工作任务。

1）工作地点或设备［注明变（配）电站、线路名称、设备双重名称及起止杆号］。

2）配电线路工作。填写工作线路（包括有工作的分支线、T 接线路等）电压等级、双重名称（同杆双回或多回线路应注明线路双重称号）、工作地点地段起止杆号。

3）配电设备工作。填写工作的配电站、开关站等名称，工作地点及设备名称，填写的设备名称应与现场相符。配电站、开关站内无运行编号的设备，填写时应叙述清楚。

4）工作内容。填写应清晰准确，术语规范，不得使用模糊词语。

（7）计划工作时间。填写已批准的检修期限计划工作时间：以批准的检修期为限填写，时间应使用阿拉伯数字填写，包含年（四位），月、日、时、分（均为双位，24h 制）。

（8）工作条件和安全措施（必要时可附页绘图说明）。根据工作任务和作业方式填写相应的工作条件和安全措施，注明邻近及保留带电设备名称。

工作票签发人、工作负责人对上述项内容确认无误后签名，填写时间。

（9）现场补充的安全措施。工作负责人或工作许可人根据工作任务和现场条件，补充和完善安全措施或注意事项内容。无补充内容时填“无”。

（10）工作许可。变配电站、开关站内的配电设备工作可采取当面许可或电话许可。

1）当面许可。工作许可人完成现场安全措施后，会同工作负责人确认本工作票 1～6 项内容无误，并现场检查核对所列安全措施完备，向工作负责人指明带电设备的位置和注意事项。双方共同签名并记录时间，履行工作票许可手续。

2）电话许可。电话许可应做好录音，并各自做好记录，双方分别在许可人、负责人处签名并注明电话许可，工作票所需的安全措施由工作人员自行布置。

如此项工作不需许可，在“工作许可”后填“无”。

（11）指定专责监护人。工作负责人根据现场情况，指定专责监护人，明确监护地点及具体工作。

现场交底，工作班成员确认工作负责人布置的工作任务、人员分工、安全措施和注意事项并签名：工作班成员在明确了工作负责人交代的工作内容、人员分工、带电部位、现场布置的安全措施和工作的危险点及防范措施后，每个工作班成员在工作负责人所持工作票上签名，不得代签。工作负责人填写工作开始时间并签名。

（12）工作票延期。若工作需要延期，工作负责人应在工期尚未结束以前向工作许可人（工作票签发人）提出延期申请，双方签名并记录时间。

（13）工作完工时间和工作负责人签名。工作负责人确认工作班人员已全部撤离现场，材料工具已清理完毕，杆塔、设备上已无遗留物，填写完工时间并签字。

（14）工作终结报告。工作负责人向工作许可人汇报工作完毕，填写终结的线路或设备名称、报告方式、工作负责人、工作许可人、终结报告时间。在“终结报告（或结束）时间”栏盖“已执行”章。

（15）备注。填写需要提前送达的工作票收到时间及其他需要说明的事项。

配电带电作业工作票格式见表 4-4。

**表 4-4　　配电带电作业工作票**

单位：　　　　　　　　　　　编号：

<table>
<tr><td>1</td><td colspan="4">工作负责人（监护人）：　　　　　　　班组：</td></tr>
<tr><td>2</td><td colspan="4">工作班人员（不包括工作负责人）：________<br>________<br>________共____人</td></tr>
<tr><td rowspan="4">3</td><td colspan="4">工作任务</td></tr>
<tr><td>线路名称或设备双重名称</td><td>工作地段、范围</td><td>工作内容及人员分工</td><td>专责监护人</td></tr>
<tr><td></td><td></td><td></td><td></td></tr>
<tr><td></td><td></td><td></td><td></td></tr>
<tr><td>4</td><td colspan="4">计划工作时间：自____年____月____日____时____分<br>至____年____月____日____时____分</td></tr>
<tr><td rowspan="7">5</td><td colspan="4">安全措施：</td></tr>
<tr><td colspan="4">5.1　调控或运维人员应采取的安全措施</td></tr>
<tr><td>线路名称或设备双重名称</td><td>是否需要停用重合闸</td><td>作业点负荷侧需要停电的线路、设备</td><td>应装设的安全遮栏（围栏）和悬挂的标示牌</td></tr>
<tr><td></td><td></td><td></td><td></td></tr>
<tr><td></td><td></td><td></td><td></td></tr>
<tr><td colspan="4">5.2　其他危险点预控措施和注意事项：</td></tr>
<tr><td colspan="4">工作票签发人签名：____　____年____月____日____时____分<br>工作负责人签名：____　____年____月____日____时____分</td></tr>
</table>

续表

<table>
<tr><td rowspan="5">6</td><td colspan="5">确认本工作票1至5项正确完备，许可工作开始：</td></tr>
<tr><td>许可的线路、设备</td><td>许可方式</td><td>工作许可人（联系人）</td><td>工作负责人签名</td><td>许可工作（联系）时间</td></tr>
<tr><td></td><td></td><td></td><td></td><td>年　月　日　时　分</td></tr>
<tr><td></td><td></td><td></td><td></td><td>年　月　日　时　分</td></tr>
<tr><td></td><td></td><td></td><td></td><td>年　月　日　时　分</td></tr>
<tr><td>7</td><td colspan="5">现场补充的安全措施：</td></tr>
<tr><td>8</td><td colspan="5">现场交底，工作班成员确认工作负责人布置的工作任务、人员分工、安全措施和注意事项并签名：<br><br>工作开始时间________年________月________日________时________分____工作负责人签名____________</td></tr>
<tr><td rowspan="7">9</td><td colspan="5">工作终结：</td></tr>
<tr><td colspan="5">9.1　工作班人员已全部撤离现场，工具、材料已清理完毕，杆塔、设备上已无遗留物</td></tr>
<tr><td colspan="5">9.2　工作终结报告</td></tr>
<tr><td>终结的线路或设备</td><td>报告方式</td><td>工作许可人（联系人）</td><td>工作负责人签名</td><td>终结报告时间</td></tr>
<tr><td></td><td></td><td></td><td></td><td>年　月　日　时　分</td></tr>
<tr><td></td><td></td><td></td><td></td><td>年　月　日　时　分</td></tr>
<tr><td></td><td></td><td></td><td></td><td>年　月　日　时　分</td></tr>
<tr><td>10</td><td colspan="5">备注</td></tr>
</table>

配电带电作业工作票填写规范如下。

（1）单位。指工作负责人所在的工区、专业、室、所等。外来单位应填写单位全称。

（2）编号。工作票编号应连续且唯一，由许可单位按顺序编号，不得重号。编号共由4部分组成：①调控中心（配电站、开关站）特指字；②年；③月；④顺序号。

（3）工作负责人（监护人）。指该项工作的负责人（监护人）。

（4）班组。指参与工作的班组，若多班组工作，应填写全部工作班组。

（5）工作班人员（不包括工作负责人）。应逐个填写参加工作的人员姓名。

（6）工作任务。

1）线路名称或设备双重名称。填写线路、设备的电压等级和双重名称。

2）工作地段或范围。填写工作线路（包括有工作的分支线、T接线路等）或设备工作地点地段、起止杆号，起至杆号应与设备实际编号对应。

3）工作内容及人员分工。工作内容应清晰准确，不得使用模糊词语。人员分工应注明。

4）专责监护人。填写指定的专责监护人姓名。

（7）计划工作时间。填写已批准的检修期限计划工作时间，以批准的检修期为限填写。时间应使用阿拉伯数字填写，包含年（四位）、月、日、时、分（均为双位，24h 制）。

（8）安全措施。

1）调控或运维人员应采取的安全措施。是否需要停用重合闸，填“是”或“否”。

作业点负荷侧需要停电的线路、设备：填写线路名称或设备双重名称（多回线路应注明双重称号及方位），没有则填“无”。

应装设的安全遮栏（围栏）和悬挂的标示牌：分类填写遮栏、标示牌及所设的位置。

2）其他危险点预控措施和注意事项。根据现场工作条件和设备状况，填写相应的安全措施和注意事项，没有则填“无”。工作票签发人、工作负责人对上述所填内容确认无误后签名并填写时间。

（9）确认本工作票以上项正确完备，许可工作开始。

1）工作许可人在确认相关安全措施完成后，方可许可工作。

2）工作许可人和工作负责人分别在各自收执的工作票上填写许可的线路或设备的双重名称、许可方式、工作许可人、工作负责人、许可工作时间。

（10）现场补充的安全措施。工作负责人或工作许可人根据现场的实际情况，补充安全措施和注意事项。无补充内容时填写“无”。

（11）现场交底。工作班成员确认工作负责人布置的工作任务、人员分工、安全措施和注意事项并签名：工作班成员在明确了工作负责人、专责监护人交代的工作内容、人员分工、带电部位、现场布置的安全措施和工作的危险点及防范措施后，每个工作班成员在工作负责人所持工作票上签名，不得代签。

（12）工作终结。

1）工作负责人确认工作班人员已全部撤离现场，材料工具已清理完毕，杆塔、设备上已无遗留物。

2）工作终结报告。工作负责人向工作许可人汇报工作完毕，填写终结的线路或设备名称、报告方式、工作负责人、工作许可人、终结报告时间。在“终结报告时间”栏盖“已执行”章。

(13) 备注。填写其他需要说明的事项。

低压工作票格式见表 4-5。

**表 4-5　　低 压 工 作 票**

单位：　　　　　　　　　　　　　　　　　　　　编号：

| | |
|---|---|
| 1 | 工作负责人（监护人）：　　　　　　班组： |
| 2 | 工作班人员（不包括工作负责人）：______________________________<br>______________________________共______人 |
| 3 | 工作的线路名称或设备双重名称（多回线路应注明双重称号及方位）、工作任务：<br>______________________________ |
| 4 | 计划工作时间：自______年______月______日______时______分<br>至______年______月______日______时______分 |
| 5 | 安全措施（必要时可附页绘图说明）：<br>5.1　工作的条件和应采取的安全措施（停电、接地、隔离和装设的安全遮栏、围栏、标示牌等）：<br><br>5.2　保留的带电部位：<br><br>5.3　其他安全措施和注意事项：<br><br>工作票签发人签名：________，______ ______年______月______日______时______分<br>工作负责人签名：______________年______月______日______时______分 |

续表

| | |
|---|---|
| 6 | 工作许可：<br>6.1 现场补充的安全措施：<br>6.2 确认本工作票安全措施正确完备，许可工作开始：<br>许可方式：______许可工作时间____年____月____日____时____分<br>工作许可人签名：____工作负责人签名：____ |
| 7 | 现场交底，工作班成员确认工作负责人布置的工作任务、人员分工、安全措施和注意事项并签名 |
| 8 | 工作票终结<br>工作班现场所装设接地线共______组、个人保安线共______组已全部拆除，工作班人员已全部撤离现场，工具、材料已清理完毕，杆塔、设备上已无遗留物<br>工作负责人签名：____工作许可人签名：____<br>工作终结时间____年____月____日____时____分 |
| 9 | 备注： |

低压工作票填写规范如下。

(1) 单位。指工作负责人所在的工区、专业、室、所等。外来单位应填写单位全称。

(2) 编号。工作票编号应连续且唯一，由许可单位按顺序编号，不得重号。编号共由 4 部分组成：①许可单位特指字；②年；③月；④顺序号。

(3) 工作负责人（监护人)。指该项工作的负责人（监护人)。

(4) 班组。指参与工作的班组，多班组工作，应填写全部工作班组。

(5) 工作班人员（不包括工作负责人)。应逐个填写参加工作的人员姓名。

(6) 工作的线路名称或设备双重名称（多回线路应注明双重称号及方位)、工作任务。填写线路或设备的电压等级和双重名称。同杆（塔）双回或多回线路均应注明线路双重称号［即线路双重名称和位置称号，位置称号指左（右）线（面向大号侧）或上（下）线］。

工作任务应填写确切的工作内容。工作内容应清晰准确，不得使用模糊词语。

(7) 计划工作时间。填写批准的检修期限，时间应使用阿拉伯数字填写，包含年（四位)、月、日、时、分（均为双位，24h 制)。

(8) 安全措施（必要时可附页绘图说明)。

1) 工作的条件和应采取的安全措施。填写低压线路或设备停电、接地、隔离和装设的安全遮栏、围栏、标示牌等措施。

2）保留的带电部位。应注明工作地点或地段保留的带电线路、设备的名称及杆（塔）号，包括双回、多回、平行、交叉跨越的线路名称。配电线路、分接箱中断开的断路器、隔离开关带电侧等均应在工作票中注明，没有则填“无”。

3）其他安全措施和注意事项，填写需要特别说明的安全注意事项，没有则填写“无”。

工作票签发人、工作负责人对上述工作任务、安全措施及注意事项确认无误后，签名并填写时间。

（9）工作许可。

1）现场补充的安全措施。工作负责人或工作许可人根据现场的实际情况，补充其他安全措施和注意事项。无补充内容时填写“无”。

2）确认本工作票安全措施正确完备。许可工作开始。工作许可人在确认安全措施完成后，方可许可工作。

工作许可人和工作负责人分别在各自收执的工作票上填写许可方式（当面许可或电话许可）和许可工作时间，工作许可人和工作负责人分别签名。

（10）现场交底。工作班成员确认工作负责人布置的工作任务、人员分工、安全措施和注意事项并签名：工作班成员在明确了工作负责人交代的工作内容、人员分工、带电部位、现场布置的安全措施和工作的危险点及防范措施后，每个工作班成员在工作负责人所持工作票上签名，不得代签。

（11）工作票终结。工作负责人在工作班人员已全部撤离现场，材料工具已清理完毕，杆塔、设备上已无遗留物。填写拆除的所有工作接地线组数和个人保安线数量。

工作许可人和工作负责人分别在各自收执的工作票签名并填写工作终结时间。工作票终结后，工作许可人和工作负责人分别在“工作终结时间”栏加盖“已执行”章。

（12）备注。填写工作任务变动原因、工作负责人与临时指定工作负责人的交接手续、未执行工作票的原因及其他需要说明的事项。

配电故障紧急抢修单格式见表 4-6。

**表 4-6　　　　配电故障紧急抢修单**

| 单位： | | 编号： |
|---|---|---|
| 1 | 抢修工作负责人：　　　　班组： | |
| 2 | 抢修班人员（不包括抢修工作负责人）：<br><br>共　　人 | |
| 3 | 抢修工作任务 | |
| | 工作地点或设备［注明变（配）电站、线路名称、设备双重名称及起止杆号］ | 工作内容 |
| | | |
| | | |
| 4 | 安全措施 | |
| | 内容 | 安全措施 |
| | 由调控中心完成的线路间隔名称、状态（检修、热备用、冷备用） | |
| | 现场应断开的断路器（开关）、隔离开关（刀闸）、熔断器 | |
| | 应装设的遮栏（围栏）及悬挂的标示牌 | |
| | 应装设的接地线的位置 | |
| | 保留带电部位及其他安全注意事项 | |
| 5 | 上述1~4项由抢修工作负责人________根据抢修任务布置人________的指令，并根据现场勘察情况填写。 | |
| 6 | 许可抢修时间：________年________月________日________时________分________工作许可人：________ | |
| 7 | 现场交底，抢修工作班成员确认抢修工作负责人布置的工作任务、人员分工、安全措施和注意事项并签名： | |
| 8 | 抢修结束汇报：<br>本抢修工作于________年________月________日________时________分结束。抢修班人员已全部撤离，材料、工具已清理完毕，故障紧急抢修单已终结。<br>现场设备状况及保留安全措施：________________________________<br>________________________________<br>工作许可人：________________<br>抢修工作负责人：________填写时间________年________月________日________时________分 | |
| 9 | 备注： | |

配电故障紧急抢修单填写规范如下：

（1）单位。指工作负责人所在的工区、专业、室、所等。外来单位应填写单位全称。

（2）编号。编号应连续且唯一，由许可单位按顺序编号，不得重号。编号共由4部分组成：①含调控中心或配电站、开闭所特指字；②年；③月；④顺序号。

（3）抢修工作负责人。指该项工作的负责人。

（4）班组。指参与工作的班组，若多班组工作，应填写全部工作班组。

（5）抢修班人员（不包括抢修工作负责人）。应逐个填写参加工作的人员姓名。

（6）抢修工作任务。

1）工作地点或设备［注明变配电站、线路名称、设备双重名称及起止杆号］。填写抢修线路、设备名称及抢修地点。

2）工作内容。填写抢修内容，要求语句简练、准确。

（7）安全措施。

1）由调控中心完成的线路间隔名称及状态（检修、热备用、冷备用）。填写线路间隔名称及应改为的状态。例如将10kV典型线改为检修状态。

2）现场应断开的断路器（开关）、隔离开关（刀闸）、熔断器。填写抢修现场应断开的断路器（开关）、隔离开关（刀闸）、熔断器等，没有则填“无”。

3）应装设的遮栏（围栏）及悬挂的标示牌。分类填写遮栏、标示牌及所设的位置。

4）应装设接地线的位置。填写抢修现场装设工作接地线的确切位置、地点和编号。

5）保留带电部位及其他安全注意事项。明确抢修地点保留的带电部位和带电的设备，根据抢修任务、现场情况、对可能发生的事故发展趋势和后果应采取的安全措施。

（8）抢修工作负责人确认。抢修工作负责人根据现场勘察情况，审核上述项无误后，填写抢修工作负责人及抢修任务布置人的姓名。

（9）许可抢修时间：

工作许可人和工作负责人在确认安全措施完成后，方可许可工作。填写许可抢修时间和工作许可人姓名。

（10）现场交底。抢修工作班成员确认抢修工作负责人布置的工作任务、人员分工、安全措施和注意事项并签名：工作班成员在明确了工作负责人交代的工作内容、人员分工、带电部位、现场布置的安全措施和工作的危险点及防范措施后，分别签名确认，不得代签。

（11）抢修结束汇报。抢修工作负责人在抢修班人员全部撤离，材料、工具清理完毕后，填写抢修结束时间、现场设备状况及保留的安全措施。抢修工作负责人向许可人汇报，填写双方姓名和时间。

（12）备注。填写需要说明的其他事项。

配电工作任务单格式见表 4-7。

**表 4-7　　配电工作任务单**

单位＿＿＿＿工作票编号＿＿＿＿编号＿＿＿＿

<table>
<tr><td>1</td><td colspan="6">工作负责人：</td></tr>
<tr><td>2</td><td colspan="6">小组负责人：＿＿＿＿小组名称：＿＿＿＿<br>小组人员（不含小组负责人）：＿＿＿＿<br>＿＿＿＿共　　人</td></tr>
<tr><td rowspan="4">3</td><td colspan="6">工作任务</td></tr>
<tr><td colspan="2">工作地点或地段（注明线路名称或设备双重名称、起止杆号）</td><td colspan="2">工作内容</td><td colspan="2">监护人</td></tr>
<tr><td colspan="2"></td><td colspan="2"></td><td colspan="2"></td></tr>
<tr><td colspan="2"></td><td colspan="2"></td><td colspan="2"></td></tr>
<tr><td>4</td><td colspan="6">计划工作时间：自＿＿年＿＿月＿＿日＿＿时＿＿分<br>至＿＿年＿＿月＿＿日＿＿时＿＿分</td></tr>
<tr><td rowspan="4">5</td><td colspan="6">工作地段采取的安全措施</td></tr>
<tr><td colspan="6">5.1　应装设的接地线</td></tr>
<tr><td>应装设的接地线的位置</td><td></td><td></td><td></td><td></td><td></td></tr>
<tr><td colspan="6">5.2　应装设的安全标示牌、遮栏（围栏）等</td></tr>
<tr><td rowspan="2">6</td><td colspan="6">其他危险点预控措施和注意事项（必要时可附页绘图说明）</td></tr>
<tr><td colspan="6">工作任务单签发人签名：＿＿＿＿　＿＿年＿＿月＿＿日＿＿时＿＿分<br>小组负责人签名：＿＿＿＿　＿＿年＿＿月＿＿日＿＿时＿＿分</td></tr>
</table>

续表

<table>
<tr><td rowspan="2">7</td><td colspan="5">工作小组成员确认工作负责人布置的工作任务、人员分工、安全措施和注意事项并签名</td></tr>
<tr><td colspan="5">工作许可时间：____年____月____日____时____分　工作负责人签名：________<br>小组负责人签名：________</td></tr>
<tr><td rowspan="5">8</td><td colspan="5">工作任务单结束</td></tr>
<tr><td colspan="5">8.1　小组工作于________年________月________日________时________分结束，现场临时安全措施已拆除，材料、工具已清理完毕，小组人员已全部撤离</td></tr>
<tr><td colspan="5">8.2　小组工作终结报告</td></tr>
<tr><td>线路或设备</td><td>报告方式</td><td>工作负责人</td><td>小组负责人签名</td><td>工作终结报告时间</td></tr>
<tr><td></td><td></td><td></td><td></td><td>年　月　日　时　分</td></tr>
<tr><td>9</td><td colspan="5">备注</td></tr>
</table>

配电工作任务单填写规范如下。

(1) 单位。指工作负责人所在的工区、专业、室、所等。外来单位应填写单位全称。

(2) 编号。工作票编号是指填写对应的工作票编号。编号是两位数字顺序号，如01、02。

(3) 工作负责人。填写对应工作票的工作负责人。

(4) 小组负责人。填写本工作小组的负责人。

1) 小组名称。工作小组名称。

2) 小组人员。应逐个填写参加工作的人员姓名。

(5) 工作任务。

1) 工作地点或地段（注明线路名称或设备双重名称、起止杆号）。填写线路名称或设备双重名称、起止杆号。

2) 工作内容及人员分工。工作内容应清晰准确，不得使用模糊词语。工作内容后应注明人员分工。

3) 监护人。工作负责人或小组负责人根据工作需要指定，没有则填“无”。

(6) 计划工作时间。应在工作票所列计划时间之内，不得超出工作票计划时间。

(7) 工作地段采取的安全措施。

1) 应装设的接地线。填写本小组应装设接地线地点、位置和编号。如：“××线03号杆（塔）小号侧02号接地线”。

2）应装设的标示牌、遮栏（围栏）等。根据现场工作条件和设备状况装设。

（8）其他危险点预控措施和注意事项（必要时可附页绘图说明）。根据现场工作条件和设备状况，填写相应的安全措施和注意事项，没有则填“无”。

工作任务单由工作票签发人或工作负责人签发。

确认工作任务单上述项无误后工作任务单签发人和小组负责人在签名栏内签名，并填入时间。

（9）工作许可。工作任务单由工作负责人许可。

工作小组全部成员确认工作负责人布置的工作任务、人员分工、安全措施和注意事项后签名。

工作负责人和小组负责人分别签名并填入许可时间，许可小组开始工作。

（10）工作任务单结束。

1）小组负责人在现场临时安全措施已拆除，材料、工具清理完毕，小组人员已全部撤离现场后，记录工作结束时间。

2）小组工作结束报告。小组负责人向工作负责人说明工作内容、完成情况，双方各自签名，并记录报告方式和报告时间。工作任务单终结后，随相关工作票一并保存。

（11）备注。需要说明的其他事项。

配电现场勘察记录格式见表4-8。

**表4-8　　配电现场勘察记录**

勘察单位__________部门（或班组）__________编号__________

勘察负责人__________　勘察人员__________

勘察的线路名称或设备的双重名称（多回应注明双重称号及方位）：

______________________________

工作任务［工作地点（地段）和工作内容］：____________________

______________________________

现场勘察内容

1. 工作地点需要停电的范围

续表

| 2. 保留的带电部位 |
| --- |
| 3. 作业现场的条件、环境及其他危险点［应注明：交叉、邻近（同杆塔、并行）电力线路；多电源、自发电情况，地下管网沟道及其他影响施工作业的设施情况］ |
| 4. 应采取的安全措施（应注明接地线、绝缘隔板、遮栏、围栏、标示牌等装设位置） |
| 5. 附图与说明： |

记录人：________ 勘察日期：________年________月________日________时

备注：________

配电现场勘察记录填写规范如下。

（1）勘察单位。指勘察负责人所在的专业、室、工区、所等单位名称。

（2）部门（或班组）。指勘察负责人所在的班、站。

（3）编号。编号应连续且唯一，不得重号。编号共由 4 部分组成：①勘察单位特指字；②年；③月；④顺序号 4 部分。

（4）勘察负责人。指组织该项勘察工作的负责人。

（5）勘察人员。应逐个填写参加勘察的人员姓名。

（6）勘察的线路名称或设备的双重名称（多回应注明双重称号及方位）。填写线路全称，设备双重名称。

（7）工作任务［工作地点（地段）和工作内容］。填写勘察地点及对应的工作内容。如 10kV 英供线 15 号杆加装柱上开关前勘察。

现场勘察内容如下。

（1）工作地点需要停电的范围。待检修设备、线路（含分支线路）起止杆号和需要停电的同杆（塔）、交叉跨越线路或临近线路的起止杆号等。

（2）保留的带电部位。待检修线路或设备工作地段及周围所保留的带电部位。

（3）作业现场条件、环境及其他危险点。应注明交叉、邻近（同杆塔、并行）电力线路；多电源、自发电情况；地下管网沟道、其他影响施工作业的设施情况。

（4）应采取的安全措施。应注明接地线、绝缘隔板、遮栏、围栏、标示牌等装设位置。

（5）附图与说明。绘制待检修线路地理走径图并标明临近带电设备名称及铁路、公路、河道、管道、电力或通信线路等重要跨越物。

（6）记录人及勘察日期。完成现场勘察后，由记录人填写姓名并填写勘察时间。

（7）备注。如需进入配电站、开关站进行现场勘察应经运维人员同意并在备注栏注明。

一级动火工作票格式见表 4-9。

**表 4-9　　一级动火工作票**

| 单位： | 编号： |
|---|---|
| 1 | 动火工作负责人：　　　　　班组： |
| 2 | 动火执行人： |
| 3 | 动火地点及设备名称： |
| 4 | 动火工作内容（必要时可附页绘图说明）： |
| 5 | 动火方式（动火方式可填写焊接、切割、打磨、电钻、使用喷灯等） |
| 6 | 申请动火时间：<br>自　年　月　日　时　分至　年　月　日　时　分 |
| 7 | 安全措施<br>（设备管理方）应采取的安全措施：<br>（动火作业方）应采取的安全措施：<br>动火工作票签发人签名　　签发日期　年　月　日　时　分<br>单位消防管理部门补充措施及意见：<br>单位消防管理部门负责人签名：　　单位安监部门负责人签名：<br>单位分管生产的领导或技术负责人签名 |

续表

| | |
|---|---|
| 8 | 确认上述安全措施已全部执行<br>动火工作负责人签名：　　运维许可人签名：<br>许可工作时间：　　年　　月　　日　　时　　分 |
| 9 | 应配备的消防设施和采取的消防措施、安全措施已符合要求。可燃性、易爆气体含量或粉尘浓度测定合格。<br>（动火作业方）消防监护人签名：（动火作业方）安监专责人签名：<br>（动火作业方）分管生产的领导或技术负责人签名：<br>动火工作负责人签名：　　动火执行人签名：<br>许可动火时间：　　年　　月　　日　　时　　分 |
| 10 | 动火工作终结：动火工作于　　年　　月　　日　　时　　分结束。<br>材料、工具已清理完毕，现场确无残留火种，参与现场动火工作的有关人员已全部撤离，动火工作已结束。<br>动火执行人签名：　　（动火作业方）消防监护人签名：<br>动火工作负责人签名：　　运维许可人签名： |
| 11 | 备注：<br>1）对应的检修工作票、工作任务单和事故应急抢修单编号________________<br>2）其他事项 |

一级动火工作票填写规范如下。

（1）单位。指具体进行动火作业的工区、专业、室、所等单位名称。

（2）编号。与工作票编号一致。

（3）动火工作负责人。指该项工作的负责人（监护人）。

（4）班组。指参与工作的班组。

（5）动火执行人。指具体执行动火工作的人员（如电焊工等）。动火执行人应具备相应的资格证（如电焊工操作资格证），经本单位消防管理部门审核合格并书面公布。

（6）动火地点及设备名称。填写动火工作的确切地点和设备名称。

（7）动火工作内容（必要时可附页绘图说明）。填写动火工作的具体内容，必要时可附页绘图说明。

（8）动火方式。可填写焊接、切割、打磨、电钻、使用喷灯等。

（9）申请动火时间。填写计划动火工作的时间。

（10）安全措施。

1）（设备管理方）应采取的安全措施。填写动火工作所涉及的设备管理方应采取的消防安全措施。

2）（动火作业方）应采取的安全措施。填写动火部门应采取的消防安全措施。

3）动火工作票签发人签名及签发日期。签发人对所列安全措施审核无误后予以签发，注明签发具体时间。

4）单位消防管理部门补充措施及意见。填写本单位消防管理部门认为动火现场应该补充的消防安全措施。

5）单位消防管理部门负责人、安监部门负责人、单位分管生产的领导或技术负责人签名。应分别履行审核签名手续。

（11）确认上述项安全措施已全部执行。在工作现场确认工作票中所列安全措施已全部执行后，由动火工作负责人和运维许可人分别签名后，并填写许可工作时间，许可动火工作开始。

（12）应配备的消防设施和采取的消防措施、安全措施已符合要求。可燃性、易爆气体含量或粉尘浓度测定合格。第一次动火之前，应检查现场应配备的消防设施和采取的消防措施、安全措施符合要求、检查可燃性、易爆气体含量或粉尘浓度测定合格后，由动火工作现场消防监护人、动火作业方安监专责人、分管生产的领导或技术负责人、动火工作负责人、动火执行人签名并填写时间后，方可开始执行动火。

（13）动火工作终结。当动火工作结束后，经检查动火现场材料、工具已清理完毕，现场确无残留火种，参与现场动火工作的有关人员已全部撤离，则由动火执行人、现场消防监护人、动火工作负责人、运维许可人分别签名，盖上“已执行”章，动火工作方告终结。

（14）备注。

1）注明对应的检修工作票、工作任务单和事故紧急抢修单编号。

2）再次动火时，可将安全措施．可燃气体、易燃液体的可燃气体含量的检查情况填写在备注栏内。动火工作过程中每隔 2～4h 对现场可燃气体、易燃液体的可燃气体含量的测定结果也可填写在备注栏内。

二级动火工作票格式见表 4-10。

表 4-10　　二级动火工作票

单位：　　　　　　　　　　　　　　　　　　　　　　　　编号：

| | |
|---|---|
| 1 | 动火工作负责人（监护人）：　　　　　　　班组 |
| 2 | 动火执行人 |
| 3 | 动火地点及设备名称 |
| 4 | 动火工作内容（必要时可附页绘图说明） |
| 5 | 动火方式（动火方式可填写焊接、切割、打磨、电钻、使用喷灯等） |
| 6 | 申请动火时间：<br>自　年　月　日　时　分至　年　月　日　时　分 |
| 7 | （设备管理方）应采取的安全措施 |
| 8 | （动火作业方）应采取的安全措施<br><br>动火工作票签发人签名　　　　签发日期　年　月　日　时　分<br>消防部门补充措施及意见：<br><br>单位消防人员签名：　　　　　单位安监部门专责人签名：<br>动火部门负责人签名 |
| 9 | 确认上述安全措施已全部执行<br>动火工作负责人签名：　　　　运维许可人签名：<br>许可工作时间：　年　月　日　时　分 |
| 10 | 应配备的消防设施和采取的消防措施、安全措施已符合要求。可燃性、易爆气体含量或粉尘浓度测定合格。<br>（动火作业方）消防监护人签名：<br>动火工作负责人签名：　　　　动火执行人签名：<br>许可动火时间：　　　年　月　日　时　分 |
| 11 | 动火工作终结：动火工作于　　年　月　日　时　分结束。<br>材料、工具已清理完毕，现场确无残留火种，参与现场动火工作的有关人员已全部撤离，动火工作已结束。<br>动火执行人签名：（动火作业方）消防监护人签名：<br>动火工作负责人签名：　　　　运维许可人签名： |
| 12 | 备注：<br>1）对应的检修工作票、工作任务单和事故应急抢修单编号＿＿＿＿＿＿<br>2）其他事项 |

二级动火工作票填写规范如下。

（1）单位。指具体进行动火作业的工区、专业、室、所等单位名称。

（2）编号。与工作票编号一致。

（3）动火工作负责人。指该项工作的负责人（监护人）。

（4）班组。指参与工作的班组。

（5）动火执行人。指具体执行动火工作的人员（如电焊工等）。动火执行人应具备相应的资格证（如电焊工操作资格证），经本单位消防管理部门审核合格并书面公布。

（6）动火地点及设备名称。填写动火工作的确切地点和设备名称。

（7）动火工作内容（必要时可附页绘图说明）。填写动火工作的具体内容，必要时可附页绘图说明。

（8）动火方式。可填写焊接、切割、打磨、电钻、使用喷灯等。

（9）申请动火时间。填写计划动火工作的时间。

（10）（设备管理方）应采取的安全措施。填写动火工作所涉及的设备管理方应采取的消防安全措施。

（11）（动火作业方）应采取的安全措施。

1）填写动火部门应采取的消防安全措施。

2）签发人对所列安全措施审核无误后予以签发，注明签发具体时间。

3）填写本单位消防管理部门认为动火现场应该补充的消防安全措施。

4）单位消防人员、安监部门专责人、动火部门负责人分别履行审核签名手续。

（12）确认上述项安全措施已全部执行。在工作现场确认工作票中所列安全措施已全部执行后，由动火工作负责人和运维许可人分别签名后，并填写许可工作时间，许可动火工作开始。

（13）应配备的消防设施和采取的消防措施、安全措施已符合要求。可燃性、易爆气体含量或粉尘浓度测定合格：第一次动火之前，应检查现场配备的消防设施和采取的消防措施、安全措施符合要求，检查可燃性、易爆气体含量或粉尘浓度测定合格后，由（动火作业方）消防监护人、动火工作负责人、动火执行人签名并填写时间后，方可开始执行动火。

（14）动火工作终结。当动火工作结束后，经检查动火现场材料、工具已清理完毕，现场确无残留火种，参与现场动火工作的有关人员已全部撤离，则由动火执行人、消防监护人、动火工作负责人、运维许可人分别签名，盖上“已执行”章，动火工作方告终结。

（15）备注。

1）注明对应的检修工作票、工作任务单和事故紧急抢修单编号。

2）再次动火时，可将安全措施、可燃气体、易燃液体的可燃气体含量的检查情况填写在备注栏内。动火工作过程中每隔 2～4h 对现场可燃气体、易燃液体的可燃气体含量测定结果也可填写在备注栏内。

图形符号

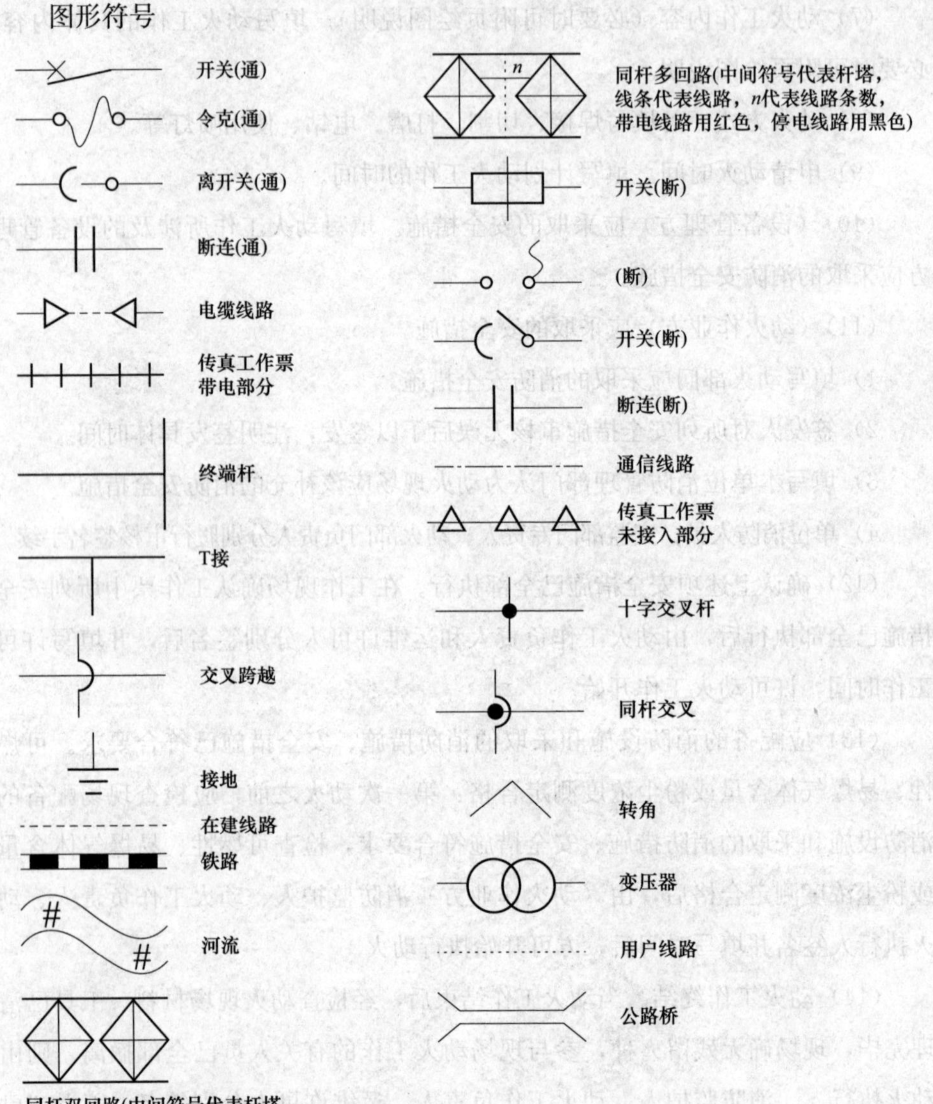

［例 4-1］ 移民新村分支 3 号杆变更换变压器，配电第一种工作票见表 4-11。

**表 4-11　　配电第一种工作票**

单位：××配电　　　　编号：配调 2019-05-018

<table>
<tr><td>1</td><td colspan="6">工作负责人（监护人）：李××　　　　班组：××所</td></tr>
<tr><td>2</td><td colspan="6">工作班人员（不包括工作负责人）：好××杨××孙××张××李××张××马×申×<br>共 8 人</td></tr>
<tr><td rowspan="4">3</td><td colspan="6">工作任务</td></tr>
<tr><td colspan="3">工作地点或设备［注明变（配）电站、线路名称、设备双重名称及起止杆号］</td><td colspan="3">工作内容</td></tr>
<tr><td colspan="3">10kV 英供三线移民新村分支 3 号杆变</td><td colspan="3">更换变压器</td></tr>
<tr><td colspan="3"></td><td colspan="3"></td></tr>
<tr><td>4</td><td colspan="6">计划工作时间：自 2019 年 05 月 18 日 08 时 00 分<br>至 2019 年 05 月 18 日 17 时 30 分</td></tr>
<tr><td rowspan="17">5</td><td colspan="6">安全措施［应改为检修状态的线路、设备名称，应断开的断路器（开关）、隔离开关（刀闸）、熔断器，应合上的接地开关，应装设的接地线、绝缘隔板、遮栏（围栏）和标示牌等，装设的接地线应明确具体位置，必要时可附页绘图说明］</td></tr>
<tr><td colspan="6">5.1 调控或运维人员（变配电站）应采取的安全措施</td></tr>
<tr><td colspan="6">(1) 应断开的设备名称</td></tr>
<tr><td>变配电站或线路、设备名称</td><td colspan="4">应拉开的断路器、隔离开关、熔断器（注明设备双重名称）</td><td>执行人</td></tr>
<tr><td>10kV 英供三线</td><td colspan="4">移民新村分支 1 号杆令克</td><td>张×</td></tr>
<tr><td></td><td colspan="4"></td><td></td></tr>
<tr><td colspan="6">(2) 应合接地开关、应装操作接地线、应装设绝缘挡板</td></tr>
<tr><td>接地开关，接地线、绝缘挡板装设地点</td><td>接地线（绝缘挡板）编号</td><td>执行人</td><td>接地开关，接地线、绝缘挡板装设地点</td><td>接地线（绝缘挡板）编号</td><td>执行人</td></tr>
<tr><td></td><td></td><td></td><td></td><td></td><td></td></tr>
<tr><td></td><td></td><td></td><td></td><td></td><td></td></tr>
<tr><td colspan="5">(3) 应设遮栏，应挂标示牌</td><td>执行人</td></tr>
<tr><td colspan="5">无</td><td></td></tr>
<tr><td colspan="5"></td><td></td></tr>
<tr><td colspan="5"></td><td></td></tr>
<tr><td colspan="5">5.2 工作班完成的安全措施</td><td>已执行</td></tr>
<tr><td colspan="5">无</td><td></td></tr>
</table>

续表

<table>
<tr><td rowspan="20">5</td><td colspan="4"></td><td></td></tr>
<tr><td colspan="4">5.3 工作班装设（或拆除）的工作接地线</td><td></td></tr>
<tr><td>线路名称或设备双重名称和装设位置</td><td>接地线编号</td><td>装设时间</td><td colspan="2">拆除时间</td></tr>
<tr><td>移民新村分支2号杆小号线路侧</td><td>06</td><td>2019年05月18日09时05分</td><td colspan="2">2017年09月18日15时05分</td></tr>
<tr><td>移民新村分支3号杆变压器低压隔离开关线路侧</td><td>09</td><td>2019年05月18日09时05分</td><td colspan="2">2017年09月18日15时05分</td></tr>
<tr><td colspan="4">5.4 配合停电线路应采取的安全措施</td><td>执行人</td></tr>
<tr><td colspan="4">无</td><td></td></tr>
<tr><td colspan="5">5.5 保留或邻近的带电线路、设备</td></tr>
<tr><td colspan="5">无</td></tr>
<tr><td colspan="5">5.6 其他安全措施和注意事项：</td></tr>
<tr><td colspan="5">1. 工作前应验明线路确无电压后，接地线装设完毕后方可开始工作。<br>2. 工作人员应穿全套工作服，戴安全帽<br>3. 工作完毕后拆除地线，清理现场</td></tr>
<tr><td colspan="5">工作票签发人签名：郭×× 2019 年 05 月 18 日 14 时 17 分<br>工作负责人签名：李×× 2019 年 05 月 18 日 14 时 20 分</td></tr>
<tr><td colspan="5">5.7 其他安全措施和注意事项补充（由工作负责人或工作许可人填写）</td></tr>
<tr><td colspan="5">无</td></tr>
</table>

<table>
<tr><td>6</td><td colspan="5">收到工作票时间：____年____月____日____时____分____调控（运维）人员签名：________</td></tr>
<tr><td rowspan="5">7</td><td colspan="5">工作许可：</td></tr>
<tr><td>许可的线路或设备</td><td>许可方式</td><td>许可人</td><td>工作负责人签名</td><td>许可工作的时间</td></tr>
<tr><td>10kV英供三线移民新村分支1号杆令克后线路</td><td>电话许可</td><td>张×</td><td>李××</td><td>2019年05月18日08时30分</td></tr>
<tr><td></td><td></td><td></td><td></td><td>年 月 日 时 分</td></tr>
<tr><td></td><td></td><td></td><td></td><td>年 月 日 时 分</td></tr>
<tr><td rowspan="2">8</td><td colspan="5">工作任务单登记：</td></tr>
<tr><td>工作任务单编号</td><td>工作任务</td><td>小组负责人</td><td>工作许可时间</td><td>工作结束报告时间</td></tr>
</table>

续表

<table>
<tr><td rowspan="3">8</td><td></td><td></td><td></td><td></td><td colspan="5">年　月　日　时　分</td></tr>
<tr><td></td><td></td><td></td><td></td><td colspan="5">年　月　日　时　分</td></tr>
<tr><td></td><td></td><td></td><td></td><td colspan="5">年　月　日　时　分</td></tr>
<tr><td rowspan="4">9</td><td colspan="9">指定专责监护人：<br>（1）指定专责监护人＿＿＿＿＿＿负责监护＿＿＿＿＿＿</td></tr>
<tr><td colspan="9">（地点及具体工作）<br>（2）指定专责监护人＿＿＿＿＿＿负责监护＿＿＿＿＿＿</td></tr>
<tr><td colspan="9">（地点及具体工作）<br>（3）指定专责监护人＿＿＿＿＿＿负责监护＿＿＿＿＿＿</td></tr>
<tr><td colspan="9">（地点及具体工作）<br>现场交底，工作班成员确认工作负责人布置的工作任务、人员分工、安全措施和注意事项并签名：<br>好××杨××孙××张××李××张××马×申×</td></tr>
<tr><td rowspan="7">10</td><td colspan="9">人员变更：</td></tr>
<tr><td colspan="9">10.1　工作负责人变动情况：原工作负责人＿＿＿＿离去，变更＿＿＿＿为工作负责人<br>工作票签发人签名＿＿＿＿＿＿　＿＿＿＿年＿＿＿＿月＿＿＿＿日＿＿＿＿时＿＿＿＿分<br>原工作负责人签名确认：＿＿＿＿＿＿新工作负责人签名确认：＿＿＿＿＿＿<br>＿＿＿＿年＿＿＿＿月＿＿＿＿日＿＿＿＿时＿＿＿＿分</td></tr>
<tr><td colspan="9">10.2　工作人员变动情况</td></tr>
<tr><td rowspan="2">新增人员</td><td>姓名</td><td></td><td></td><td></td><td></td><td></td><td></td><td></td></tr>
<tr><td>变更时间</td><td></td><td></td><td></td><td></td><td></td><td></td><td></td></tr>
<tr><td rowspan="2">离开人员</td><td>姓名</td><td></td><td></td><td></td><td></td><td></td><td></td><td></td></tr>
<tr><td>变更时间</td><td></td><td></td><td></td><td></td><td></td><td></td><td></td></tr>
<tr><td>11</td><td colspan="9">工作票延期：有效期延长到＿＿＿＿年＿＿＿＿月＿＿＿＿日＿＿＿＿时＿＿＿＿分。<br>工作负责人签名＿＿＿＿　＿＿＿＿年＿＿＿＿月＿＿＿＿日＿＿＿＿时＿＿＿＿分<br>工作许可人签名＿＿＿＿　＿＿＿＿年＿＿＿＿月＿＿＿＿日＿＿＿＿时＿＿＿＿分</td></tr>
<tr><td rowspan="4">12</td><td colspan="9">每日开工和收工记录（使用一天的工作票不必填写）</td></tr>
<tr><td>收工时间</td><td>办理方式</td><td>工作许可人</td><td>工作负责人</td><td>开工时间</td><td>办理方式</td><td>工作许可人</td><td colspan="2">工作负责人</td></tr>
<tr><td></td><td></td><td></td><td></td><td></td><td></td><td></td><td colspan="2"></td></tr>
<tr><td></td><td></td><td></td><td></td><td></td><td></td><td></td><td colspan="2"></td></tr>
<tr><td rowspan="3">13</td><td colspan="9">工作终结：</td></tr>
<tr><td colspan="9">13.1　工作班现场所装设接地线共＿＿＿＿组、个人保安线共＿＿＿＿＿＿组已全部拆除，工作班人员已全部撤离现场，材料工具已清理完毕，杆塔、设备上已无遗留物。</td></tr>
<tr><td colspan="9">13.2　工作终结报告：</td></tr>
</table>

续表

<table>
<tr><td rowspan="4">13</td><td>终结的线路或设备</td><td>报告方式</td><td>工作负责人</td><td>工作许可人</td><td>终结报告时间</td></tr>
<tr><td>10kV 英供三线</td><td>电话</td><td>李××</td><td>张×</td><td>2019 年 05 月 18 日 16 时 30 分</td></tr>
<tr><td></td><td></td><td></td><td></td><td>年 月 日 时 分</td></tr>
<tr><td></td><td></td><td></td><td></td><td>年 月 日 时 分</td></tr>
<tr><td>14</td><td colspan="5">备注：<br>1. 高空作业防止坠落物品。<br>2. 工作负责人李××1825057××××</td></tr>
<tr><td>15</td><td colspan="5">现场施工简图：<br>三里屯新村分支1号杆 高压熔断器<br>南25号（仓西线）<br>3号变压器<br>配15号</td></tr>
</table>

# 第三节　操作票的种类与使用

操作票是倒闸操作时的书面依据，是防止误操作和保障人身、电网、设备安全的重要措施，调控和运维人员应认真执行操作票制度。

## 一、操作票的分类

操作票包括：倒闸操作票、综合操作命令票、逐项操作命令票。

## 二、操作票的使用

（1）运维值班人员根据值班调控人员或运维负责人的命令，按现场运行规程及现场运行方式，参考典型操作票填写倒闸操作票。正式操作必须得到调控值班员发布的操作命令后方可进行，并严格履行操作人、监护人、运维值班负责人等审核签字手续。

（2）调控下达综合命令或逐项命令时应填写电网综合操作命令票或逐项操作命令票。

（3）当某一倒闸操作的全部过程，只涉及一个单位的操作，填用综合操作命令票。

(4) 当某一倒闸操作的全部过程，涉及两个及以上单位的操作，填用逐项操作命令票。

(5) 不得用综合操作命令票或逐项操作命令票代替倒闸操作票。

(6) 下列各项工作可以不用操作票，在完成后应做好记录。

1) 事故（故障）紧急处理。

2) 拉合断路器（开关）的单一操作。

3) 程序操作。

4) 配电低压操作。

5) 配电工作班组的现场操作。

## 三、操作票的一般规定

(1) 倒闸操作票由操作人员填写，应用黑色或蓝色的钢（水）笔或圆珠笔逐项填写。用计算机开出的操作票应与手写票面统一。操作票票面应清楚整洁，不得任意涂改。如有个别错、漏字需要修改、补充时，应使用规范的符号，字迹应清楚。但操作任务、设备（线路）名称编号（杆号）、动词、序号及时间不得涂改。操作人和监护人应根据模拟图或接线图核对所填写的操作项目，手工签名后经运维值班负责人（检修人员操作时由工作负责人）审核签名。

(2) 操作票应填写设备的双重名称。每张操作票只能填写一个操作任务。

(3) 操作票填写时间应按照 24h 制执行。

## 四、填写与执行

(1) 现场开始操作前，应先在模拟图（微机防误装置、微机监控装置）上进行核对性模拟预演，无误后再进行操作。操作前应先核对系统方式、设备名称、编号和位置，操作中应认真执行监护复诵制度（单人操作时也应高声唱票），宜全过程录音。操作过程中应按操作票填写的顺序逐项操作。每操作完一步，应检查无误后作一个“√”记号，全部操作完毕后进行复查。复查确认后，受令人应立即汇报发令人。

（2）单人操作、检修人员在倒闸操作过程中禁止解锁。如需解锁，应待增派运维人员到现场，履行手续后处理。解锁工具（钥匙）使用后应及时封存并做好记录。

（3）电气设备操作后的位置检查应以设备各相实际位置为准，无法看到实际位置时，可通过设备机械位置指示、电气指示、带电显示装置、仪表及各种遥测、遥信等信号的变化来判断。判断时，至少应有两个非同样原理或非同源的指示发生对应变化且所有这些确定的指示均已同时发生对应变化，才能确认该设备已操作到位。以上检查项目应填写在操作票中作为检查项。

（4）倒闸操作应全过程录音，录音应归档管理。

（5）操作过程若因故中断，恢复操作时运维人员应重新核对（设备名称、编号、位置），确认操作设备、操作步骤正确无误。

## 五、项目术语

（1）断路器（开关）（包括二次开关）。断开、合上。

（2）隔离开关（刀闸）。拉开、推上。

（3）熔断器。取下、装上。

（4）接地线、绝缘隔板（罩）。装设（装）、拆除。

（5）保护及自动装置连接片。退出、投入。

（6）手车开关。将××手车拉（推）至××（试验、检修）位置、推上××手车。

（7）高压熔断器（令克、高压保险）。拉开、合上。

（8）三位置隔离开关（合、分、地三位置联动隔离开关）。接地时，将××合于接地位置；解除接地状态时，将××拉至分闸位置；合闸时，推上××。

（9）多位置切换开关。将××切换开关切至××位置（或由××位置切至××位置）。

（10）电缆肘头。拔出、插入。

（11）二次插头。装上、取下。

## 六、倒闸操作票印章使用规定

（1）印章。包括已执行、未执行、作废、合格、不合格。

（2）操作票作废应在操作任务栏内右下角加盖“作废”章，在作废工作票备注栏内注明作废原因；调控通知作废的任务票应在操作任务栏内右下角加盖“作废”章，并在备注栏注明作废时间、通知作废的调控人员姓名和受令人姓名。

（3）若作废的操作票含有多页，应在各页操作任务栏内右下角均加盖“作废”章，在作废操作票首页备注栏内注明作废原因，自第二页作废开始可只在备注栏中注明“作废原因同上页”。

（4）操作任务完成后，在操作票最后一步下边一行顶格居左加盖“已执行”章；若最后一步正好位于操作票的最后一行，在该操作步骤右侧加盖“已执行”章。

（5）操作票执行过程中因故中断操作，应在已操作完的步骤下边一行顶格居左加盖“已执行”章，并在备注栏内注明中断原因。若此操作票还有几页未执行，应在未执行的各页操作任务栏右下角加盖“未执行”章。

（6）经检查票面正确，评议人在操作票备注栏内右下角加盖“合格”评议章并签名；检查为错票，在操作票备注栏右下角加盖“不合格”评议章并签名，并在操作票备注栏说明原因。

（7）一份操作票超过一页时，评议章盖在最后一页。

## 第四节 操作票的统计与管理

各单位应定期统计分析操作票填写和执行情况，对发现的问题及时制定整改措施。

运维（调控）值班负责人应在交班前对本值操作票执行情况进行检查。

班（站）长和班（站）安全员应对操作票执行情况检查、考核。

各专业管理人员应经常对班（站）操作票执行情况检查考核，每月将操作票合格率报安监部门。

各单位安监部门应每月对操作票执行情况进行抽查，并对操作票合格率进行考核、通报。

（1）有下列情况之一者统计为不合格操作票。

1）不按规定填票、审查、核对。

2）执行前操作票未预先编号。

3）操作类型不填写或填写错误。

4）操作任务不明确，不正确使用双重编号和调度术语。

5）不属于一个操作任务的填用一份操作票。

6）操作、检查项目遗漏、顺序错误、不该并项的并项。

7）操作票字迹不清、更改不符合要求。

8）装、拆接地线地点填写不明确，未填接地线编号或填写错误。

9）未按照规定在操作票上记录时间。

10）设备名称、编号、拉、合等关键词修改者。

11）操作人、监护人、值班负责人未按规定签名，伪造或代替签名者。

12）已执行的操作票遗失、缺号。

（2）操作票合格率的统计方法

合格率=（已执行的总票数－不合格的总票数）/（已执行的总票数）×100％。

（3）操作票应按月装订并及时进行审核，保存期至少1年。

配电倒闸操作票格式见表4-12。

**表4-12　　配电倒闸操作票**

| 单位 | | 编号： |
|---|---|---|
| 发令人： | 受令人： | 发令时间：<br>年　月　日　时　分 |
| 操作开始时间：<br>年　月　日　时　分 | | 操作结束时间：<br>年　月　日　时　分 |
| 操作任务： | | |
| 顺序 | 操作项目 | √ |
| | | |
| | | |
| | | |
| | | |
| | | |
| | | |
| | | |
| | | |

续表

| | | |
|---|---|---|
| | | |
| | | |
| | | |
| 备注： | | |
| 操作人： | 监护人： | |

配电倒闸操作票填写规范如下

（1）单位。填写执行操作的单位。

（2）编号。操作单位（班组）统一连续编号。编号应含年、月、顺序号。

（3）发令人、受令人。倒闸操作应根据发令人的正式命令，受令人复诵无误后执行。受令人将发令人的名字填入“发令人”栏，并在“受令人”栏签名。自调设备的发令人，应是当值值班负责人或运维班（所）负责人。

（4）发令时间。接受发令人正式命令的时间。

（5）操作开始时间：模拟预演无误后，正式操作的时间。

（6）操作结束时间：操作完毕后汇报发令人的时间。

（7）操作任务。

1）操作任务应使用规范的调度术语和设备双重名称，即设备名称和编号。

2）每张操作票只能填写一个操作任务，对于两个单元相互切换的操作可作为一个任务。对于计算机生成或打印的操作票当一个操作任务在任务栏内填写不完时，可手工增添。

3）操作任务应包含电压等级。运行编号已包含电压等级的设备可不再填写电压等级。操作任务栏中有断路器和隔离开关时，在运行编号后分别加“断路器”“隔离开关”。

（8）应填入操作票的项目。

1）拉合设备［断路器（开关）、隔离开关（刀闸）、跌落式熔断器、接地开关等］，验电，装拆接地线，合上（安装）或断开（拆除）控制回路或电压互感器回路的空气开关、熔断器，切换保护回路和自动化装置，切换断路器（开关）、隔离开关（刀闸）控制方式，检验是否确无电压等。

2）拉合设备［断路器（开关）、隔离开关（刀闸）、接地刀闸等］后检查设备的位置。

3）停、送电操作时，在拉合隔离开关（刀闸）或拉出、推入手车式开关前，检查断路器（开关）确在分闸位置。

4）在倒负荷或解、并列操作前后，检查相关电源运行及负荷分配情况。

5）设备检修后合闸送电前，检查确认送电范围内接地开关已拉开，接地线已拆除。

6）根据设备指示情况确定的间接验电和间接方法判断设备位置的检查项。

7）装、拆绝缘罩（板）。

8）其他必要的操作项目。

(9) 操作票检查项目的填写。

1）断路器（开关）断开（合上）后：检查××开关三相确已断开（合好）。

2）进行停、送电操作时，在拉、合隔离开关（刀闸），手车式开关拉出、推上前，检查××开关确在分闸位置。

3）在进行倒负荷或解、并列操作前后，检查相关设备运行正常，检查负荷分配情况。

4）隔离开关（刀闸）、接地开头拉开（推上）操作后：检查××隔离开关三相确已拉开（合上）。

5）手车开关（拉出）推上操作后，检查确已拉出（合上）。

6）操作熔断器装上后，检查××操作熔断器接触良好。

7）检修后的设备恢复备用前，待操作设备间隔内的接地线（接地开关）全部拆除后，检查××安全措施已全部拆除（必须写明设备编号或范围）。

8）对无需操作但必须检查运行状态的断路器或隔离开关：检查××断路器（隔离开关）三相确在合闸（断开）位置。

9）二次并列前，检查一次系统并列（检查××kV南母××kV北母并列运行）。

10）合上（断开）TV二次联络开关后，检查××kV电压互感器切换装置变化正常（或信号灯亮/灭）。

11）拉、合TV一次隔离开关（手车）前，检查TV二次开关（熔断器）在断开（取下）位置。

12）分相操作断路器、隔离开关后，应分项检查A、B、C三相的位置。

13）间接方法判断设备位置的检查项目应填写在操作票中作为检查项。

如断路器的检查项：检查××断路器三相位置指示断开（合上）、遥信变为断开（合上）、遥测电流为××A，确认断路器三相已断开（合上）。

如组合电器的隔离开关检查项，检查××隔离开关三相位置指示断开（合上）、遥信变为断开（合上）、带电指示装置显示无电压（有电）、确认××隔离开关三相已断开（合上）。

14）其他需要检查的项目。

（10）操作票内容填写完毕后，操作人和监护人应根据模拟图或系统接线图核对所填写的操作项目，并分别手工签名。

（11）在执行操作票时，每操作完一项，检查无误后在该项后打"√"，不得漏项和跳项操作。

（12）操作票最后一项为"全面检查"，操作人和监护人应全面复查，确认无误后，向发令人汇报，加盖"已执行"章。

综合操作命令票格式见表4-13。

**表4-13　　×××电网调度综合操作命令票　　No:**

发令人：________　受令人________　年___月___日

操作开始时间：______时______分　操作终结时间：______时______分

操作任务：________________________________

________________________________________

________________________________________

注意事项：________________________________

________________________________________

________________________________________

________________________________________

复诵：____________________________________

________________________________________

________________________________________

备注：____________________________________

________________________________________

拟票人：　　　　审查人：　　　　监护人：

综合操作命令票填写规范如下。

（1）编号。由调控单位拟票时确定，在命令票右上角填写统一的顺序号。

（2）发令人。填写该项操作的发令人姓名。

（3）受令人。填写接受该项操作命令的受令人姓名。

（4）日期。填写操作下令的日期。

（5）操作开始、终结时间。“操作开始时间”填写发令人向受令人发令许可操作的时间。“操作终结时间”填写运维人员向调控值班人员汇报操作结束的时间。

（6）操作任务。由调控值班人员依据调度术语拟定，简明扼要。内容包括：主设备或线路名称（含电压等级），运行编号、操作性质及目的。操作任务栏在操作任务填写后，若有空余部分，应在操作任务后打“√”，计算机生成的命令票可不填写“√”。一张操作命令票只能填写一个操作任务。

（7）注意事项。填写操作对系统运行的影响（如潮流、稳定、频率、电压、继电保护、安全自动装置、特殊负荷等）和操作需要控制的关键步骤及注意事项，在注意事项后打“√”；若无注意事项，在该栏上、下线间打“√”。

（8）复诵。受令人复诵命令无误后，发令人在命令票上填写受令人姓名并打“√”。

（9）备注。填写操作中断、变更等其他需要说明的事项。

（10）拟票人、审查人、监护人。在确认填写无误后各自在命令票上签名。拟票人和审查人不能为同一人，发令人和监护人不能为同一人。

已执行的综合操作命令票，应在“操作终结时间”栏盖“已执行”章。

## 第五节　供电所“四措一案”

本节内容：“四措一案”是国家电网有限公司为了确保工程施工、安全、质量和进度，规范施工人员工作行为和工作程序，通过组织措施、技术措施、安全措施、文明施工及环境保护措施（四措），制定合理的施工方案（一案），保障工程安全有序开展的工作方法。

**1. 施工组织措施**

为了保证安全、高效、优质完成施工任务，建立施工现场组织体系，建立健全现场各方面的管理措施。

施工现场管理人员职责如下：

1）总负责人。组织本项工作的施工现场管理第一责任人，对现场工作组织调度实施全过程管理。负责现场工作总体协调和施工环境、通道协调，确保工程施工安全顺利进行，并及时向有关部门汇报进展情况。

2）安全负责人。协助现场总负责人负责本工程的现场安全监护、安全教育，检查工地上的不安全现象，制止违章作业，监督检查指导施工现场落实各项安全措施。

3）技术负责人。协助现场总负责人做好各项技术管理工作。施工过程中加强对设计文件等资料做到闭环管理，落实有关要求和技术指导，在工程施工过程中随时进行检查和技术指导，当存在问题或隐患时，提出技术解决和防范措施。技术负责人兼任环境保护负责人。

4）工作负责人。负责组织工作实施；负责项目安全措施是否正确完备，是否符合现场实际条件，必要时予以补充完善；负责对工作班成员进行工作任务、安全措施交底和危险点告知；组织执行项目所需安全措施；监督工作班成员遵守规程、正确使用劳动防护用品和安全工器具以及执行现场安全措施；关注工作班成员身体状况和精神状态是否出现异常迹象，人员变动是否合适。

5）施工班组成员。认真听取施工负责人和本班组工作负责人的技术和安全措施交底，掌握安全措施，明确工作中的危险点；工作前对工作班成员交代技术和安全措施及注意事项；明确所在工作面的工作范围、作业安全、分工情况，做好开工前的准备工作；服从工作负责人（监护人）、专责监护人的指挥，严格遵守本规程和劳动纪律，在指定的作业范围内工作，对自己在工作中的行为负责，互相关心工作安全。

**2. 施工技术措施**

（1）施工前期准备。

1）工作前，开展现场勘查，填写现场勘查单，了解施工现场环境，辨识安全风险点。认真核对设计图纸与实际是否相符，对设计错误或不符合规范之处，及时向设计单位、监理单位、项目管理单位反映，需进行修改时，必须获得设计单位、监理单位、项目管理单位的确认。

2）向有关部门上报本次工作的材料计划，准备和领取材料。

3）提交相关停电申请，制定标准化作业程序。

4）准备好施工所需仪器仪表、工器具、相关材料、相关图纸及相关技术资料。

5）检查工器具、材料、设备无误后运至现场。

6）办理工作票，明确工作范围、安全措施和工作班成员及工作内容。

7）准备安装记录表格。

（2）作业实施。

1）工作内容实施流程。施工准备→停电施工→验收及消缺→送电。

2）本次作业依据相关的规程、规范及安装使用说明书执行和实施。

3）图纸会审和技术交底，认真按图施工，按照验收规范、标准及作业指导书验收，做到事前控制、事后把关。

4）执行现场勘察制度。

5）执行工作票制度、工作许可制度、工作监护制度、工作间断转移终结制度。

6）明确现场工作负责人为施工安全、质量过程控制的第一责任人。

7）现场设置安全围栏，隔离作业区和运行区域，在工作场所设警示牌，工作时有专人监护。

8）施工人员应严格执行标准作业程序，认真履行相应职责。

**3. 施工安全措施**

作业人员经医师鉴定，无妨碍工作的病症（体格检查每两年至少一次），具备必要的安全生产知识，学会紧急救护法，特别要学会触电急救，并接受相应的安全生产知识教育和岗位技能培训，掌握配电作业必备的电气知识和业务技能，并按工作性质，熟悉本规程的相关部分，经考试合格后上岗。

作业人员参与公司系统所承担电气工作的外单位或外来人员应熟悉本规程，经考试合格，并经设备运维管理单位认可后，方可参加工作。

作业人员应被告知其作业现场和工作岗位存在的危险因素、防范措施及事故紧急处理措施。作业前，设备运维管理单位应告知现场电气设备接线情况、危险点和安全注意事项。

进入作业现场应正确佩戴安全帽，现场作业人员还应穿全棉长袖工作服、绝缘鞋。

进出配电站、开关站应随手关门。

工作人员禁止擅自开启直接封闭带电部分的高压配电设备柜门、箱盖、封板等。

作业人员对本规程应每年考试一次。因故间断电气工作连续三个月及以上者，应重新学习本规程，并经考试合格后，方可恢复工作。

新参加电气工作的人员、实习人员和临时参加劳动的人员（管理人员、非全日制用工等），应经过安全生产知识教育后，方可下现场参加指定的工作，并且不得单独工作。

在多电源和有自备电源的用户线路的高压系统接入点处，应有明显断开点。

在绝缘导线所有电源侧及适当位置（如支接点、耐张杆处等）、柱上变压器高压引线处，应装设验电接地环或其他验电、接地装置。

高压配电站、开关站、箱式变电站、环网柜等高压配电设备应有防误操作闭锁装置。

柜式配电设备的母线侧封板应使用专用螺钉和工具，专用工具应妥善保存，柜内有电时禁止开启。

封闭式高压配电设备进线电源侧和出线线路侧应装设带电显示装置。

配电设备的操作机构上应有中文操作说明和状态指示。

环网柜、电缆分支箱等箱式配电设备宜装设验电、接地装置。

柱上断路器应有分、合位置的机械指示。

待用间隔（已接上母线的备用间隔）应有名称、编号，并纳入调度控制中心管辖范围。其隔离开关（刀闸）操作手柄、网门应能加锁。

高压手车开关拉出后，隔离挡板应可靠封闭。

作业现场的生产条件和安全设施等应符合有关标准、规范的要求，作业人员的劳动防护用品应合格、齐备。

经常有人工作的场所及施工车辆上宜配备急救箱，存放急救用品，并应指定专人经常检查、补充或更换。

地下配电站宜装设通风、排水装置，配备足够数量的消防器材或安装自动灭火系统。过道和楼梯处，应设逃生指示和应急照明等。

装有 $SF_6$ 设备的配电站，应装设强力通风装置，风口应设置在室内底部，其电源开关应装设在门外。

配电站、开关站、箱式变电站的门应朝向外开。

配电站、开关站户外高压配电线路、设备的裸露部分在跨越人行过道或作业区时，若 10、20kV 导电部分对地高度分别小于 2.7、2.8m，则该裸露部分底部和两侧应装设护网。户内高压配电设备的裸露导电部分对地高度小于 2.5m 时，该裸露部分底部和两侧应装设护网。

**4. 文明施工及环境保护措施**

（1）施工开始前必须准备好试验设备。施工班组内部要按照每天的作业计划把设备妥善放置到工作现场，做到当天用当天清，保持现场清洁。

（2）工具摆放要求定位管理。试验设备一定要摆放整齐成形，标识清楚，排放有序，并要求符合安全防火标准。现场工具、材料应有专人保管，并做到每天记录检查，严禁随手丢弃。

（3）现场工作间、休息室、工具室要始终保持清洁、卫生、整齐，整个现场要做到一日一清、一日一净。

（4）现场文明施工责任区划分明确，并设有明确标记，便于检查、监督。

（5）施工工序安排合理，衔接紧密，做到均衡施工。每道工序完成后，要做到“工完、料尽、场地清。”

（6）现场资料档案管理有序，相关施工措施、施工图纸、报告、记录、验收标准等有关技术资料齐全，存放于指定的资料柜内，保管妥善，便于查阅。

（7）加强教育，遵纪守法，尊重当地民俗民规，与当地群众搞好关系，防止不法行为的发生。

（8）施工区内道路畅通，定时维修，清扫。施工作业区域按现场总平面管理办法，实行卫生负责制，落实到部门严格执行；市政公共区域工作结束后，应及时清理现场施工废弃物、建筑垃圾、恢复道路路面等公用设施。

（9）现场施工人员必须按规定着装，进入高空作业现场，必须正确佩戴安全帽。

（10）各班组间应协调好工作，密切配合，工作班成员明确工作内容、工作流程、安全措施、工作中的危险点并履行确认手续，相互关心施工安全，服从命令，听从指挥。

（11）加强对入场员工的环保教育，让员工树立环境保护观念，自觉按环保要求开展工作。项目工地在环保方面进行合理投资。

（12）减少有害气体措施。不允许在工地上燃烧杂物、费油，选用合格的油漆等化工产品。

（13）如施工时车辆及其他设备产生废油，则废油集中放在有特定标志的油罐中，不乱倒、乱燃，严禁污染当地水源。

（14）采取一切合理措施，避免污染、噪声等，保护工地及周围的环境。

（15）禁止在设备区、控制室用餐，剩菜剩饭要自觉放入指定的垃圾桶内

（16）自觉保护设备、构件、地面、墙面的清洁卫生和表面完好，防止“二次污染”和设备损伤。

（17）现场卫生设施、保健设施、饮水设施要自觉保持清洁和卫生。

（18）在施工现场醒目位置处应设置工程施工展示牌，对工程概况、工程意义以及用电安全常识进行宣传；同时公布现场施工负责人及电话，以便及时反映和联系施工中遇到问题。

（19）工程建设施工现场，必须设置围挡。电气施工应按照《电力安全工作规程》要求，设置安全警示带和安全警示网。土建工程施工时间不超过一天的应设置警示围栏，超过一天的应设置不低于 1.5m 的彩钢板围挡，将施工区域与非施工区域进行分隔，围挡应距离施工开挖区 1.5m，围挡设施应做到连续、稳固、整洁、美观，并张贴施工温馨提醒，如“我们在此施工，给您带来不便还请谅解”。

（20）施工工地弃土、淤泥随产随运，现场用料随用随进。拌灰土、水泥应集中在固定区域进行，并进行铺垫，设置围挡，张贴“水泥搅拌场”，不得在施工现场随意拌灰土、水泥，避免路面的损坏。

（21）应保护好施工区域未开挖的道路、绿地等公共设施，施工现场不得使用有可能造成未占用施工路面、绿地的机具和方式作业，不得打桩设档。道路

开挖不得影响道路通行，需阻断道路的开挖应当天开挖、当天恢复。

（22）施工现场应规划物流堆放区，集中堆放，设置围挡，特别是堆放沙石、灰土类土建施工物料。工程弃土应当天清运，禁止在施工区域外堆放施工物料。

（23）施工单位应采取有效措施，加强施工现场周边环境及公共设施的保护，减少因施工对小区环境和绿化造成的污染。施工现场要设专职的清扫保洁员，及时清理弃土和垃圾，每天对易产生粉尘的施工路面采取洒水压尘等措施。

（24）施工现场应控制使用强噪声、强振动的施工机具。施工期间应与小区物业联系确定允许施工时间，办理相关出入证件，服从小区物业管理。在非允许施工时间禁止使用电锯、电刨、混凝土振捣器等强噪声的施工机具。

（25）施工单位应当科学合理的安排工期，施工现场要有临时沉淀、排放施工用水设施和防汛措施，保证施工工地和临时人行、车行道路排水畅通，不积泥水。

（26）工程竣工验收前要清理好施工现场及周边环境，清除在施工中搭建的临时设施和剩余物料。工程施工要精心组织、统一协调，边施工边清理边恢复。

**5. 应急救援处置预案**

为了贯彻“安全第一，预防为主，综合治理”的方针，确保国家和人民的财产，职工和人民群众的人身安全免受损失；同时为了降低环境污染，有效地控制疾病的传播，确保人民群众和全体职工的身体健康，维护社会稳定，保护施工的有序进行，确保在意外事故发生时能够及时有效地组织相关人员进行抢救，减少损失，保证本项目施工生产的安全顺利进行，特制定本预案。

编制依据：《中华人民共和国突发事件应对法》《国家突发公共事件总体应急预案》《国家处置电网大面积停电事件应急预案》《国家电网公司应急管理工作规定》（国家电网安监〔2007〕110号）

（1）安全生产事故应急处理的原则。

1）坚持“安全第一、预防为主，综合治理”的方针，加强电力施工安全管理，落实事故预防和隐患控制措施，防患于未然，做好应对电网大面积停电事件的各项准备工作。

2）快速反应先期处置，建立健全“上下联动、区域协作”的快速响应机制，加强与相关单位和政府的沟通协调，整合内外应急资源，协同开展电网大面积停电事故处置工作。

3）应急救援行动优先，先救人，保证人员安全的前提下再组织抢救财产。

（2）应急响应。

1）报警与接警。安全事故发生时，安全生产事故应急处理工作小组成员立即将事故情况如实汇报公司安全生产事故应急处理领导小组，并尽快展开自救方案。项目安全生产事故应急处理小组接到报警立即采取有效措施，组织抢救，防止事故扩大，减少人员伤亡和财产损失。根据事故救援的需要，确定是否同社会有关单位、部门联系，取得社会的援助。

2）现场指挥与控制。事故发生后，安全生产事故应急处理工作小组立即针对事故的类型启动专项应急预案，根据事故的紧急状态、迅速有效地进行应急响应决策。建立现场工作区域，确定重点保护区域和应急行动的优先原则，合理有效地调配和使用应急救援物资，指挥和协调现场的救援活动。

3）通信联络。事故发生后，安全生产事故应急处理工作小组立即利用通信联络设备与公司的安全生产事故应急处理领导小组和社会救援机构取得联系，取得应急救援的外部援助。事故应急处理期间应保持通讯联络畅通。

4）事态监测。在应急救援过程中，安全生产事故应急处理工作小组应指派专人对事故的发生展开事态及影响，及时进行动态的监测，为应急救援和应急恢复行动的决策提供准确的信息。

5）人员疏散与安置。在事故发生时，如果需要人员紧急撤离，安全生产事故应急处理工作小组应指派专人组织人员按照既定的疏散路线向指定的疏散区域撤离。如果应急救援工作危险性极大，依据安全预防措施，个体防护等级、事态监测结果等条件，确定应急人员的紧急撤离条件，保证应急人员的安全。

6）医疗与卫生。事故发生后，组织受伤人员的救护、安排卫生防疫的有关工作，同时取得当地急救中心的援助。

7）现场恢复。事故被控制住以后，相应的安全生产事故应急处理工作小组在充分考虑现场恢复过程中潜在的危险，保持事态监测的条件下，开展恢复生产的各项工作。

第五章

# 安全工器具管理

本章描述：本章介绍了各种常用的安全工器具、安全标识及安全工器具的管理规定、出入库规定等。通过本章学习，使学员们掌握常见安全工器具的检查、使用及试验、报废管理。

## 第一节　安全工器具的作用和分类

安全工器具分为个体防护装备、绝缘安全工器具、登高工器具、安全围栏（网）和标识牌等四大类。

### 一、个体防护装备

个体防护装备是指保护人体避免受到急性伤害而使用的安全用具，包括安全帽、防护眼镜、自吸过滤式防毒面具、正压式消防空气呼吸器、安全带、安全绳、连接器、速差自控器、导轨自锁器、缓冲器、安全网、静电防护服、防电弧服、耐酸服、$SF_6$ 防护服、耐酸手套、耐酸靴、导电鞋（防静电鞋）、个人保安线、$SF_6$ 气体检漏仪、含氧量测试仪及有害气体检测仪等。

（1）安全帽是对人头部受坠落物及其他特定因素引起的伤害起防护作用，由帽壳、帽衬、下颏带及附件等组成。

（2）防护眼镜是在进行检修工作、维护电气设备时，保护工作人员不受电弧灼伤以及防止异物落入眼内的防护用具。

（3）自吸过滤式防毒面具是用于有氧环境中使用的呼吸器。

（4）正压式消防空气呼吸器是用于无氧环境中的呼吸器。

（5）安全带是防止高处作业人员发生坠落或发生坠落后将作业人员安全悬挂的个体防护装备，一般分为围杆作业安全带、区域限制安全带和坠落悬挂安全带。

1）围杆作业安全带是通过围绕在固定构造物上的绳或带将人体绑定在固定构造物附近，使作业人员双手可以进行其他操作的安全带。

2）区域限制安全带是用于限制作业人员的活动范围，避免其到达可能发生坠落区域的安全带。

3）坠落悬挂安全带是指高处作业或登高人员发生坠落时，将作业人员安全悬挂的安全带。

4）安全绳是连接安全带系带与挂点的绳（带、钢丝绳等），一般分为围杆作业用安全绳、区域限制用安全绳和坠落悬挂用安全绳。

（6）连接器可以将两种或两种以上元件连接在一起、具有常闭活门的环状零件。

（7）速差自控器是一种安装在挂点上、装有一种可收缩长度的绳（带、钢丝绳）、串联在安全带系带和挂点之间、在坠落发生时因速度变化引发制动作用的装置。

（8）导轨自锁器是附着在刚性或柔性导轨上，可随使用者的移动沿导轨滑动，因坠落动作引发制动的装置。

（9）缓冲器是串联在安全带系带和挂点之间，发生坠落时吸收部分冲击能量、降低冲击力的装置。

（10）安全网用来防止人、物坠落，或用来避免、减轻坠落及物击伤害的网具。安全网一般由网体、边绳及系绳等构件组成。安全网可分为平网、立网和密目式安全立网。

（11）防电弧服是一种用绝缘和防护的隔层制成的保护穿着者身体的防护服装，用于减轻或避免电弧发生时散发出的大量热能辐射和飞溅熔化物的伤害。

（12）耐酸服是适用于从事接触和配制酸类物质作业人员穿戴的具有防酸性能的工作服，它是用耐酸织物或橡胶、塑料等防酸面料制成。耐酸服根据材料的性质不同分为透气型耐酸服和不透气型耐酸服两类。

（13）$SF_6$ 防护服是为保护从事 $SF_6$ 电气设备安装、调试、运行维护、试验、检修人员在现场工作的人身安全，避免作业人员遭受氢氟酸、二氧化硫、低氟化物等有毒有害物质的伤害。$SF_6$ 防护服包括连体防护服、$SF_6$ 专用防毒面具、$SF_6$ 专用滤毒缸、工作手套和工作鞋等。

（14）耐酸手套是预防酸碱伤害手部的防护手套。

（15）耐酸靴是采用防水革、塑料、橡胶等为鞋的材料，配以耐酸鞋底经模压、硫化或注压成型，具有防酸性能，适合脚部接触酸溶液溅泼在足部时保护足部不受伤害的防护鞋。

（16）个人保安线用于防止感应电压危害的个人用接地装置。

（17）$SF_6$ 气体检漏仪是用于绝缘电气设备现场维护时，测量 $SF_6$ 气体含量的专用仪器。

（18）含氧量测试仪及有害气体检测仪是检测作业现场（如坑口、隧道等）氧气及有害气体含量、防止发生中毒事故的仪器。

（19）防火服是消防员及高温作业人员近火作业时穿着的防护服装，用来对其上下躯干、头部、手部和脚部进行隔热防护。

（20）救生衣、救生圈等用于水上作业时的救生装备。

## 二、绝缘安全工器具

绝缘安全工器具分为基本绝缘安全工器具、带电作业安全工器具和辅助绝缘安全工器具。

### 1. 基本绝缘安全工器具

基本绝缘安全工器具是指能直接操作带电装置、接触或可能接触带电体的工器具，其中大部分为带电作业专用绝缘安全工器具，包括电容型验电器、携带型短路接地线、绝缘杆、核相器、绝缘遮蔽罩、绝缘隔板、绝缘绳和绝缘夹钳等。

（1）电容型验电器。是通过检测流过验电器对地杂散电容中的电流来指示电压是否存在的装置。

（2）携带型短路接地线。是用于防止设备、线路突然来电，消除感应电压，放尽剩余电荷的临时接地装置。

（3）绝缘杆。是由绝缘材料制成，用于短时间对带电设备进行操作或测量的杆类绝缘工具，包括绝缘操作杆、测高杆、绝缘支拉吊线杆等。

（4）核相器。是用于检测待连接设备、电气回路是否相位相同的装置，包括有线核相器和无线核相器。

（5）绝缘遮蔽罩。是由绝缘材料制成，起遮蔽或隔离的保护作用，防止作业人员与带电体发生直接碰触。

（6）绝缘隔板。是由绝缘材料制成，用于隔离带电部件、限制工作人员活动范围、防止接近高压带电部分的绝缘平板。绝缘隔板又称绝缘挡板，一般应具有很高的绝缘性能，它可与35kV及以下的带电部分直接接触，起临时遮栏作用。

（7）绝缘绳。是由天然纤维材料或合成纤维材料制成的具有良好电气绝缘性能的绳索。

（8）绝缘夹钳。是用来装拆高压熔断器或执行其他类似工作的绝缘操作钳。

**2. 带电作业绝缘安全工器具**

带电作业安全工器具是指在带电装置上进行作业或接近带电部分所进行的各种作业所使用的工器具，特别是工作人员身体的任何部分或采用工具、装置或仪器进入限定的带电作业区域的所有作业所使用的工器具，包括带电作业用绝缘安全帽、绝缘服装、屏蔽服装、带电作业用绝缘手套、带电作业用绝缘靴（鞋）、带电作业用绝缘垫、带电作业用绝缘毯、带电作业用绝缘硬梯、绝缘托瓶架、带电作业用绝缘绳（绳索类工具）、绝缘软梯、带电作业用绝缘滑车和带电作业用提线工具等。

（1）带电作业用安全帽。是由绝缘材料制成，有一条脖带和可移动的带头，在带电作业中用于防止工作人员头部触电的帽子。

（2）绝缘服装。是由绝缘材料制成，用于防止作业人员带电作业时身体触电的服装。

（3）屏蔽服装。是由天然或合成材料制成，其内完整地编织有导电纤维，用于防护工作人员等电位带电作业时受到电场影响。

（4）带电作业用绝缘手套。是由绝缘橡胶或绝缘合成材料制成，在带电作业中用于防止工作人员手部触电的手套。

（5）带电作业用绝缘靴（鞋）。由绝缘材料制成，带有防滑的鞋底，在带电作业中用于防止工作人员脚部触电。

（6）带电作业用绝缘垫。是由绝缘材料制成，敷设在地面或接地物体上以保护作业人员免遭电击的垫子。

（7）带电作业用绝缘毯。是由绝缘材料制成，保护作业人员无意识触及带电体时免遭电击，以及防止电气设备之间短路的毯子。

（8）带电作业用绝缘硬梯。是由绝缘材料制成，用于带电作业时登高作业的工具。

（9）绝缘托瓶架。是用绝缘管或棒组成，用于对绝缘子串进行操作的装置。

（10）带电作业用绝缘绳（绳索类工具）。是由绝缘材料制成的绳索（绳索类工具）。

（11）绝缘软梯。用绝缘绳和绝缘管组成，用于带电登高作业的工具。

（12）带电作业用绝缘滑车。是在带电作业中用于绳索导向或承担负载的全绝缘或部分绝缘的工具。

（13）带电作业用提线工具。是在带电作业中用于取代直线绝缘子串、承受导线的机械负荷和电气绝缘强度、进行提吊导线的工具。

### 3. 辅助绝缘安全工器具

辅助绝缘安全工器具是指绝缘强度不是承受设备或线路的工作电压，只是用于加强基本绝缘工器具的保安作用，用以防止接触电压、跨步电压、泄漏电流电弧对操作人员的伤害。不能用辅助绝缘安全工器具直接接触高压设备带电部分，包括辅助型绝缘手套、辅助型绝缘靴（鞋）和辅助型绝缘胶垫。

（1）辅助型绝缘手套。是由特种橡胶制成的、起电气辅助绝缘作用的手套。

（2）辅助型绝缘靴（鞋）。是由特种橡胶制成的、用于人体与地面辅助绝缘的靴（鞋）子。

（3）辅助型绝缘胶垫。是由特种橡胶制成的、用于加强工作人员对地辅助绝缘的橡胶板。

## 三、登高工器具

登高工器具是用于登高作业、临时性高处作业的工具，包括脚扣、升降板

（登高板）、梯子、快装脚手架及检修平台等。

（1）脚扣。是用钢或合金材料制作的攀登电杆的工具。

（2）升降板（登高板）。由脚踏板、吊绳及挂钩组成的攀登电杆的工具。

（3）梯子。包含有踏档或踏板，可供人上下的装置，一般分为竹（木）梯、铝合金及复合材料梯。

（4）软梯。是用于高空作业和攀登的工具。

（5）快装脚手架。是指整体结构采用“积木式”组合设计，构件标准化且采用复合材料制作，不需任何安装工具，可在短时间内徒手搭建的一种高空作业平台。

（6）检修平台。按功能分为拆卸型和升降型。拆卸型检修平台按形式可分为单柱型、平台板型、梯台型，固定于构架类设备基座上，是登高作业及防护的辅助装置；升降型检修平台是一种用于一人或数人登高、站立，具有升降功能的作业平台。

## 四、安全围栏（网）

（1）安全围栏（网）（见图 5-1）包括用各种材料做成的安全围栏、安全围网和红布幔。

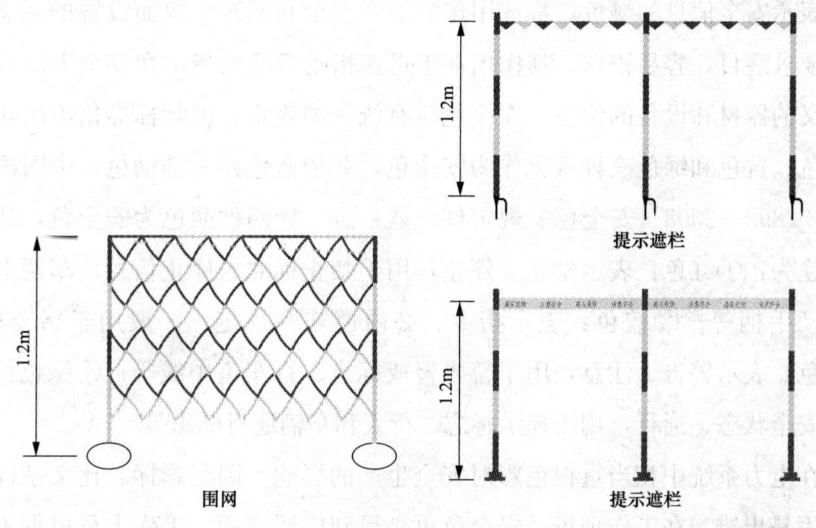


图 5-1 围网、提示遮拦

1）围栏、围网、提示遮栏高均为120cm。

2）围栏、围网、提示遮栏应红白相间，颜色应醒目。

3）围栏、围网、提示遮栏立柱应有反光膜或涂有反光漆。

（2）使用范围。

1）城区、人口密集区地段或交通道口和通行道路上检修施工作业，明确工作地点，与非作业区域明显隔离。

2）高处作业时，工作地点下面可能坠落范围半径，防止落物伤人。

3）地面配电设备部分停电的工作，人员工作时距带电设备距离小于设备不停电时的安全距离。

4）电缆、高压配电设备做耐压试验，防止非工作人员入内。

5）提示遮栏适用农村、非人口密集区地段作业区域的划分与提示，如上述区域电缆沟道以及线路施工作业区等的围护。

## 第二节　安全色、安全标识牌

### 一、安全色

表示安全信息的颜色，常被用作为加强安全和预防事故而设置的标志。安全色要求醒目，容易识别，其作用在于迅速指示危险或指示在安全方面有着重要意义的器材和设备的位置。安全色应有统一的规定。国际标准化组织建议采用红色、黄色和绿色三种颜色作为安全色，并用蓝色作为辅助色，中国国家标准GB 2893—2008《安全色》规定红、蓝、黄、绿四种颜色为安全色，其含义和用途为：①红色：表示禁止、停止，用于禁止标志、停止信号、车辆上的紧急制动手柄等；②蓝色：表示指令、必须遵守的规定，一般用于指令标志；③黄色：表示警告、注意，用于警告警戒标志、行车道中线等；④绿色：表示提示安全状态、通行，用于提示标志、行人和车辆通行标志等。

在电力系统中相当重视色彩对安全生产的影响，因色彩标志比文字标志明显，不易出错。在工作现场，安全色更是得到广泛应用，工作人员根据不同色彩可准确判断各种不同状态。

在实际中，安全色常采用其他颜色（即对比色）做背景色，使其更加醒目，以提高安全色的辨别度。如红色、蓝色和绿色采用白色作对比色，黄色采用黑色作对比色。黄色与黑色的条纹交替，视见度较好，一般用来标示警告危险，红色和白色的间隔常用来表示“禁止跨越”等。

电力工业有关法规规定，L1 相涂黄色，L2 相涂绿色，L3 相涂红色。在设备运行状态，绿色信号闪光表示设备在运行的预备状态，红色信号灯表示设备正投入运行状态，提醒工作人员集中精力、注意安全运行等。《国家电网公司电力安全工作规程》明确规定了悬挂标识牌和装设遮栏的不同场合用途。

（1）在一经合闸即可送电到工作地点的断路器和隔离开关的操作把手上，均应悬挂白底红字的“禁止合闸，有人工作”标识牌。如线路上有人工作，应在线路断路器和隔离开关操作把手上悬挂“禁止合闸，线路有人工作”的标识牌。

（2）在施工地点带电设备的遮栏上，室外工作地点的围栏上，禁止通过的过道上，高压试验地点、室外架构上，工作地点临近带电设备的横梁上悬挂白底红字的“止步，高压危险!”的标识牌。

（3）在室外和室内工作地点或施工设备上悬挂绿底中有直径 210mm 的圆圈，黑字写于白圆圈中的“在此工作”标识牌。

（4）在工作人员上下的铁架、梯子上悬挂绿底中有直径 210mm 白圆圈黑字的“从此上下”标识牌。

（5）在工作人员上下的铁架临近可能上下的另外铁架上，运行中变压器的梯子上悬挂白底红字的“禁止攀登，高压危险!”标识牌。

## 二、安全标识［包括：警告、禁止、指令和指示（提示）标示］

（1）警告标识。促使人们提高对可能发生危险的警惕性的图形标识，上方是黄底黑色正三角警告标示，下方是白底黑字矩形补充标示。

（2）禁止标识。禁止或制止人们想要做的某种动作的图形标示，标识上方是白底红色圆形带斜杠，黑色禁止标示，下方是红底黑字矩形补充标示。

（3）指令标识。强制人员必须做出某种动作或采用防范措施的标示，上方是指令标志（圆形边框），下方是文字辅助标志（矩形边框）。

（4）指示（提示）标示。向人员提供某种安全设施或场所信息的图形标示，为绿色正方形底牌，中有直径 20cm 白色圆形、黑色提示字样。

（5）常用电力安全标识牌。包括："禁止合闸，有人工作！""禁止合闸，线路有人工作！""止步，高压危险！""在此工作！""从此上下！""从此进出！"等。

（6）常用交通安全标识、设施。包括："前方施工""道路封闭""车辆慢行"标识牌、锥形交通标等。

**[例 5-1]** 线路杆塔组立施工（见图 5-2）。

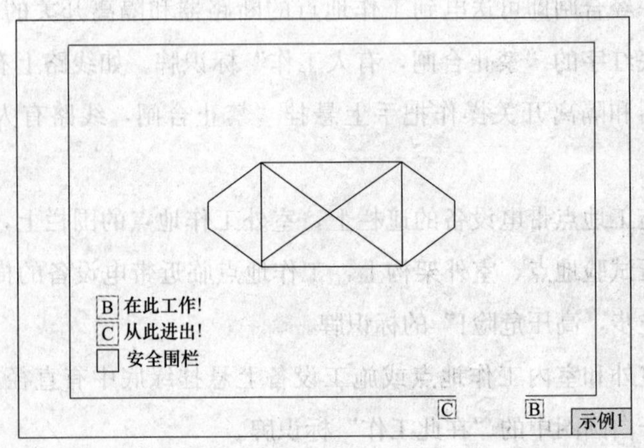


图 5-2 线路杆塔组立施工

安全措施布置要点：

（1）在线路杆塔组立的施工现场四周设置安全围栏。

（2）在安全围栏出入口处悬挂"从此进出！""在此工作！"标识牌，出入口设置应方便作业人员、车辆及施工机械进出。

（3）安全围栏大小应依据杆塔长度、起吊高度、作业人员活动区域、高空坠落范围半径等因素综合考虑。

**[例 5-2]** 线路作业区域部分占用道路（道路指一级及以下公路）（见图 5-3）。

（1）在牵张场地、落线工作区域、工作杆塔等作业区域四周设置安全围栏。

（2）在安全围栏出入口处悬挂"从此进出！""在此工作！"标识牌。

（3）在作业区域道路两侧交通道口或作业区域外 50m 处放置"前方施工"

“车辆慢行”标识牌，标识牌字背向施工区域，面向车辆驶入方向。

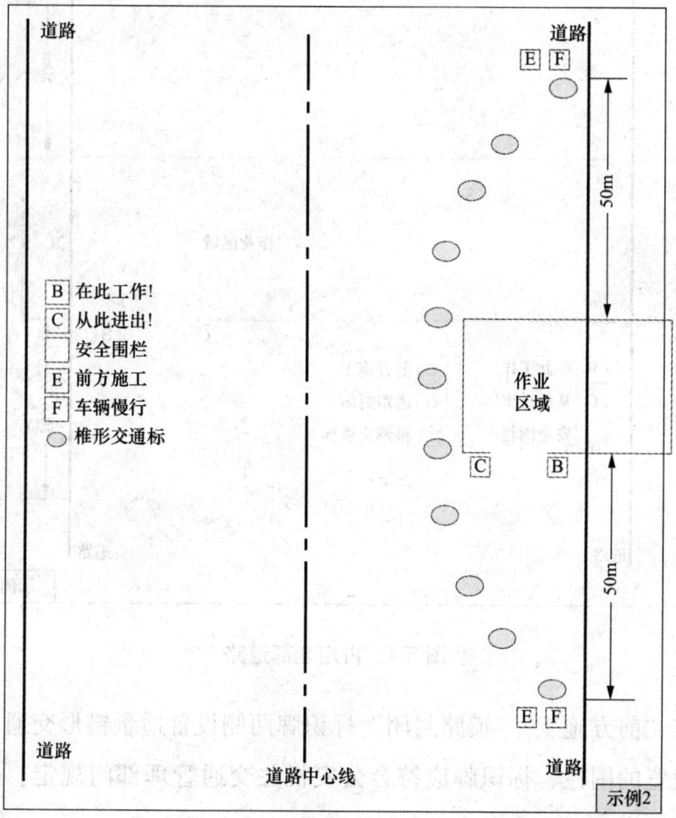

图 5-3　占用部分道路

（4）在“前方施工”“车辆慢行”标识牌与安全围栏间、安全围栏外围设置适量锥形交通标。

（5）设置的围栏、标识牌应符合公安机关交通管理部门规定，必要时请交通管理部门配合。

**［例 5-3］** 线路作业区域全部占用道路（道路指一级及以下公路）（见图 5-4）。

（1）在作业区域四周设置安全围栏。

（2）在安全围栏出入口处悬挂“从此进出！”“在此工作！”标识牌。

（3）在作业区域道路两侧交通道口或安全围栏外 50m 处放置“前方施工”“道路封闭”标识牌。标识牌字背向施工区域，面向车辆驶入方向。

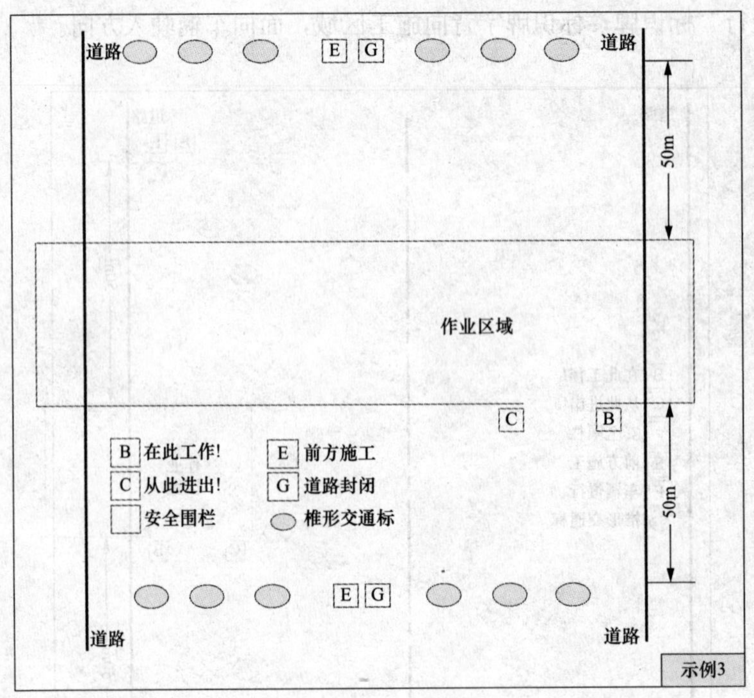


图 5-4　占用全部道路

（4）在“前方施工”“道路封闭”标识牌两侧设置适量锥形交通标。

（5）设置的围栏、标识牌应符合公安机关交通管理部门规定，必要时请交通管理部门配合。

（6）跨越高速公路、铁路以及水运航道等重要交通设施进行施工作业，事先应经主管部门同意，影响交通安全的，还应当征得公安机关交通管理部门同意，同时安全措施要严格按照国家和行业有关规定设置。

**［例 5-4］** 居民区及城市道路附近电缆分支箱检修工作（见图 5-5）。

（1）在电缆分支箱四周设置安全围栏。

（2）在安全围栏出入口处悬挂“从此进出!”“在此工作!”标识牌。

（3）占用人行道、非机动车道及机动车道时，安全围栏面向车辆、行人前进方向设置“前方施工”标识牌。占道施工应留有合理通道，尽量避免全部占用。

**［例 5-5］** 居民区及城市道路附近电缆井或沟道施工（见图 5-6）。

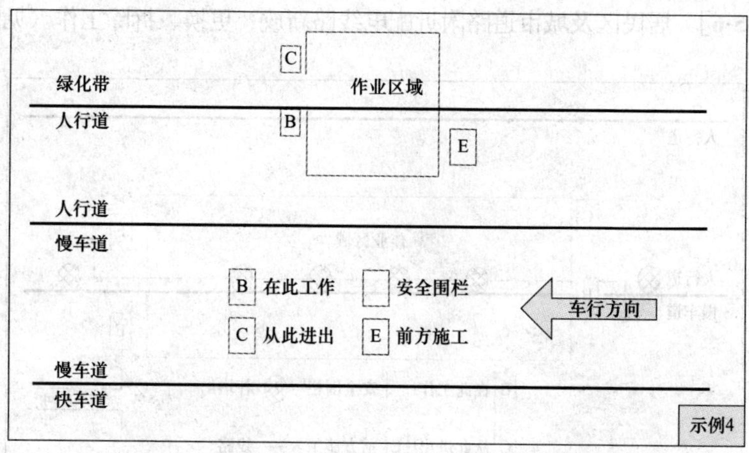


图 5-5 居民区及城市道路附近电缆分支箱检修

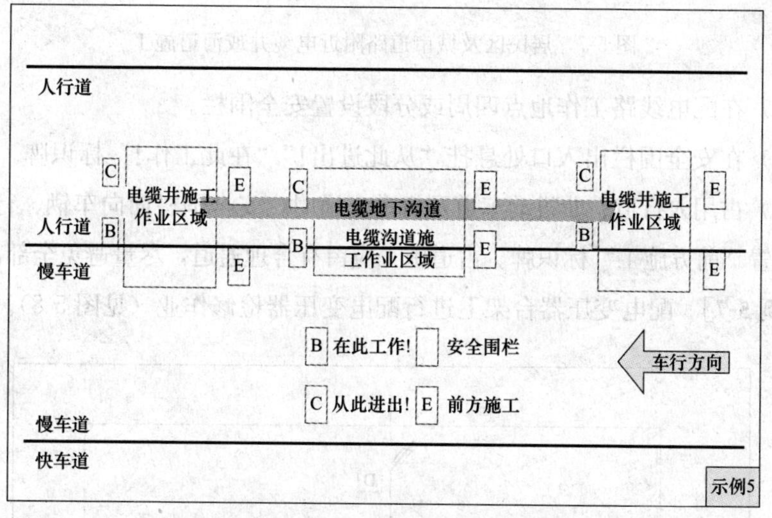


图 5-6 居民区及城市道路附近电缆井或河道施工

（1）在电缆井施工现场四周设置安全围栏，与道路尽量保持水平或垂直。

（2）在安全围栏出入口处悬挂“从此进出!”“在此工作!”标识牌。

（3）占用人行道、非机动车道及机动车道时，安全围栏面向车辆、行人前进方向设置“前方施工”标识牌。占道施工应留有合理通道，尽量避免全部占用。

（4）若进行电缆地下沟道开挖工作，需在沟道作业区域四周装设安全围栏，设置标识牌。

［例 5-6］ 居民区及城市道路附近配电线路新放、更换、拆除工作（见图 5-7）。

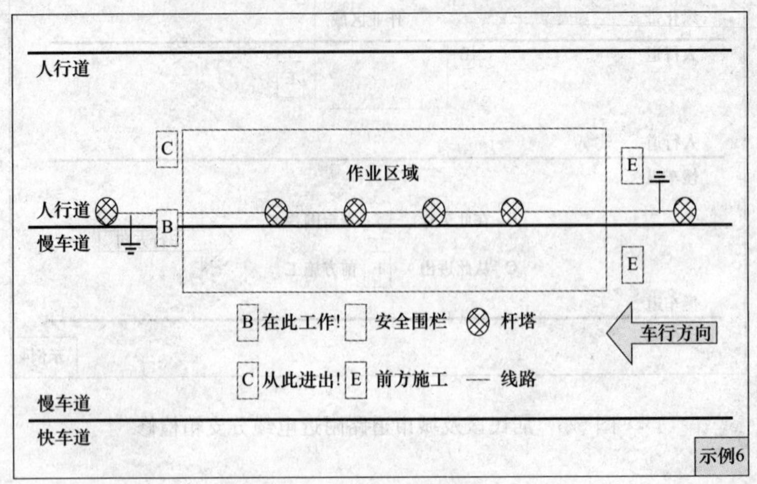


图 5-7 居民区及城市道路附近电缆井或河道施工

（1）在配电线路工作地点四周或分段设置安全围栏。

（2）在安全围栏出入口处悬挂“从此进出！”“在此工作！”标识牌。

（3）占用人行道、非机动车道及机动车道时，安全围栏面向车辆、行人前进方向设置“前方施工”标识牌。占道施工应留有合理通道，尽量避免全部占用。

［例 5-7］ 配电变压器台架上进行配电变压器检修作业（见图 5-8）。

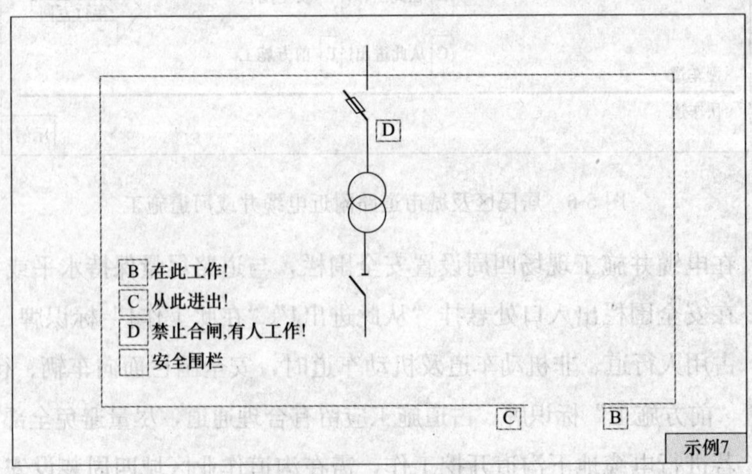


图 5-8 配电变压器台架上进行配电变压器检修作业

（1）在配电变压器台架工作地点下方四周设置安全围栏。

（2）在安全围栏出入口处悬挂“从此进出！”“在此工作！”标识牌。

（3）在配电变压器高压侧跌落式熔断器操作处悬挂“禁止合闸，有人工作！”标识牌。

（4）该施工区域为公路、城市道路及人口密集地段附近时，交通道路上的安全措施设置根据现场情况参照［例 5-2］～［例 5-4］实施。

## 第三节 供电所安全工器具日常管理

班组（站、所）应每月对安全工器具进行全面检查，做好检查记录；对发现不合格或超试验周期的应隔离存放，做出禁用标识，停止使用。

各安全人员应对各类检查发现的安全工器具存在的问题进行统计分析，查找原因，从管理上提出改进措施和要求，及时发布相关信息。因安全工器具质量问题引发事故或安全事件时，应按《国家电网公司安全事故调查规程》进行调查，对责任单位、人员按相关规定进行处理。

班组应配置充足、合格的安全工器具，建立统一分类的安全工器具台账和编号方法。使用保管单位应定期开展安全工器具清查盘点，确保做到账、卡、物一致。班组可根据实际情况对照确定现场配置标准。

（1）安全工器具使用总体要求

1）使用单位每年至少应组织一次安全工器具使用方法培训，新进员工上岗前应进行安全工器具使用方法培训，新型安全工器具使用前应组织针对性培训。

2）安全工器具使用前应进行外观、试验时间有效性等检查。

3）绝缘安全工器具使用前、后应擦拭干净。

4）对安全工器具机械、绝缘性能不能确定时，应进行试验，合格后方可使用。

（2）安全工器具管理流程如图 5-9 所示。

（3）安全工器具领用、归还应严格履行交接和登记手续。领用时，保管人和领用人应共同确认安全工器具有效性，确认合格后，方可出库；归还时，保管人和使用人应共同进行清洁整理和检查确认，检查合格的返库存放，不合格或超试验周期的应另外存放，做出“禁用”标识，停止使用。

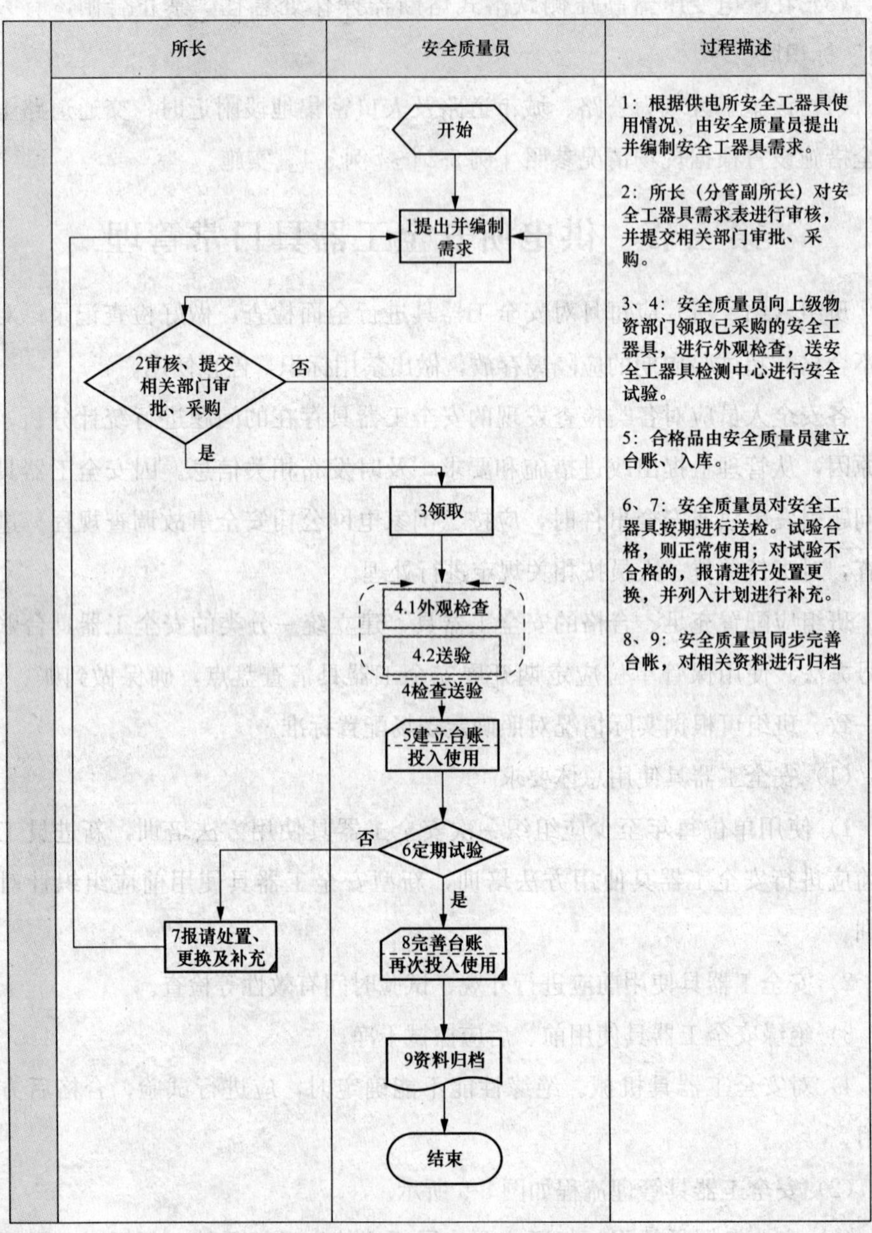
所长
安全质量员
过程描述
开始
1提出并编制需求
2审核、提交相关部门审批、采购
否
是
3领取
4.1外观检查
4.2送验
4检查送验
5建立台账投入使用
6定期试验
否
是
7报请处置、更换及补充
8完善台账再次投入使用
9资料归档
结束
1：根据供电所安全工器具使用情况，由安全质量员提出并编制安全工器具需求。
2：所长（分管副所长）对安全工器具需求表进行审核，并提交相关部门审批、采购。
3、4：安全质量员向上级物资部门领取已采购的安全工器具，进行外观检查，送安全工器具检测中心进行安全试验。
5：合格品由安全质量员建立台账、入库。
6、7：安全质量员对安全工器具按期进行送检。试验合格，则正常使用；对试验不合格的，报请进行处置更换，并列入计划进行补充。
8、9：安全质量员同步完善台帐，对相关资料进行归档

图 5-9　安全工器具管理流程

(4) 安全工器具的保管及存放，必须满足国家标准和行业标准及产品说明书要求。

1) 橡胶塑料类安全工器具应存放在干燥、通风、避光的环境下，存放时离开地面和墙壁 20cm 以上，离开发热源 1m 以上，避免阳光、灯光或其他光源直射，避免雨雪浸淋，防止挤压、折叠和尖锐物体碰撞，严禁与油、酸、碱或其他腐蚀性物品存放在一起。

2) 环氧树脂类安全工器具应置于通风良好、清洁干燥、避免阳光直晒和无腐蚀、有害物质的场所保存。

3) 纤维类安全工器具应放在干燥、通风、避免阳光直晒、无腐蚀及有害物质的位置，并与热源保持 1m 以上的距离。

4) 其他类安全工器具。

① 钢绳索速差式防坠器，如钢丝绳浸过泥水等，应使用涂有少量机油的棉布对钢丝绳进行擦洗，以防锈蚀。

② 安全围栏（网）应保持完整、清洁无污垢，成捆整齐存放。

③ 标识牌、警示牌等，应外观醒目，无弯折、无锈蚀，摆放整齐。

(5) 安全工器具宜根据产品要求存放于合适的温度、湿度及通风条件处，与其他物资材料、设备设施应分开存放。

(6) 使用单位公用的安全工器具，应明确专人负责管理、维护和保养。个人使用的安全工器具，应由单位指定地点集中存放，使用者负责管理、维护和保养，班组安全员不定期抽查使用维护情况。

(7) 安全工器具在保管及运输过程中应防止损坏和磨损，绝缘安全工器具应做好防潮措施。

(8) 使用中若发现产品质量、售后服务等不良问题，应及时报告物资部门和安全监察质量部门，查实后，由安全监察质量部门发布信息通报。

## 第四节　供电所安全工器具出入库管理

安全工器具的出入库管理明确专人负责管理。安全工器具领用、归还应严格履行交接和登记手续。领用时，保管人和领用人应共同确认安全工器具的有效性，确认合格后，方可出库；归还时，保管人和使用人应共同进行清洁整理和检查确认，检查合格的返库存放，不合格或超试验周期的应另外存放，做出“禁用”标识，停止使用。

常用安全工器具使用前应检查以下内容：

**1. 个体防护装备**

（1）安全帽。

1）永久标识和产品说明等标识清晰完整，安全帽的帽壳、帽衬（帽箍、吸汗带、缓冲垫及衬带）、帽箍扣、下颚带等组件完好无缺失。

2）帽壳内外表面应平整光滑，无划痕、裂缝和孔洞，无灼伤、冲击痕迹。

3）帽衬与帽壳连接牢固，后箍、锁紧卡等开闭调节灵活，卡位牢固。

4）使用期从产品制造完成之日起计算。植物枝条编织帽不得超过两年，塑料和纸胶帽不得超过两年半，玻璃钢（维纶钢）橡胶帽不超过三年半。

（2）安全带。

1）商标、合格证和检验证等标识清晰完整，各部件完整无缺失，无伤残破损。

2）腰带、围杆带、肩带、腿带等带体无灼伤、脆裂及霉变，表面不应有明显磨损及切口；围杆绳、安全绳无灼伤、脆裂、断股及霉变，各股松紧一致，绳子应无扭结；护腰带接触腰的部分应垫有柔软材料，边缘圆滑无角。

3）织带折头连接应使用缝线，不应使用铆钉、胶粘、热合等工艺，缝线颜色与织带应有区分。

4）金属配件表面光洁，无裂纹、无严重锈蚀和目测可见的变形，配件边缘应呈圆弧形；金属环类零件不允许使用焊接，不应留有开口。

5）金属挂钩等连接器应有保险装置，应在两个及以上明确的动作下才能打开且操作灵活。钩体和钩舌的咬口必须完整，两者不得偏斜。各调节装置应灵活可靠。

（3）安全绳。

1）安全绳的产品名称、标准号、制造厂名及厂址、生产日期（年、月）及有效期、总长度、产品作业类别（围杆作业、区域限制或坠落悬挂）、产品合格标志、法律法规要求标注的其他内容等永久标识清晰完整。

2）安全绳应光滑、干燥，无霉变、断股、磨损、灼伤、缺口等缺陷。所有部件应顺滑，无材料或制造缺陷，无尖角或锋利边缘。护套完整不应破损。

3）织带式安全绳的织带应加锁边线，末端无散丝，纤维绳式安全绳绳头无散丝，钢丝绳式安全绳的钢丝应捻制均匀、紧密、不松散，中间无接头；链式安全绳下端环、连接环和中间环的各环间转动灵活，链条形状一致。

（4）连接器。

1）连接器的类型、制造商标识、工作受力方向强度（用 kN 表示）等永久标识清晰完整。

2）表面光滑，无裂纹、褶皱，边缘圆滑无毛刺，无永久性变形和活门失效等现象。

3）操作应灵活，扣体钩舌和闸门的咬口应完整，两者不得偏斜，应有保险装置，经过两个及以上的动作才能打开。

4）活门应向连接器锁体内打开，不得松旷，同预定打开水平面倾斜不得超过 20°。

（5）速差自控器。

1）产品名称及标记、标准号、制造厂名、生产日期（年、月）及有效期、法律法规要求标注的其他内容等永久标识清晰完整。

2）速差自控器的各部件完整无缺失、无伤残破损，外观应平滑，无材料和制造缺陷，无毛刺和锋利边缘。

3）钢丝绳速差器的钢丝应均匀绞合紧密，不得有叠痕、突起、折断、压伤、锈蚀及错乱交叉的钢丝；织带速差器的织带表面、边缘、软环处应无擦破、切口或灼烧等损伤，缝合部位无崩裂现象。

4）速差自控器的安全识别保险装置—坠落指示器应未动作。

5）用手将速差自控器的安全绳（带）进行快速拉出，速差自控器应能有效制动并完全回收。

（6）安全网。

1）标准号、产品合格证、产品名称及分类标记、制造商名称及地址、生产日期等永久标识清晰完整。网体、边绳、系绳、筋绳无灼伤、断纱、破洞、变形及有碍使用的编织缺陷。所有节点固定。

2）平网和立网的网目边长不大于0.08m，系绳与网体连接牢固，沿网边均匀分布，相邻两系绳间距不大于0.75m，系绳长度不小于0.8m，平网相邻两筋绳间距不大于0.3m。

3）密目式安全立网的网眼孔径不大于12mm，各边缘部位的开眼环扣牢固可靠，开眼环扣孔径不小于0.008m。

**2. 绝缘安全工器具**

（1）电容型验电器。

1）额定电压或额定电压范围、额定频率（或频率范围）、生产厂名和商标、出厂编号、生产年份、适用气候类型（D、C和G）、检验日期及带电作业用（双三角）符号等标识清晰完整。

2）各部件，包括手柄、护手环、绝缘元件、限度标记（在绝缘杆上标注的一种醒目标志，向使用者指明应防止标志以下部分插入带电设备中或接触带电体）和接触电极、指示器和绝缘杆等均应无明显损伤。

3）绝缘杆应清洁、光滑，绝缘部分应无气泡、皱纹、裂纹、划痕、硬伤、绝缘层脱落、严重的机械或电灼伤痕。伸缩型绝缘杆各节配合合理，拉伸后不应自动回缩。

4）指示器应密封完好，表面应光滑、平整。

5）手柄与绝缘杆、绝缘杆与指示器的连接应紧密牢固。

6）自检三次，指示器均应有视觉和听觉信号出现。

（2）携带型短路接地线。

1）接地线的厂家名称或商标、产品的型号或类别、接地线横截面积（$mm^2$）、生产年份及带电作业用（双三角）符号等标识清晰完整。

2）接地线的多股软铜线截面不得小于25$mm^2$，其他要求同个人保安接地线。

3）接地操作杆同绝缘杆的要求。

4）线夹完整、无损坏，与操作杆连接牢固，有防止松动、滑动和转动的措施。应操作方便，安装后应有自锁功能。线夹与电力设备及接地体的接触面无毛刺，紧固力应不致损坏设备导线或固定接地点。

（3）绝缘杆。

1）绝缘杆的型号规格、制造厂名、制造日期、电压等级及带电作业用（双三角）符号等标识清晰完整。

2）绝缘杆的接头不管是固定式的还是拆卸式的，连接都应紧密牢固，无松动、锈蚀和断裂等现象。

3）绝缘杆应光滑，绝缘部分应无气泡、皱纹、裂纹、绝缘层脱落、严重的机械或电灼伤痕，玻璃纤维布与树脂间黏接完好不得开胶。

4）握手的手持部分护套与操作杆连接紧密、无破损，不产生相对滑动或转动。

**3. 登高工器具**

（1）脚扣。

1）标识清晰完整，金属母材及焊缝无任何裂纹和目测可见的变形，表面光洁，边缘呈圆弧形。

2）围杆钩在扣体内滑动灵活、可靠、无卡阻现象；保险装置可靠，防止围杆钩在扣体内脱落。

3）小爪连接牢固，活动灵活。

4）橡胶防滑块与小爪钢板、围杆钩连接牢固，覆盖完整，无破损。

5）脚带完好，止脱扣良好，无霉变、裂缝或严重变形。

（2）升降板（登高板）。

1）标识清晰完整，钩子不得有裂纹、变形和严重锈蚀，心形环完整，下部有插花，绳索无断股、霉变或严重磨损。

2）踏板窄面上不应有节子，踏板宽面上节子的直径不应大于 6mm，干燥细裂纹长不应大于 150mm，深度不应大于 10mm。踏板无严重磨损，有防滑花纹。

3）绳扣接头每绳股连续插花应不少于 4 道，绳扣与踏板间应套接紧密。

（3）梯子。

1）型号或名称及额定载荷、梯子长度、最高站立平面高度、制造者或销售者名称（或标识）、制造年月、执行标准及基本危险警示标志（复合材料梯的电压等级）应清晰明显。

2）踏棍（板）与梯梁连接牢固，整梯无松散，各部件无变形，梯脚防滑良好，梯子竖立后平稳，无目测可见的侧向倾斜。

3）升降梯升降灵活，锁紧装置可靠。铝合金折梯铰链牢固，开闭灵活，无松动。

4）折梯限制开度装置完整牢固。延伸式梯子操作用绳无断股、打结等现象，升降灵活，锁位准确可靠。

5）竹木梯无虫蛀、腐蚀等现象。木梯梯梁的窄面不应有节子，宽面上允许有实心的或不透的、直径小于 13mm 的节子，节子外缘距梯梁边缘应大于 13mm，两相邻节子外缘距离不应小于 0.9m。踏板窄面上不应有节子，踏板宽面上节子的直径不应大于 6mm，踏棍上不应有直径大于 3mm 的节子。干燥细裂纹长度不应大于 150mm，深度不应大于 10mm。梯梁和踏棍（板）连接的受剪切面及其附近不应有裂缝，其他部位的裂缝长不应大于 50mm。

（4）软梯。

1）标志清晰，每股绝缘绳索及每股线均应紧密绞合，不得有松散、分股的现象。

2）绳索各股及各股中丝线均不应有叠痕、凸起、压伤、背股、抽筋等缺陷，不得有错乱、交叉的丝、线、股。

3）接头应单根丝线连接，不允许有股接头。单丝接头应封闭于绳股内部，不得露在外面。

4）股绳和股线的捻距及纬线在其全长上应均匀。

5）经防潮处理后的绝缘绳索表面应无油渍、污迹、脱皮等。

（5）快装脚手架。

1）复合材料构件表面应光滑，绝缘部分应无气泡、皱纹、裂纹、绝缘层脱落、明显的机械或电灼伤痕，纤维布（毡、丝）与树脂间黏接完好，不得开胶。

2）供操作人员站立、攀登的所有作业面应具有防滑功能。

3）外支撑杆应能调节长度，并有效锁止，支撑脚底部应有防滑功能。

4）底脚应能调节高低且有效锁止，轮脚均应具有刹车功能，刹车后，脚轮中心应与立杆同轴。

## 第五节 供电所安全工器具试验管理

安全工器具应通过国家标准、行业标准规定的型式试验，以及出厂试验和预防性试验。进口产品的试验不低于国内同类产品标准。

（1）安全工器具应由具有资质的安全工器具检验机构进行检验。预防性试验可由经公司总部或省公司、直属单位组织评审、认可，取得内部检验资质的检测机构实施，也可委托具有国家认可资质的安全工器具检验机构实施。

（2）应进行预防性试验的安全工器具包括：①规程要求进行试验的安全工器具；②新购置和自制安全工器具使用前；③检修后或关键零部件经过更换的安全工器具；④对其机械、绝缘性能产生疑问或发现缺陷的安全工器具；⑤发现质量问题的同批次安全工器具。

（3）安全工器具使用期间应按规定做好预防性试验。

（4）安全工器具经预防性试验合格后，应由检验机构在合格的安全工器具上（不妨碍绝缘性能、使用性能且醒目的部位）牢固粘贴“合格证”标签或可追溯的唯一标识，并出具检测报告。

1）预防性试验报告。预防性试验报告应清晰、准确，方便报告使用人阅读和理解，数据修约应满足 GB/T 8170—2008《数值修约规则与极限数值的表示和判定》的规定，报告内容应至少包含以下信息：①报告名称和编号；②试验机构名称、地址和联系方式；③收样日期和试验日期；④被试物品的名称、编号、规格型号和状态；⑤选用的试验标准、试验项目及其结果；⑥对结果有显著影响的环境条件，如交流耐压时的湿度、海拔；⑦试验员、审核员、批准人的签名及盖有试验机构专用章；⑧其他需要说明的问题。

当批量较大时，还应出具结果汇总表，以方便查阅。试验报告格式见附录。

2）合格证。合格证基本要求为：①合格证尺寸以不大于 $12cm^2$ 为宜，一般采用长方形；②合格证的材料可采用软质材料（纸、聚酯材料等）或硬质材料（薄铝板、薄不锈钢板等），硬质材料的边缘应圆滑；③合格证上的信息可采用手写、打印或机械刻压的方式，手写或打印时应使用防水油墨，其清晰性和完整性应保持不小于一个预防性试验周期。必要时，合格证表面可覆透明膜保护。

合格证的内容要求。合格证应与试验报告相一致，其形式如图5-10所示，应包含以下信息：①检验机构名称；②试样名称、规格型号和编号；③检验日期和下次检验日期；④检验员。

检验机构名称

合格证

试样名称：______ 规格型号：______
试样编号：______
检验日期：____年____月____日
下次检验日期：____年____月____日
检验员：______

图5-10　合格证形式

## 第六节　安全工器具补充及报废管理

### 一、安全工器具的补充

安全工器具的选用必须符合国家和行业有关安全工器具的法律、法规、强制性标准和技术规程以及国家电网有限公司相应规程规定的要求。

（1）应选择业绩优秀、质量优良、服务优质且在国家电网有限公司系统内具有一定使用经验、应用情况良好的产品。有型式试验要求的产品应具备有效的型式试验报告。

（2）安全工器具应严格履行物资验收手续，由物资部门负责组织验收，安全监察质量部门和使用单位派人参加。新购置安全工器具到货后，应组织检验，检验方法可采用逐件检查或抽检，抽检比例应根据安全工器具类别、使用经验、供应商信用等情况综合确定。检验合格后，各方在验收单上签字确认。合格者方可入库或交付使用单位，不合格者应予以退货。

（3）对于没有应用经验的新型安全工器具，应经有资质的检验机构检验合格，由地市供电企业专业部门组织认定并批准后，方可试用。

## 二、安全工器具的报废

（1）安全工器具符合下列条件之一者，即予以报废：

1）经试验或检验不符合国家或行业标准的。

2）超过有效使用期限，不能达到有效防护功能指标的。

3）外观检查明显损坏影响安全使用的。

（2）报废的安全工器具应及时清理，不得与合格的安全工器具存放在一起，严禁使用报废的安全工器具。

（3）安全工器具报废，应经本单位安全监察部门组织专业人员或机构进行确认，属于固定资产的安全工器具报废应按照国家电网有限公司固定资产管理办法有关规定执行。

（4）报废的安全工器具应做破坏处理，并撕毁“合格证”。

（5）安全工器具报废处置应按国家电网有限公司废旧物资管理的相应要求执行。

（6）安全工器具报废情况应纳入管理台账做好记录，存档备查。

第六章

# 供电所安全质量员信息系统[1]应用管理

## 第一节　安监管理一体化平台应用

### 一、系统介绍及基本操作

#### （一）系统概述

安监管理业务一体化平台结合现有供电公司安监管理信息化建设内容，横向上联系供电、发电及直属单位；纵向上结合国家电网有限公司总部、分部一体化管理模式，加强和规范新体制下农电企业管理和农电企业上划要求，建设总部、分部、省（直属）、地市、县级供电公司一体化的一级部署安监管理平台。主要业务包含安全事故管理、安全隐患管理、综合业务管理、安全监督管控、安全培训考试、基层安全建设等。

#### （二）系统基本操作

**1. IP 地址登录**

启动 IE 浏览器，在地址栏中输入安监一体化平台域名：

http://am-ajyth. sgcc. com. cn/anjian-client/bsp/jsp/login. jsp 然后回车。“单位”框中下拉菜单选择所在单位，输入用户名和密码，点击登录即可。

**2. 登陆后主界面**

安监管理一体化系统主界面，包括界面上方的“综合业务管理、安全统计

[1] 本章所有二维码均可用微信关注“中国电力出版社”公众号后扫码观看操作视频。

分析、安全隐患管理、安全监督管控、安全风险管理、安全教育培训、班组安全建设、系统管理”共计八个大模块。

系统主界面左侧为各大模块的子菜单，在中上方大模块下提供各种常用快捷按钮，包括“首页、注销、待办、草稿、已办和已结束、历史任务”。

**3. 修改密码**

用途：用于当前登录用户修改自己密码。

操作：系统管理→权限管理→自助服务→修改我的密码。

在原密码栏中输入原密码，修改的新密码后，点击“确定”，登录用户的密码将会被更改。

## 二、重点业务操作

### （一）安全统计分析

**1. 安全事故报告**

（1）业务要求。根据国家电网有限公司新调规管理规程，将人身、设备、电网、信息事故生产事故报表在此进行在线管理，包括填报和审批。

（2）具体操作。

1）事故报告增加。登录系统，单击左侧“安全事故报告→人身事故报告子模块”，进入人身事故列表界面。

点击 增加报告 按钮，进入人身事故报告编辑页面，填写详细信息，保存后即可通过点击“发送”启动审批流程。

注意事项如下：

保存：保存后，关闭界面，记录信息将保存至草稿箱中，在草稿箱中可继续编辑该事故报告。

增加伤害人报告：如一起事故有多个伤害人，可通过点击“增加伤害人报告”实现伤害人信息的添加。

添加附件：必须先对事故信息进行报告，才可添加相关附件。

人身事故报告修改：对人身事故进行修改，如一起事故有多条事故报告，其基本信息只需修改其中一条记录，其他记录将一并修改。

事故报告填报后，需发送给相关领导进行审核，事故报告保存后，表单右上方会自动增加发送按钮。

单击发送按钮，系统弹出确定发送对话框，单击确定。系统弹出发送人员选择对话框，根据实际情况通过“选择角色”“选择接收人”确定接收人，单击“确定”实现事故报告发送。

接收人在待办任务中可查看到该记录，在待办任务列表中可批量审核，审核通过发送下一环节，如不通过则可直接退回。

通过点击事故简题进入详细界面。在详细界面，可对该事故进行修改、退回、发送、填写审核意见等操作。

注意事项：退回操作可在待办列表中实现，也可在详细界面中退回，退回时无需选择接接收人，系统默认退回给发送人。

2）审核发送。班组安全员：只可发送至上级领导；统计专工：发送接收人可以是安监领导或安监专工；安监专工：接收人可以是安监领导或其他部门专工；

安监领导：发送接收人只能是公司领导；公司领导：发送时，无需选择接收人，默认发送给统计专工。

事故报告发送过程中，如取消发送，则该事故将保存至“待办任务”，在待办任务中可继续进行发送操作，在待办中可批量发送。

发送成功后，在接收人未审核前，该记录可在“已办任务”中撤回，对撤回的事故报告记录保存在“待办任务”中。

3）事故报告上报。事故报告经过相关领导审批后，发送给班组安全员、统计专工在待办里可通过列表界面的批量发送，或在详细界面发送，实现发送给上级统计专工，实现事故报告的上报。

事故报告在本层面发布后，也可通过列表界面“上报”功能实现继续上报，也可批量。

注意事项：已上报至上级单位的事故报告，不允许修改（除中间报告）、删除上报。

4）事故报告发布。事故报告发布只有班组安全员、各层面统计专工有此权限，发布前提是该事故报告已经过相关领导审批（见图 6-1）。

首页 注销 您当前有一待办任务[5]项 草稿任务[11]项 已办任务 已结束任务 历史任务

欢迎 人身事故报告 待办任务

发送 批量发送 批量审核 退回 发布 查看历史流转 返回

标题： 查询

| | 全选 | 事故简题 | 事故类型 | 当前环节 | 当前处理人 | 发送环节 | 发送人 | 发送时间 | 当前状态 |
|---|---|---|---|---|---|---|---|---|---|
| 1 | ☑ | [illegible] | 信息事故 | 地市统计专工 | 统计专工 | 地市安监专工 | [illegible] | 2012-03-30 15:24:55.0 | 处理中 |
| 2 | ☐ | 统计测试000002222 | 人身事故 | 地市统计专工 | 统计专工 | 地市统计专工 | 统… | 2012-03-30 16:08:57.0 | 处理中 |
| 3 | ☐ | aaaaaaaaaaaaa! | 信息事故 | 地市统计专工 | 统计专工 | 地市统计专工 | 统… | 2012-03-30 16:09:05.0 | 处理中 |
| 4 | ☐ | dfgdfgdg | 信息事故 | 地市统计专工 | 统计专工 | 地市统计专工 | 统… | 2012-03-30 16:09:08.0 | 处理中 |
| 5 | ☐ | ceshi-2 | 信息事故 | 地市统计专工 | 统计专工 | 地市统计专工 | 统… | 2012-03-30 16:09:12.0 | 处理中 |

图 6-1 事故报告发布

也可单击事故简题，进入事故报告的详细页面，单击页面右上角的 发布 按钮，系统自动跳出发布成功对话框，发布后的事故报告在事故报告管理列表界面显示。

注意事项：事故报告未发布前，通过在待办发送给上级统计专工，则该事故报告将默认已发布。

5）事故高级查询。系统提供各种事故报告高级查询以及电网设备查询、综合高级查询，其操作相同。

通过 ☐ 选择本次查询结果中需要显示的字段，通过设置查询条件来来定义查询具体内容。设置完毕，便可单击 显示结果 按钮，显示查询信息结果。

模板定制，若某些查询项组合经常使用，则可点击“新增”按钮，在右侧查询条件列表，选择常用查询条件，然后点击保存，填写模板名称（见图 6-2）。

图 6-2 模板定制

定制模板成功，点击该模板，右侧查询条件将显示定制信息，如需建立新模板，可新增，也可通过修改原模板，通过另存为实现（见图 6-3）。

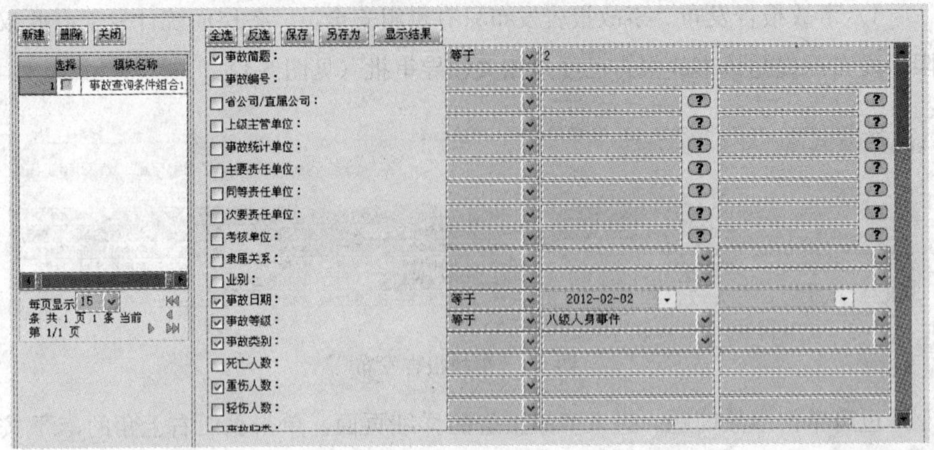


图 6-3　定制信息

6）事故报告其他相关操作。事故报告列表界面，单击“隐藏查询区”实现隐藏查询区功能；点击页面右上角按钮，实现隐藏不常用按钮功能。

冻结：在事故报告列表界面中，选中要冻结的记录，然后单击冻结按钮，系统弹出确认冻结的对话框，单击【确定】后，选中的记录即被冻结，冻结记录在统计报表时将不会被统计到。

说明：统计专工有冻结权限，可一次性冻结多条记录。冻结的记录将不参与报表统计。

已冻结解冻：单击已冻结按钮，查看已经被冻结记录，也可通过单击解冻对已冻结记录进行解冻。

导出简报：选择要导出简报的记录，在要导出简报的记录前打勾，然后单击导出简报按钮，系统弹出导出简报的对话框，根据提示进行打开、保存或取消操作，一次可多条导出。

打印预览：单击打印预览按钮，进入生产性人身事故报告的导出/打印界面。

**2. 安全工作报表**

（1）业务要求。根据各单位管理要求，能向上级上报事故报表，并能汇总下级单位上报的数据。根据总部安监部要求：月报，每月最后一天报送；季报，每月 5 日前报送；年报，每年 3 月底前报送。事故报告每月 10 日前报送；

（2）具体操作。

1）图表分析。登录系统，点击左侧导航栏中“安全工作报表→图表分析子模块”，页面右侧自动生成相关统计图。

2）即时汇报。

即时汇报新增：安全统计分析→即时汇报，进入即时快报列表界面，点击新增，进入编辑界面，点击保存，则该记录保存至草稿箱，如点击“保存并上报”，则该记录上报至上级单位安监部门。

即时汇报再次上报：如第二次上报即时汇报，则可通过在列表界面点击上报按钮，进入上一次填报界面，通过修改相关内容，进行第二次上报。针对同一起事故多次上报，该“上报”链接只存在于最后一次上报记录。

即时汇报审核：对下级上报即时汇报，上级单位所有安监部门人员将会收到该记录信息，待办提供审阅功能。

上级单位对下级上报即时汇报审核后，该记录将在即时汇报列表界面显示，如继续上报，则有两种方式：①可点击该记录对应“上报”链接，进入修改界面，保存则保存到草稿箱，“保存并上报”则上报至上级单位，如上报成功，列表界面新增一条记录；②直接选中下级上报数据，点击“修改”，进入修改界面，进行修改保存或上报，同样保存到草稿箱，“保存并上报”则上报至上级单位，如上报成功，列表界面新增一条记录。

3）即时汇报统计。上级单位可通过“统计”功能，实现对下级上报情况统计，点击单位名称可进入该单位历史上报数据详细界面。

4）月度快报。月度快报新增：点击“安全工作报表→月度快报”，进入月度快报列表界面。

增加：单击上图右上角 增加 按钮，弹出月度快报编辑界面，选择单位、时间点击“统计”，显示统计结果，其列表标题、各单元格数据、填报人、时间等信息都可手工修改，保存后在界面显示未上报。

附加事故信息：选择保存后的月度快报记录，单击 附加事故信息 按钮，进入附加事故信息列表界面。

引入：如事故已发布，则通过引入实现附表（二）信息的添加，点击 引入 按钮，显示事故报告列表，查询选择需要引入的事故报告之后，点击确定即可。

增加：如该事故报告未发布，则点击 增加 按钮，进入事故简报附表编辑界面，根据提示填写相应内容，填写后保存、返回。

汇总浏览：可对附表（二）信息进行预览，选中事故信息，单击 汇总预览 按钮，便可进入附加事故信息的汇总浏览页面。

月度快报上报：在月度快报列表界面，选中未上报记录，点击上报，系统弹出上报确认框，可设置默认接收人。

月度快报撤回：在月度快报列表界面，对已上报记录，如上级单位为汇总审核，则可撤回。

月度快报审核：

审阅：下级上报月度快报，上级单位在待办里看到该数据，在待办里，可进行审阅，审阅后待办消除，该记录可在下级数据里查看到。

退回：在待办任务、下级数据中，对下级上报数据可直接退回，退回后该记录在上级单位层面不在显示。

汇总：下级数据中，对下级上报数据可继续汇总（见图 6-4），汇总时可对下级数据进行修改，汇总后数据在列表界面可查看到，状态显示未上报，如需修改事故信息，则可在下级数据中，选择记录点击“事故信息”，则可进入事故信息调整界面。

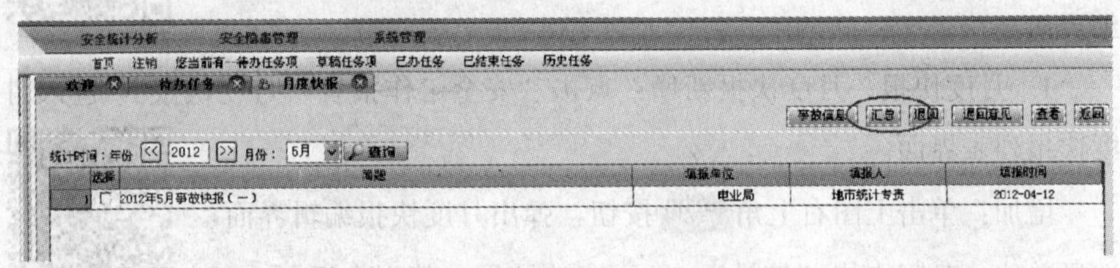


图 6-4　月度快报汇总

统计：在月度快报列表界面，单击 上报情况统计 按钮，弹出上报情况统计对话框（见图 6-5）。

上报情况统计 -- 网页对话框

2012年 查询

| | 填报单位 | 1月份 | 2月份 | 3月份 | 4月份 | 5月份 | 6月份 | 7月份 | 8月份 | 9月份 | 10月份 | 11月份 | 12月份 |
|---|---|---|---|---|---|---|---|---|---|---|---|---|---|
| 1 | 供电局 | | | | 已上报 | | | | | | | | |
| 2 | 供电分局 | | 已上报 | 已上报 | 已上报 | 已上报 | | | | | | | |
| 3 | 供电分局 | | | | | | | | | | | | |
| 4 | 供电分局 | | | | | | | | | | | | |
| 5 | 供电分局 | | | | | | | | | | | | |
| 6 | 供电分局 | | | | | | | | | | | | |
| 7 | 供电分局 | | | | | | | | | | | | |
| 8 | 工区 | | | | | | | | | | | | |

图 6-5 月度快报统计

5）季报报表。季报报表相关操作参见月度快报。

6）年报管理。年报报表相关操作参见月度快报。

**3. 事故统计分析**

（1）业务要求。结合产业单位类型和事故类型、事故等级，能够灵活地定制统计信息。统计信息包含 6 张月度统计表、17 张综合统计表、12 张常用图表分析、3 张人身图表、2 张设备图表和 2 张高级分析表，都将按照新的要求和信息格式进行统计分析。

（2）具体操作。

1）月年综合。点击事故统计分析→月年综合的 9-1 供电月（年）报表，进入供电月（年）综合表—列表界面。

增加：点击右上角**增加**按钮，弹出统计表编辑对话框，在页面左侧选择统计时间、事故等级以及选择条件。

统计：点击上图右上角**统计**按钮，统计出所限年月事故统计结果，并进行保存、导出。

2）综合分析表。综合分析表操作请参照 9-1 供电月（年）报表操作说明。

**4. 维护事故档案**

（1）业务要求。实现各单位管理人身、设备、电网、信息的事故和事件的详细信息。

（2）具体操作。登录系统，点击左侧导航栏“事故档案管理→事故调查报告”，可以看到事故调查报告的列表界面，点击新增，进入填报界面，选择事故类型，如该事故已发布事故报告，则可通过事故简题直接选择添加；如未发布事故报告，则手工录入，其他相关材料通过添加附件实现。

**5. 单位基础数据**

（1）业务要求。实现各单位的人员、设备、线路及发电、变电容量的维护。为统计分析提供数据支撑。使用单位的安监系统管理员应及时维护本单位基础信息。

（2）具体操作。登录系统，点击左侧导航栏“单位基础数据→单位基础数据维护”，可看到单位基础数据的列表界面。

1）增加。在上图中，单击 增加 按钮，进入单位基础数据的编辑界面。年份、职工人数、单位名称为必填项目。名称可通过单击名称后面的 ? 按钮，根据提示选择；在“电压等级”下面点击 增加 按钮，系统自动在电压等级中增加一空行，电压等级通过单击空白处，系统弹出下拉菜单，选择添加。点击 保存 按钮，新增数据自动保存到跳转明细页面。发电容量与电压等级操作相同。

2）复制。可通过复制上一年数据，通过修改生成本年数据。

**6. 安全天数管理**

（1）业务要求。实现省（区、市）公司及地市公司用于录入各单位或部门发生安全记录中断的事件，记录中断时间，再从各中断时间计算出各单位或部门动态安全天数。使用单位的安监系统管理员应及时维护本单位基础信息。

（2）具体操作。

1）安全天数中断记录。登录系统，单击页面左侧导航栏“安全天数管理→安全天数中断记录”，可看到安全天数中断记录的列表界面。单击 增加 按钮，进入安全天数中断记录编辑界面，填写相关信息保存即可。

2）安全天数统计。安全天数统计只有统计专工具有操作权限。进入系统，单击左侧导航栏“安全天数管理→安全天数统计”，系统自动弹出安全天数统计页面。拉动页面下方滚动条，可看到剩下报表内容。点击上图图右上角的 统计 按钮，系统自动统计出安全天数，显示在表格里。点击 导出 按钮，将统计结果导出。

注意事项：如单位未发生中断事故，则需要维护投产日期，作为计算安全天数的起始时间；安全天数统计时，本层面发布事故中，事故单位为下级但中断记录为中断且中断上级，则统计安全天数时，该中断将计算在内。

**7. 基础信息维护**

（1）业务要求。实现新的统计单位结构的维护，实现事故单位与组织机构信息的关联。使用单位的安监系统管理员应及时维护本单位基础信息。

（2）具体操作。

1）单位对应维护。能够灵活地定制单位的编码和单位的组织机构管理，实现事故单位统计与组织机构脱离。

组织结构维护可通过右键“增加下级”依次实现，新增界面。

举例说明，以北京市电力公司下添加通州供电公司为例说明。

通州供电公司对应其填报手册见表 6-1。

表 6-1

| 地市供电公司级单位 | 代码 | 县供电公司级单位 | 代码 |
|---|---|---|---|
| 北京市电力公司 | 01 | 北京市电力公司 | 01 |
| | | 通州供电公司 | 02 |

第一步，在右键点击“北京市电力公司”增加下级。

第二步：点击在“单位 ID”对应的按钮，在组织机构弹出框中选择“北京市电力公司”，自动生成北京前置编码“001112”，后 2 位需要手工录入 01，维护其他信息后，点击保存，系统生成编码为“00111201”地市级供电单位“北京电力公司”。

第三步：在编码为“00111201”北京市电力公司下，右键增加下级，选择单位通州供电公司，通州供电公司代码为“02”，则在单位代码中输入“02”，维护其他信息后保存，这样编码为“00111202”的通州供电公司便维护完成。

2）统计单位维护。统计单位维护是为报表统计和报表报送时提供单位选择，在“统计单位维护”上点右键，选择“下级单位”，将展示“单位对应维护”中的单位列表树，选择所需要常用的统计单。

举例：在市级“北京电力公司”选择下级。点击“确定”，将相关单位增加到北京电力公司下面，报表中将按照统计单位维护的单位和顺序进行显示（见图 6-6）。

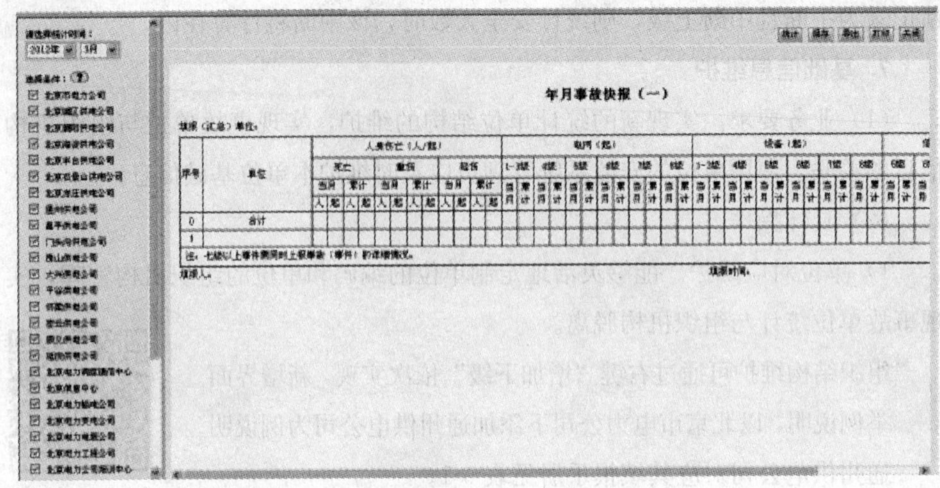


图 6-6　报表显示

## （二）安全隐患管理

根据国家电网有限公司事故隐患管理办法、事故隐患考核细则、事故隐患范例，调研总部、分部、网省、地市级、县级单位对生产、调度、基建、煤矿、农电、保卫等部门的隐患管理，结合公司的生产设备信息，统计单位隐患治理情况，实现供电、发电和产业直属单位的隐患全流程管理，并实现隐患的统计分析和报表报送。隐患流程管理如下：

（1）业务要求。实现供电企业（含农电）、发电企业的安全隐患管理，建立统一的安全隐患管理和统计分析模块，实现隐患排查治理信息统计制度化、规范化、常态化。

（2）具体操作。

1）档案管理。进入安全隐患管理模块，点击“隐患流程管理→档案管理”，在右侧展示出安全隐患列表。

2）一览表。进入安全隐患管理模块，点击“隐患流程管理→一览表”，弹出一览表页面，此功能能显示在隐患流程中流转的报表信息：

3）待办理。进入安全隐患管理模块，点击“隐患流程管理→待办理”，进入待办理页面。

4）已办理。进入安全隐患管理模块，点击“隐患流程管理→已办理”，进入待办理页面。

点击已办任务，进入已办明细页面。点击具体的隐患名目，进入该隐患的明细页面。

5）上级单位隐患。进入安全隐患管理模块，点击“隐患流程管理→上级单位隐患”，页面右侧展示出上级单位发布的隐患信息。

6）隐患统计分析。隐患统计分析包括：行业领域统计表、隐患单位统计表和隐患专业统计表。操作方式相同，以行业领域统计表为例，进行操作说明。

用户登录系统，进入安全隐患管理模块，点击左侧的“隐患统计分析→行业领域统计表”，进入行业领域统计表页面。

在最上方显示各选择框，根据统计要求选择条件，之后点击“统计”按钮，弹出统计结果。

点击页面右上角“导出”按钮，弹出对话框，选择导出表格类型，将统计结果导出。

7）工区操作说明。工区安全员在隐患流程管理中主要负责对班组提交的隐患档案表进行预评估。

工区领导打开待办，进入隐患列表信息界面，点击具体隐患简题，进入隐患详细信息页面。

保存：进入隐患详细信息页面后，可对已填写内容进行修改，修改后点击保存。

审核：保存后，点击“审核”按钮，弹出审核页面。

在审核页面中，默认选择同意，工区领导根据实际情况选择发送人，填写审核意见。若不同意隐患填写情况，可选择点击退回按钮，进入退回界面。退回环节可根据实际情况进行选择。

查看审核意见：点击“查看审核意见”，进入审核意见查询界面。

查看修改信息：点击“查看修改信息”，进入变更记录查询界面。

## （三）综合业务管理

### 1. 安全目标

（1）业务要求。结合最新的调查规程，实现不同层级单位安全目标的管理，特别是不同性质的县级单位安全目标的管理。

（2）具体操作。国家电网安全目标。网省安监专工具有新增、修改、发布、删除权限。工区、班组人员只有查看权限。

### 2. 组织机构

（1）业务要求。组织机构管理用来维护三级安全网、安全生产委员会、专家库中的各组织机构图、人员基本情况、所属关系等信息。工区、班组人员只有浏览权限。

（2）具体操作。

1）安全生产委员会。维护界面包含：增加、修改、删除、上移、下移、预览等功能按钮。显示列表字段有成员姓名、职务。

2）安全专家库和三级安全网。工区、班组人员只有浏览权限。

### 3. 法规制度

（1）业务要求。法规制度管理实现对国家政府部门等单位颁布的政策、法律法规以及总部、分部、省公司、地市公司发布的各项安全规程、制度等文件信息的管理。

（2）具体操作。地市、县级工区安全员可签约安监部转发的法规制度，班组人员只有浏览权限。

（3）安全动态。

1）业务要求。省公司系统是发布地市公司动态新闻，发布后的动态信息在系统的首页显示。

2）具体操作。工区、班组人员只有浏览权限。

3）要闻公告。是各层面的单位发布重要新闻和通告的功能模块，发布后的要闻公告信息在各自系统的首页显示。

各层面的数据本单位可见，上级发布要闻公告下级单位无法查看。首页面

显示要闻公告根据时间进行显示，显示的数量可以控制。公告发布后，只允许发布人和系统管理员进行修改删除。工区、班组人员只有浏览权限。

4）经验交流。经验交流是作为国家电网有限公司、省公司、地市公司和县级单位发布本级单位安全生产管理经验交流材料的专栏，供各单位学习借鉴。经验交流包括：综合类、技术类、管理类。上级单位发布的经验交流内容，下级单位可查看。

5）专项活动。专项活动是作为总部、各分部/省公司、地市公司和县级单位发布本级单位安全生产管理专项活动材料的专栏，供各单位学习借鉴。

专项活动材料类别分为：活动方案、活动简报、活动动态、相关内容。

专项活动类别分为："两抓一建"安全风险管控、反事故斗争、百问百查、隐患排查治理、反违章活动、"三个不发生"专栏。

上级单位发布后的专项活动内容，下级单位可查看（并在首页中显示）；下级单位发布的专项活动，上级是不能进行查看的，需要通过透视方能查看。

用户界面初始界面工区、班组人员只有浏览权限。

6）通讯录。通讯录管理用来维护省级企业安全监察系统成员地址、电话等基本信息。通讯录中不仅展示本单位的，还展示下级单位的通讯录。

7）投稿箱。投稿箱主要用于下级单位主动向直接上级单位投递材料。新增的稿件可以"发布""上报"或"发布并上报"。

若是"发布"，不仅在投稿箱保存此条数据，也会在选择的相应类别中显示出此条数据。

若是"上报"，则上级单位安监部所有人员都会收到此条稿件的待办，并可对此条数据进行审核、编辑。当安监部中的任意一人打开待办并将数据删除时，其他人的待办同时被删除；下级将稿件上报后，数据不能删除、修改，在上级没有查看前可以撤回，上级查看后上级可以退回。上级可以对稿件进行编辑，然后继续选择“发布”“上报”或“发布并上报”。在“发布”“发布并上报”时，如果该稿件的类别是“专项活动”“经验交流”“安全动态”，则下级在对应的模块中也会收到此条发布的信息；如果发布的是“要闻公告”，则下级单位不会在对应的“要闻公告”模块收到此条信息。

若是“发布并上报”，是本层面发布此条稿件，同时上级单位安监部所有人员会在代办中收到此稿件。

8）综合查询。法规制度、文件通知、每周例会、通报快报、月报简报、事故警示、投稿箱、工作动态、经验交流、专项活动、要闻公告等模块可根据查询条件中的关键字实现对所有字段（如标题、文件号等）的查询，实现查询结果在同一页面显示。数据范围为本层面能看到的数据。

说明：在各模块中，对标题查询时，实现与业务类别、标题、文件编号等信息项的模糊查询。

增加“搜索内容”查询，实现业务类别、标题、发布单位、发布人、时间等信息项的模糊跨模块查询以及发布时间的起始进查询过滤。

列表展示的信息默认为1个月内的数据。

## （四）安全监督管控

### 1. 监督检查

（1）业务要求。实现上级各类督察检查任务的布置、分配、下发的管理，下级单位根据上级单位的检查任务，逐级分解并开展安全检查工作，同时，使上级单位能够了解到下级单位的工作动态，发现的安全隐患，采取的整改措施，在线跟踪监督下级单位各类安全整改情况等，并可以进行查询统计检查发现的问题。

（2）具体操作。

1）新增问题。点击专项检查主题，进入新增主题界面。该菜单中具有增加、修改、删除、等功能。省安监专工可以点击“增加”按钮，新增主题信息。

2）待处理。省公司层面不使用该功能。

3）已上报/已处理。省公司层面不使用该功能。

4）待治理。省公司层面不使用该功能。

5）整改问题查询。点击整改问题查询，进入整改问题查询界面。

安监专工将工区报上来的数据发布后，会在整改计划查询中显示。

初始界面显示列表字段有“年度”“检查类别”“存在问题”“整改措施”“问题类别”“问题等级”“责任部门”“责任人”“完成情况”“计划完成时间”。

整改计划查询列表中省、国网层面增加列“单位名称”，即整改问题所属单位名称，列表查询条件增加单位名称、完成情况（所有、未完成、已完成）进行条件过滤；

6）整改问题统计。点击整改问题统计，进入整改问题统计界面。

问题发布后，各层面安监专工可在“整改问题统计”菜单进行统计查询操作。各层面的统计数据均来自本层面“已上报/已处理”菜单里的数据，统计方式是：按照上报部门分层面来做统计的（省公司统计的是各地市公司，地市公司统计的是各县公司、安监部、工区、班组，县公司统计的是安监部、工区、班组）。其中列表显示字段有“单位/部门”“计划数目”“按时完成数目”“按时率”“总共完成数目”“完成率”。

**2. 生产安全**

（1）安措管理。

1）业务要求。实现分部/省公司、地市公司、县公司安措主题布置，地市公司工区根据安措主题进行安措计划上报、工区或地市安监部逐级汇总，形成安措项目计划表，工区完成情况的填写，地市或分部/省公司对完成情况的监督以及安措项目查询统计的全过程管理。

2）具体操作。

计划主题：点击计划主题，进入界面，实现分部/省公司安监部、地市公司安监部、县公司安监部发布安措计划主题增加功能。

在新增的计划主题界面包括以下字段：计划主题、实施单位、实施年度、编制人、编制时间、简要说明；其中计划主题、实施单位、实施年度、编制人、编制时间为必填字段。

新增项目：点击新增项目进入界面。新增项目是实现工区对安措计划项目的上报，工区或安监部审核汇总形成安措项目计划表的过程管理。新增项目包

括新增、修改、删除、查看、发布，上报、导入功能。其中项目主题项中选择的是计划主题中上级发布的主题

待处理：点击待处理、进入界面。“待处理”菜单中存放的是本层面未发布的数据和下级单位上报的待审核数据。在待处理界面的数据可以进行修改、删除、退回、发布、上报、撤回功能。

删除：删除操作是只针对自己本层面的数据，不能删除下级单位上报的数据。

退回：可将下级上报的数据进行退回。退回的数据自动保存在下级单位的“待处理”中。

发布：确认无误的信息，可直接发布。发布后，数据保存到“已上报/已处理”菜单中。安监专工具有发布权限。

上报：确认无误的信息，可直接上报。上报的数据直接进入上一级人员的“待处理”菜单中。

“待处理”列表中的数据状态有“待审核”“新增”“上级退回”三种状态：①“待审核”是下级上报数据的状态；②“新增”是自己本层面保存后的数据状态，数据上报给上级单位，在上级还未打开此条数据时，可进行撤回，在列表中，此条数据显示的状态为上报前的状态；③“上级退回”是上级单位将下级上报的数据退回后的状态。

已发布/已上报：点击已发布/已上报进入界面。“已发布/已上报”菜单中存放的是本层面发布和上报给上级单位的数据，发布后的数据是不能上报给上级单位。“已发布/已上报”界面具有查询、撤回、变更功能：①撤回：撤回后的数据将由“已发布/已上报”中转移至“待处理”菜单中进行编辑重新上报；②变更：计划变更功能是针对所有已经发布的数据进行调整的（其中已上报、已整改的数据是不能进行变更的），具有该权限的人员为工区安全员、县安监专工、地市安监专工。在此过程中可针对表单内容做调整，如果责任人发生变更那么会将原来收到待办人员消除待办（但存储过的信息保留），而给新指定的人员发待办信息。对于多个责任人只部分完成的情况变更时，以变更后的责任人为主，若所有责任人均已完成，则项目完成。

“已发布/已上报”列表中的数据状态只有“已发布”和“已上报”两种，

在“已发布/已上报”菜单中可以将已上报的数据进行撤回（前提是上级没有打开过待办方可进行撤回操作）。

填写完成情况：点击填写完成情况进入界面。在计划发布后，在制定计划时指定的责任人，在“填写完成情况”菜单中接收到此条整改任务。在完成情况菜单中有填写完成情况功能。

填写完成情况内容包括：完成情况、完成情况说明、存在问题。其中，完成情况、完成情况说明为必填字段。完成情况包括：未完成、已完成。在选择“已完成”时，需要填写实际完成时间且这个字段为必填字段。

项目名称、项目内容、立项的依据和理由、项目类型、专业类别、责任单位、责任部门、责任人、计划开始时间、计划完成时间都是自动获取安措计划中的数据。

项目查询：点击项目查询进入界面。项目查询可实现对已发布的安措项目计划查询功能，可按照主题、项目名称、负责人、负责部门、计划完成时间等条件进行查询。状态为已完成和未完成。

安措统计：点击安措统计，进入安措统计界面，包括：项目统计、上报情况统计。

（2）安全工具。

1）业务要求。完成对地市、县公司各类安全工器具的台账、周期检查试验的管理，建立安全工器具台账信息和安全工器具试验记录。

2）具体操作。①试验项目维护：点击试验项目维护进入界面，可进行试验项目的维护，主要包括：试验项目名称、试验说明，其中，试验项目名称为必填项；②工器具种类维护：点击工器具种类维护进入界面，具有“增加”“修改”“查看”“删除”功能，在初始界面列表中显示的字段有“工器具名称”“单位（个、双）”“试验周期（月）”“是否存在电压等级”“是否存在截面面积”，点击增加，进入增加页面，维护字段包括：工器具名称、单位（个、双）、试验周期（月）、是否存在电压等级、是否存在截面积、试验项目编码、备注、工器具名称、单位（个、双）、试验周期（月）、是否存在电压等级、是否存在截面积为必填字段，试验项目编码包括：静负荷试验（N）、起动电压（kV）、持续时间（min）、工频耐压（kV）、连接导线绝缘试验（kV）、泄漏电流试验（mA）、动作电压试验（kV）、静拉力试验（N）、载荷时间（min）、冲击性能试验、耐穿刺性能试验、外观检查、实验湿度（%）、直流电阻试验（mΩ）

增加试验项目：可同时给一个工器具增加一个或几个实验项目编码。

删除试验项目：可删除已经增加的试验项目信息。

工器具管理：点击增加，进入增加页面，“工器具名称”取自总部、省公司维护的“工器具种类”，添加方式选择“多条记录”时，多出“添加数量”“起始编码”字段且都为必填字段，起始编码由序列号和顺序号组成，序列号可由字母和数字组成，顺序号必须为数字。点击添加后，自动进入工器具维护列表，包括：生产厂家、规格型号、使用单位/部门、使用部门/班组、保管人、购置日期、试验周期（月）、上次试验日期、下次实验日期。其中，编号、使用单位/部门、使用部门/班组为必填字段。

点击试验，进入试验信息界面，增加试验信息：包括：试验结论、试验人、审核人、试验时间、下次试验日期、试验情况；其中，试验结论、试验人、审核人、试验时间为必填字段。试验结论包括：合格、抽样合格、不合格。

下次试验时间根据本次试验时间和之前维护的试验周期自动计算出来。点击自检，进入自检页面：

点击添加自检信息，包括：试验结论、检查人、审核人、检查时间、试验情况，其中，试验结论、检查人、审核人、检查时间为必填字段，试验结论包括：合格、抽样合格、不合格。

保存后，自动将信息保存在页面下方列表中，保存后可修改、删除，也可继续增加自检记录。

点击过期未检验：将过期未检验的工器具抽取出来，进行查看、报废、试验、自检等操作。

点击已报废：展示已经报废的工器具信息，在此可对已报废的工器具进行撤销报废、查看、删除操作。

点击报废：将选中的工器具进行报废。报废后该工器具的信息将不在工器具管理界面展示，可在已报废列表中查看到。

点击批量导入：批量导入工器具相关信息。导入模板中的字段包括序号、工器具名称、编号、生产厂家、规格型号、使用单位/部门、使用部门/班组、保管人、购置日期、上次试验日期、下次试验日期。其中，工器具名称、编号、使用单位/部门、使用部门/班组为必填字段。

点击转移：转移就是指将对某个单位、部门、班组下的工器具进行统一的转移。地市、县级的安监专工、工区安全员可对工器具信息进行转移。

工器具统计：根据组织机构查询各班组安全工器具配置情况，并按照工器具类型统计全单位的工器具配置数量。可统计出用户指定时间段内到期的安全工器具信息，并能将查询结果按照单位、部门、班组的顺序排列组织，查询结果可导出到 Excel 文件。

提供各省公司安全工器具的台账查询功能，可按器具所属单位部门、器具类别等关键字段进行查询。

提供各省公司安全工器具的统计功能，统计出各省公司的安全工器具分布情况，以及超期未检测的器具情况，并以图表方式显示。

（3）在建工程动态。

1）业务要求。实现在建工程施工动态维护的管理，实现信息上报，使上级单位能定期了解下级单位的在建工程安全施工动态。

2）具体操作。点击新增进入页面，在一个季度下，增加工程信息、修改工程信息、删除工程信息、导入功能，一个季度可增加多条工程信息。

增加工程维护的信息包括：工程名称、建设单位、工程地点、工程规模、合同工期、项目经理、联系方式、监理单位、分包单位、安监负责人、承包范围、当前主要形象进度、本季度安全施工主要危险因素及防范措施。其中，工程名称为必填字段。

保存：此条数据保存在在建工程动态的初始列表中，状态显示为“未上报”。

保存并上报：此条数据保存在在建工程动态列表中，状态显示为“已上报”。同时，上级单位接收到一条待办。

修改：已经上报的记录不可修改，未上报的也只允许对本人有权限进行修改。

上报：每个单位每一期只能上报一条数据。上报时，可选择上报单位、部门、人员。上报时，只可上报给一个人。

删除：已上报的记录不可删除，未上报的也只允许对本人有权限进行删除。

下级数据：对下级数据具有汇总、查看、退回的功能。汇总：上级可汇总直属下级单位上报的工程情况，一次可汇总多条数据，但只能汇总年份、季度相同的数据，上级单位可对汇总后的数据进行增、删、改、查，也可以使用模板导入新的工程情况，确定后的数据可进行保存上报；退回：可退回下级上报的数据；修改：可对下级数据进行修改。

（4）作业现场计划。

1）业务要求。基层单位的现场作业都必须有明确的工作计划，并提前上报审批。各级安监管理人员需要掌握本单位作业计划以及“到岗到位”计划安排，以便于安排相关人员进行监督和稽查。

2）具体操作。使用对象为省安监专工、地市安监专工、车间工区安全员、县级安监专工、县级车间工区安全员。

① 增加：点击增加，如图 6-7 所示，安监专工可增加现场工作计划，字段包括：工作任务、工作地点、电压等级、作业性质、计划开始时间、计划结束时间、工作单位、工作班组、作业类型、计划到岗人员、是否完成、工作内容、工作要求、需要停电范围、保留的带电部位、作业现场条件环境及其他危险点、应采取的安全措施、实际到岗到位人员，前十二项为必填字段，计划到岗人员、需要到岗到位人员可选择多个人员，作业性质、作业类型做成数据字典，可随时维护，作业性质有计划、临时、紧急，作业类型有检修作业、倒闸操作、工程施工、事故现场。

② 修改：只允许对本人有权限进行修改。

③ 删除：只允许对本人有权限进行删除。

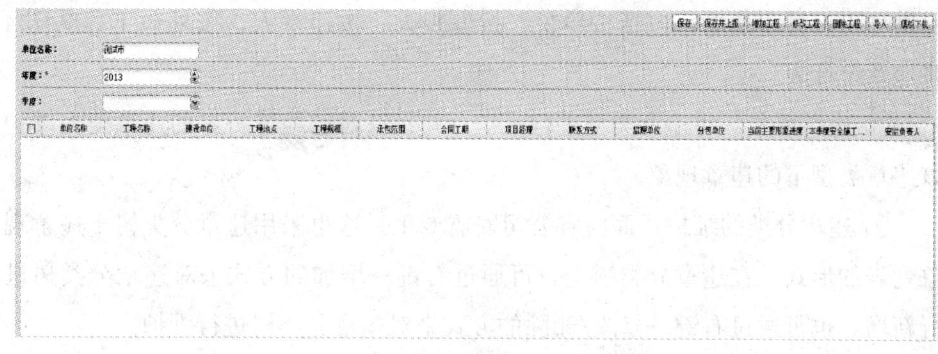


图 6-7 增加页面

（5）反违章管理。

1）业务要求。实现反违章的网络化填报、审批的流程控制，实现月度统计报表的上报、汇总。

2）具体操作如下：

① 违章记录管理。

增加：点击增加进入页面，违章记录表单里的字段包括：违章单位、违章情况及原因、违章分类、违章性质、违章人、违章部门、发现违章人员、查处日期、违章处罚（元）、防范措施、教育情况、备注。其中前八项为必填字段。违章类型包括行为违章、装置违章、管理违章；违章性质包括一般、严重。

保存：此条反违章记录自动保存在草稿箱中。

修改：只允许对本人有权限进行修改。

删除：只允许对本人有权限进行删除。

上报：选择接收人，该数据直接发送到指定人的代办中。指定人员可在代办中进行退回、审核、上报。

退回：对于下级上报的不合格数据，可在代办中进行退回。

发布：地市安监专工将合格的数据进行发布，发布后数据直接进入违章列表中。

② 违章统计：各级单位安监专工可对系统中存在的反违章记录进行统计，并以饼状图、柱状图的形式直观地表现数据。系统提供按时间、单位统计，并

提供导出、打印功能，包括按单位、按发现人、按违章人、按外包工程队伍4张违章统计表。

③ 违章现象：对违章类型进行维护，并且针对已经维护好的违章类型维护该违章类型下的违章现象。

④ 违章分类的维护：面向省公司安监专工。这里采用违章分类树＋违章现象列表的形式，在违章分类树上，可通过右键→增加的方式来对违章分类树进行新增，也可通过右键→修改/删除的方式来对违章分类树进行维护。

⑤ 违章现象的维护：面向省、地市安监专工。违章分类树上选中违章类型，右边列表应列出本类型下所有的违章现象，右侧列表中应提供增加，修改，删除按钮，以便对违章现象进行维护。

点击增加按钮，在弹出的新增页面上填写违章现象的描述，确定后即在当前选中违章分类下增加一条违章想象。可通过修改和删除按钮对已增加的违章现象进行维护。

（6）到岗到位管理。

1）业务要求。按照总部的规定，各级管理人员在每月必须深入现场不低于规定的次数，按照现场工作类型及重要级别不同，安排相应的各级部门管理人员到现场监督指导，对于没有按照要求到场的管理和监督人员，要以违章处理。

2）具体操作。到岗到位情况：到岗到位人员回来后应填报到岗情况。使用对象为：省公司安监专工、地市公司安监专工、车间工区安全员、县公司安监专工、县级车间工区安全员。到岗到位情况中包括的功能有：增加、修改、查看、删除、标记问题已整改、查询。

增加：各级车间安全员、安监专工可增加到岗到位情况。对于一个工作计划，可多位人员到岗检查，每一位到岗人员单独填写一张到岗到位表单，即一条工作计划下可多张到岗到位表单。增加页面主要包含以下信息项：①工作计划：引入“作业现场计划”中的工作计划，在引入工作计划的同时，将该工作计划下的“工作地点、工作内容、计划开始时间、计划结束时间”自动引入，计划开始时间对应字段为到岗时间、计划结束时间为离岗时间，所有自动引入的字段可手动修改；②职务：点击下拉箭头进行设置；③检查内容：可插入文本、图片等；④是否发现问题：是否在现场发现问题，通过下拉框选择。若选择“是”，则显示出“问题整改状态”字段，来确定是未整改还是已整改；⑤发现问题及建议：若是发现问题，则将发现问题填写；⑥现场运行人员确认：可手动输入，也可点击 ? 选择；⑦填写人：默认为当前登录人，可点击问号选择；⑧填写时间：系统自动填写，不可更改。

查询：省安监专工可在列表页面浏览查看并维护本公司以及各地市公司的到岗情况记录。地市、县公司安监专工可在列表页面浏览查看并维护本公司的到岗情况记录系统提供记录查询功能，可根据现场工作标题、状态进行查询。

查看：在列表中选择一条记录后，点击“查看”按钮或在列表中点击“现场工作”超链接可进入查看页面。查看页面显示该记录的详细信息。

修改：在列表页面可对记录进行修改，修改页面操作方法与增加页面相同。

删除：在列表页面选择一条或多条记录进行删除。删除后数据无法恢复，请慎重操作。

3）统计分析。此功能用于统计某个月份内各个职务人员的到岗情况以及发现问题、解决问题情况。点击“到岗到位月度统计”菜单，打开统计页面，在左侧选择年度、月份、单位（地市不能选择单位）后点击“统计”即可。省公司可统计各个地市单位的到岗情况，地市只能统计本地市的到岗情况。

应到（人/次）数据取自职务维护中维护好的应到次数合计，实到取本模块到岗人员数。发现问题个数，根据到岗到位表单中“是否发现问题”字段判断。解决问题个数根据到岗到位列表中“问题整改状态”判断。

4）职务维护。维护本单位职务分类，确定每月应到岗次数、每个级别单位人数，并自动计算出每个岗位应到次数。

各级安监专工维护本单位到岗到位基础数据，同时也可维护其下级单位的基础数据。各级部门/车间安全员只能维护本部门/车间数据。

## （五）班组安全建设

（1）业务要求。供地市单位有关部门记录电力生产特种作业人员的基本信息以及相关学习和培训信息。

（2）具体操作。省公司层面只有查看权，地市、县级层面有查看、新增、修改、删除、查看取证告警权限，维护本班组的特殊工种信息。通过部门/班组、从事工种、登记时间等条件，查询所需要的特殊工种信息。

1）增加。点击“增加”进入特殊工种的编辑界面，填写相应的信息，填写完毕，保存所写内容。如放弃本次操作，点击“返回”则可。

2）修改。在图中，在要修改的记录前打勾，然后点击“修改”按钮，进入特殊工种的编辑界面，修改内容后，单击“保存”即可。

3）查看。在记录前打勾，然后单击“查看”按钮，显示所查看数据的详细内容，也可在页面中点击蓝色字体部分，直接打开查看。

4）删除。在要删除的记录前打勾，点击“删除”按钮，数据被删除。

5）取证告警。点击“取证告警”，系统显示获得有效证件的人和证件的有效时间。

（3）安全日活动。

1）业务要求。记录地市公司班组开展班组安全学习活动会议情况的栏目。

2）具体操作。地市公司和车间、工区的安全管理人员可以按月、周时间段为所属班组布置学习活动任务，并检查各班组的安全日活动是否按照要求开展，分为活动内容和活动记录。

查看：选择要查看的记录，在要修改的记录前打勾，然后单击“查看”按钮，显示所查看数据的详细内容。

删除：选择要删除的记录，在要删除的记录前打勾，点击“删除”按钮，数据会被删除。

## （六）常见问题解答

### 1. 系统登录

（1）登录系统时，系统提示“此账号不存在”或“密码错误，请重新输入”怎么办？

答：如提示“此账号不存在”，首先检查首页显示单位名称是否为本单位名称，如果没错，请联系管理员，是否没给您创建用户，或给您的用户名有误；如果密码忘记了，也请联系管理员，让管理员给您重新设置密码。

(2) 在操作过程中，系统跳转到登录界面，为什么？

答：建立用户时，系统默认最大会话数为 1，在同一时间内只允许同一个用户登录系统，如此时您的账号在别处登录系统，这边就会自动退到登录界面，建议您重新修改密码。

(3) 登录系统时，首页中的图片出不来怎么办？

答：首页中的图片出不来，可能是由于浏览器的 flash 控件版本太低，建议您更新 flash 控件。

(4) 系统登录后，一段时间不操作（比如离开办公室一段时间），发现需要重新登录才能进行正常操作，为什么？不操作的时间为多少时间？

答：为了提高安全性，系统会在您离开大概半个小时后跳转到登录的界面。

**2. 系统首页**

首页安全天数数据来源于哪里？天数如何计算？

答：首页安全天数数据来源于安全统计分析中的安全天数中断记录，计算方式采取中断日期当日凌晨开始，到第二天 24 时结束算作一天。

**3. 综合业务管理**

(1) 新增文件通知等，保存后，应该到哪去找？

答：新增文件通知后，保存在“草稿任务”中打开，进行编辑、发布等。

(2) 在“待办任务”里，签阅了“文件通知”等，保存后关闭，为什么就找不到了？

答：如果签阅了“文件通知”，保存后没有进行转发，系统则会默认您不需要再处理此条文件了，所以就自动隐藏了，进入任务中心的结束任务可查看到该文件通知。建议保存后，再点击转发，指定下级签阅单位或签阅人后可进行发布，即转发给下级，此时在您的列表界面就可看到这条文件了。

(3) 签阅了“文件通知”等，保存后，“转发”按钮是灰色的，不能进行转发，为什么？

答：该条“文件通知”已经被同部门的其他人签阅转发了，只需您签阅就行。

（4）在新增的文件通知等，点击“指定签阅单位”后的 ? 后，弹出一个空白页，选择不了单位，怎么办？

答：检查您的 IE 浏览器拦截了弹出窗口，单击 IE 拦截的弹出窗口，改为“总是允许弹出来自该网站的窗口”。

（5）文件通知、通报快报、月报简报等模块中的“签阅单位统计”“签阅人统计”“签阅人次统计”有什么区别？

答：“签阅单位统计”：主要统计文件下发后指定签阅单位的签阅情况。

“签阅人统计”：主要统计文件下发后指定签阅人的签阅情况。

“签阅人次统计”：主要统计文件下发后各单位签阅的人数。

（6）料上报模块中“任务上报”和“任务下发”有什么区别？

答：“任务上报”：主要存储上级下发的任务，也可针对上级下发的任务查看本层面上报的材料。

“任务下发”：主要存储本级下发给下级的任务，也可针对本级下发的任务查看下级上报的材料。

（7）对于总部下发文件，网省公司安监部新增人员无法接收到待办，为什么？

答：对于网省安监部新增用户，如未同步组织机构，则在总部组织机构中将不存在该人员信息，该用户也将不会接收到总部下发文件；同步组织结构操作为，新增用户后，用系统管理员或统计专工登录系统，在系统管理手工数据同步中，选择组织机构，点击“发送”。

（8）网省下发文件，地市公司安监部所有人员未接收到待办，为什么？

答：首先明确该网省单位在下发该文件时，是否指定该单位为签阅单位；其次，在系统管理“管理人力资源”中点击“安监部”，查看其类型是否为“安监部”，如为“普通部门”或其他，则需要用系统管理员登录系统修改为“安监部”。

**4. 安全统计分析**

（1）怎样进行事故报告管理中的列表排序？

答：单击所要排序的列，例如“日期”，点击即可进行该页面按日期排列。注意，如果事故报告卡片有多张，分几页显示，则只对当前页的事故报告进行排序。

（2）事故报告卡片填写时，增加附图后，为什么看不见？

答：增加附图后，一定要记得先保存，才可看得到附图，打印报告时只打印第一张图片。特别提示：系统中所有有“保存”按钮的，都要先保存。

（3）保存填写完成后的事故报告卡片，点击发送按钮，在未发送成功前关闭此页面取消发送，则该张事故报告卡片应到哪里去查找？

答：点击“发送”则表明流程已经发起，此时取消发送，该事故卡片将转到了“待办任务”中。

（4）如果想审批事故报告，应到哪里审批？

答：“待办任务”有一条事故报告的待办任务，打开，点击“填写审核意见”，可进行审核意见的填写，保存即可。特别说明：对于安监部主任和公司领导填写的意见，系统自动提取填写审核意见和审核人签名提取到报告中。

（5）“发送”“退回”“撤回”有什么区别？

答：“发送”由统计专工“发送”事故报告给各个部门的专工和领导进行审批，如果没问题，审批完后再“送回”统计专工。“退回”是审批过程中发现填的事故报告有问题或是填写的监督意见有问题，则可直接“退回”给填写者或已审批过的审核者，此时被退回报告的人的“待办任务”里有一条待办任务，即要进行重新办理。“撤回”是已经填写完了报告且发送给了下一个人，但是那个人还没来得及办理，此时如果发现有错，可到“已办任务”中找到该条任务，打开可“撤回”，之后可到“待办任务”中继续办理该报告。注意，别人已经办理了且发送到下一环节的事故报告，无法撤回。

**5. 安全监督管控**

（1）新增常规督查、专项监督的问题上报时，“检查类别”在列表中没有，怎么办？

答：请联系管理员，由管理员统一维护。

（2）安全工器具管理，填写“试验信息”时，为什么“试验情况”不能填写？

答：试验信息是由总部或网（省）公司进行试验项目维护，如果没有对该工器具进行试验项目维护，则填写“试验信息时”，试验情况栏为空。

**6. 班组安全建设**

（1）地市公司中管理班组建设的工会人员看不到本单位的安全日活动内容和活动记录怎么办？

答：如果需要查看本单位的所有安全日活动内容和记录，请联系管理员，给您增加“本单位安全日活动”角色权限。

（2）安全日活动记录，对上传附件大小有什么要求？

答：附件大小不得超过 10M，如超过 10M，则可分多个附件分别上传。同系统其他模块附件长传。

**7. 系统管理**

（1）怎样增加新用户和赋权限？

答：在系统维护中，用管理员的身份进入系统管理中，首先在“组织机构”中的“管理人力资源”里在相应的部门增加人员信息；接着到“权限管理”中，右键点击“用户”添加相应的用户名和密码，然后在同一界面“角色”里赋予相应权限。

（2）添加用户时，系统提示“违反唯一约束”条件，为什么？

答：说明该用户名系统中已经存在了，请您重新换一个用户名，例如“wang jun”已存在了，再添加一个新的“wang jun”用户时，可写为“wang jun1”。

（3）专项活动类别如何增加？

答：用系统管理员登录后，在“基础信息维护”模块，点击“业务模块分类”，点击“投稿箱”可看到“专项活动”，在专项活动栏可对类别进行操作。如果要把原来的类别废弃，例如要把“反事故斗争”这个类别废弃掉，则点击该类别的节点，可看到该类别的详细信息页面，点击修改，在“是否可用”栏改为“否”即可。如果要增加新的类别，则点击“专项活动”节点选中，点击鼠标右键，选择“增加下级”，则页面右边显示需要填入的详细信息，则“类型名称”行填入所要增加的类别名称，“是否可用”行选择“是”，“扩展字段（是否叶子)”填入“1”即可（其中“1”代表此节点为最低节点，不能再在此节点下增加其他类型，“0”代表此还可在此节点下增加其他类型）。

（4）常用签阅意见如何维护？

答：用系统管理员登录后，点击“维护签阅意见”，进行“新增”，把日常用的签阅意见增加后保存后，在签阅时即可看到此签阅意见。

（5）系统管理员登录系统，进行添加用户，在选择中文名称时，无人员信息可选，怎么办？

答：系统管理员登录系统，对系统管理员账号角色进行修改，添加“基本角色”，添加成功后，重新注销登录系统即可。

## 第二节　PMS2.0 系统应用

### 一、正确配置您的计算机

#### （一）终端计算机的硬件配置要求（见表 6-2）

表 6-2　硬件配置要求

| CPU | 2.0GHz 及以上 | 内存 | 1G 及以上 |
| --- | --- | --- | --- |
| 硬盘 | 10G 以上 | | |

#### （二）终端计算机的软件配置要求（见表 6-3）

表 6-3　软件配置要求

| 操作系统 | Windows 2003 Professional 或 Windows 7 Professional |
| --- | --- |
| 浏览器 | IE8.0 及以上 |

#### （三）浏览器配置

（1）将设备（资产）运维精益管理系统添加成授信站点。

1）打开 IE 浏览器，点击设置按钮，在弹出的下拉菜单中选择“Internet 选项”，打开 Internet 选项窗口。

2）打开“安全”分页标签，选中“受信任的站点”，然后点击“站点”打开受信任的站点添加窗口，添加设备（资产）运维精益管理系统网址链接，如http://192.168.1.8。输入网址后点击“添加”按钮。将网址移至下方网站显示区。注：在受信任的站点窗口下方的“对该区域中的所有站点要求服务器验收（https:）(S)”不要勾选。

3）完成受信任的站点添加后点击“关闭”按钮，返回Internet选项卡，再点击“确定”返回IE浏览器，完成受信任站点添加设置。

（2）安装控件。

1）已经在IE浏览器中将设备（资产）运维精益管理系统站点设置为受信任站点的情况下，打开“两票”应用相关应用时仍会提示安装ActiveX控件，需要再次配置浏览器安装控件。

2）再次打开Internet选项窗口→安全自定义级别→安全设置→Internet区域→ActiveX控件和插件，将此类型下的所有分类细项全部点选为“启用”或“提示”模式，然后点击“确定”退出窗口。如点选为“提示”模式，在进入工作票和操作票菜单时浏览器会弹出提示，选择启用或加载，允许ActiveX控件自动安装。

（3）网站数据设置。

再次打开Internet选项窗口，点击“设置”按钮，在弹出的“网站内数据设置”页面，选择“每次访问网页时（E）”选项，操作完成后，点击“确定”按钮。

## （四）安装设备（资产）运维精益管理系统CS客户端

### 1. 客户端说明

设备（资产）运维精益管理系统采用B/S与C/S两种结构方式，通过浏览器或客户端均可登录系统。

B/S（Brower/Server）：客户机上只要安装一个浏览器（Brower）即可访问服务器（Server）。

C/S（Client/Server），客户机上需要安装专用的客户端软件（Client）来访问服务器（Server）。

**2. 客户端安装方法**

1）采用正式渠道获取“设备（资产）运维精益管理系统 CS 客户端”。

2）双击客户端安装包，在弹出的提示窗口点击“是”，点击“下一步”继续安装操作。

3）选择选项“我同意该许可协议的条款”，点击“下一步”继续安装操作。

4）输入用户名称和公司名称，点击“下一步”按钮继续安装。

5）选择安装路径，点击“更改”按钮，重新选择安装路径，然后点击“下一步”按钮。

6）定义快捷方式文件夹命名，安装默认为“设备（资产）运维精益管理系统”，可自定义命名重新编辑，选择安装程序快捷方式的访问权限，只对当前用户安装快捷方式/使快捷方式对所有用户都可用，安装默认只对当前用户安装快捷方式。

7）信息汇总，确认所有安装信息正确后点击“下一步”。

8）程序安装界面系统自动安装，在此期间可点击“取消”按钮取消本次安装操作。

9）安装结束后，窗口提示安装成功，点击“完成”退出安装程序。同时在桌面上会显示设备（资产）运维精益管理系统客户端快捷方式。

10）进入客户端安装目录，找到“SGGM. Framework. Base. Sample. exe. config”文件。

11）用记事本打开“SGGM. Framework. Base. Sample. exe. config”文件，然后把图中标注的 IP 地址和端口修改为系统实际访问地址和端口。

## （五）登录系统

**1. B/S 方式登录系统**

成功登录系统后会显示系统首页如图 6-8 所示。

1）您看到的首页可能与上图不同，这取决于您在设备（资产）运维精益管理系统中所拥有的角色。

2）也可采用匿名登录方式，但系统中的很多功能将无法使用。

3）登录成功后，在访问系统中某些具有特殊权限要求的应用功能时，为了信息安全的考虑，可能会再次回到上述登录页面要求您再次登录。此时再次登录成功，系统会回到刚才的页面。

**2. C/S 方式登录系统**

## （六）系统首页介绍

**1. B/S 方式访问系统界面**

（1）页面布局。成功登录后看到的首页包括：吊顶区、Logo 区、主菜单区、主内容显示区、抢修状态显示区和界面切换，如图 6-8 所示。

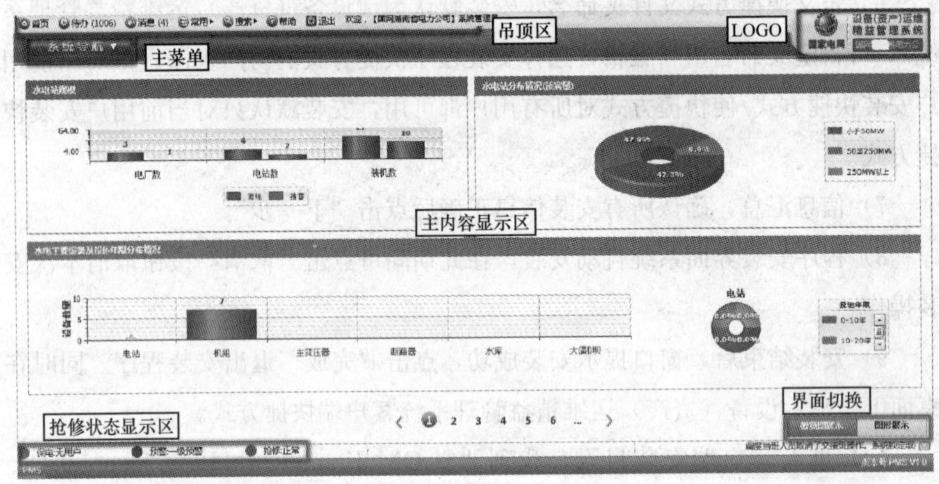


图 6-8　页面布局

（2）吊顶区。有如下业务功能：

1）首页。在日常工作时，无论处于哪些业务操作。在点击“首页”时，都会切换到首页面。

2）待办。待办是须经过您处理或审核的流程，已经流转到需要办理的流程节点。当该流程的前一位审核人或发起人通过审核后，流程会流转至需要审核的节点。

在登录系统后，“待办”两个字后加括号的数字表示有多少个任务需要审核处理。点击待办，进入待办界面（见图 6-9）。

图 6-9 待办界面

待办任务可分为以下两个区域：

① 待办任务：进入待办功能后系统默认显示待办任务，页面分为目录导航区、条件查询区、内容显示区（见图 6-10）。

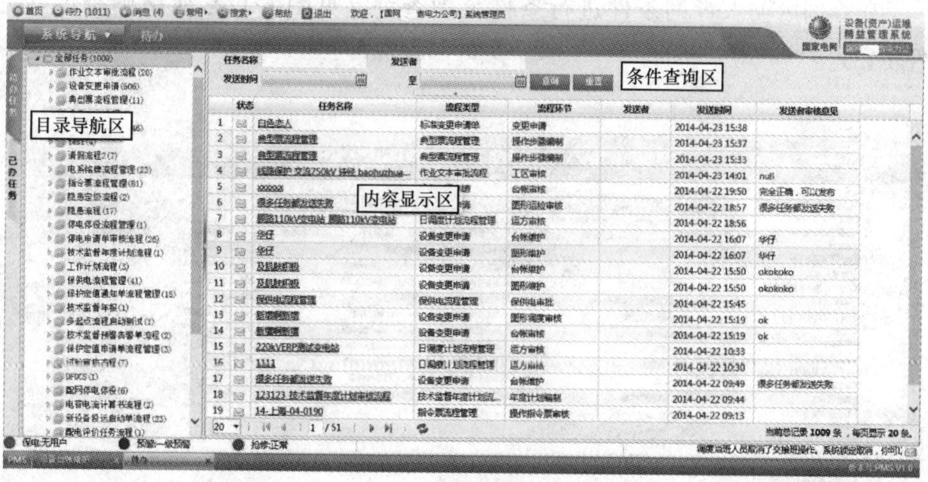

图 6-10 待办任务

目录导航区采用目录树形结构，顶端显示全部任务并加以数量提示。点击目录导航文字左下三角符号可对当前选择目录类型的下级菜单进行打开/关闭切换（见图 6-11）。

图 6-11　目录导航区

在查询区输入查询条件进行条件范围查询（见图 6-12）或精确查询（见图 6-13）。

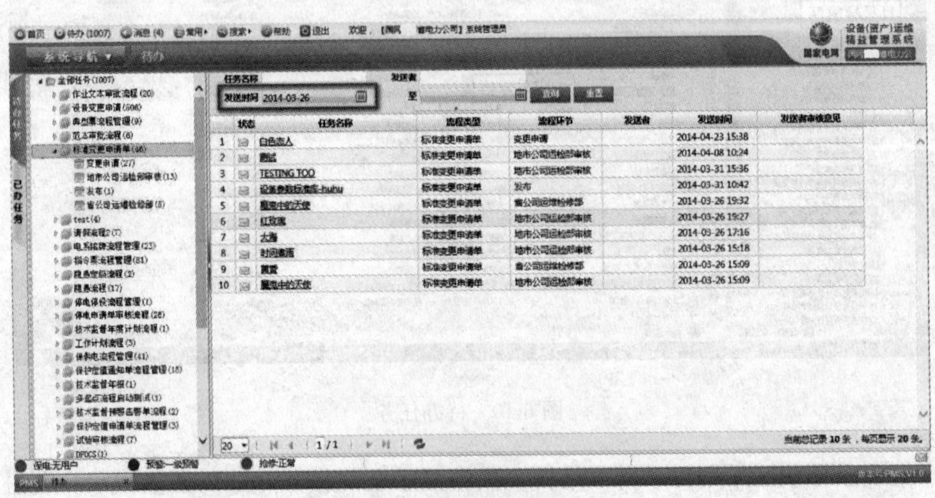

图 6-12　条件范围查询

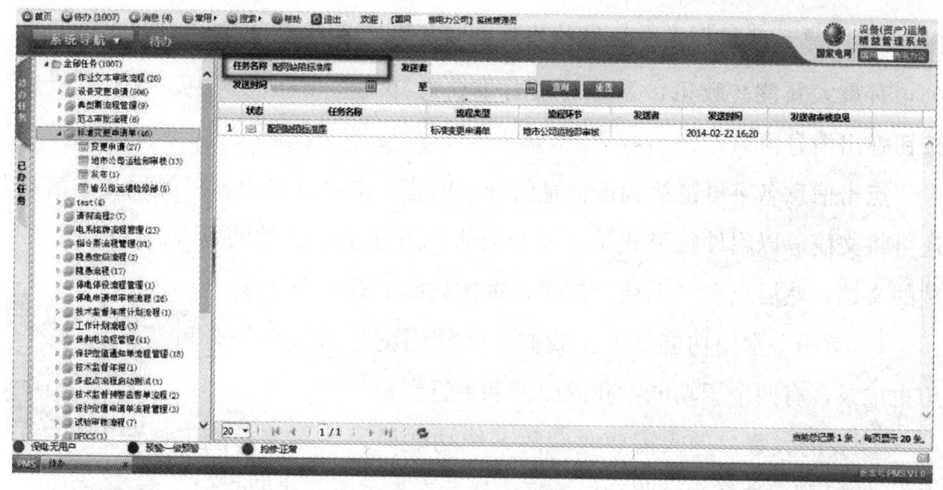


图 6-13　精确查询

内容显示区的状态栏为信封标志。新任务到达时状态图标为 ，已查看的任务状图图标为 。任务名字为蓝色字体，表示可链接。点击任务名字打开任务信息（如图 6-14）。

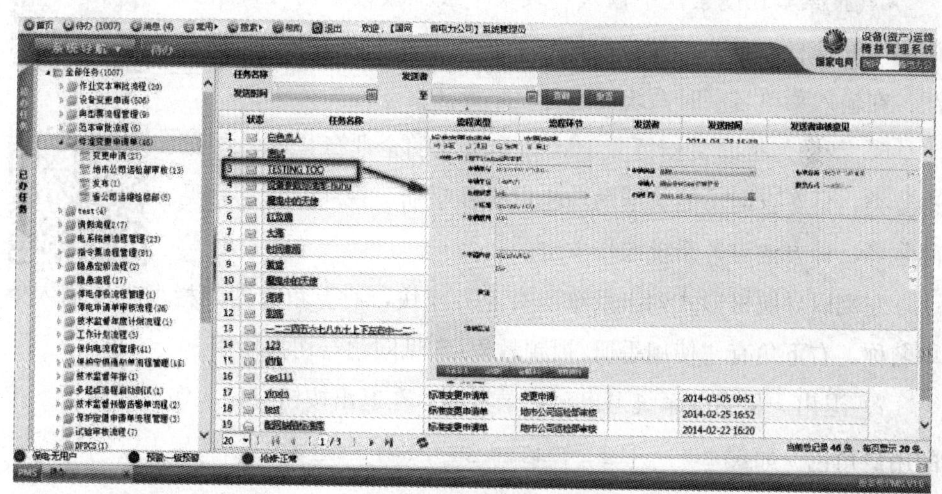


图 6-14　内容显示区

② 已办任务：点击“已办任务”切换至已办任务界面，显示样式与操作方法同待办任务。

3）消息。消息相当于信息公告板，消息（4）数字表示消息中有4条信息。公司有重大新闻、政策，系统管理有重要通知均发布在消息中，点击“消息”按钮弹出消息窗口。

点击信息名字可链接到该信息的详细内容。消息窗口中不只展现文本信息，还可将文稿等以附件的形式统一发布公告，方便重要文件的发布。勾选需要下载的文档，然后点击“下载”按钮，每次只能下载一个文件。

4）常用。常用功能类似于我们日常使用浏览器的收藏夹和历史记录，有两个子功能：我的收藏和最近浏览。

① 我的收藏：进入需要收藏的系统功能模块，在该功能下点击“常用”，选择我的收藏标签页，然后点击“添加我的收藏”，完成添加。

如想删除收藏的功能模块，鼠标右键单击该功能名称，弹出“删除”按钮，左键单击删除，完成操作。

② 最近浏览：在最近浏览目录中，会自动记录以往浏览的业务模块。当再次访问这些业务模块时可通过此处进入访问。

5）搜索。在搜索框中输入一级菜单或三级菜单均可检索到该菜单的信息。点击“搜索”按钮，输入菜单名字，回车即可。注：在输入菜单名字时系统可进行模糊算法自动匹配菜单。

6）帮助。帮助文档覆盖PMS2.0系统的全业务操作，按菜单分类，具备查询功能。帮助功能以操作手册、视频教程、常见问题等三种方法讲解系统操作方法。

左侧以导航树形式列出系统所有业务模块，右上角有搜索栏可直接输入菜单名称，右下角有“使用手册/视频教程/常见问题”切换使用。

7）退出。从当前系统退出至登录界面。在退出按钮旁显示您当前登录系统的用户角色。如 退出 欢迎，【国网湖南省电力公司】系统管理员

点击退出，返回登录界面。

（3）Logo。右上角的LOGO显示国家电网有限公司设备（资产）运维精益管理系统，同时在下方标明当前用户所属电力分公司。

（4）主菜单。

一级菜单主要分为表 6-4 中的十大业务模块，六大中心是设备（资产）运维精益管理的核心业务功能。系统管理、系统配置、流程管理针对系统软件相应的配置管理。业务功能视图如图 6-15 所示。

**表 6-4** 系统导航主菜单

| 序号 | 业务功能 | 备注 |
|---|---|---|
| 1 | 标准中心 | |
| 2 | 电网资源中心 | |
| 3 | 运维检修中心 | |
| 4 | 计划中心 | |
| 5 | 监督评价中心 | |
| 6 | 决策中心 | |
| 7 | 应用保障管理 | 二阶段上线功能 |
| 8 | 系统管理 | |
| 9 | 系统配置 | |
| 10 | 流程管理 | |

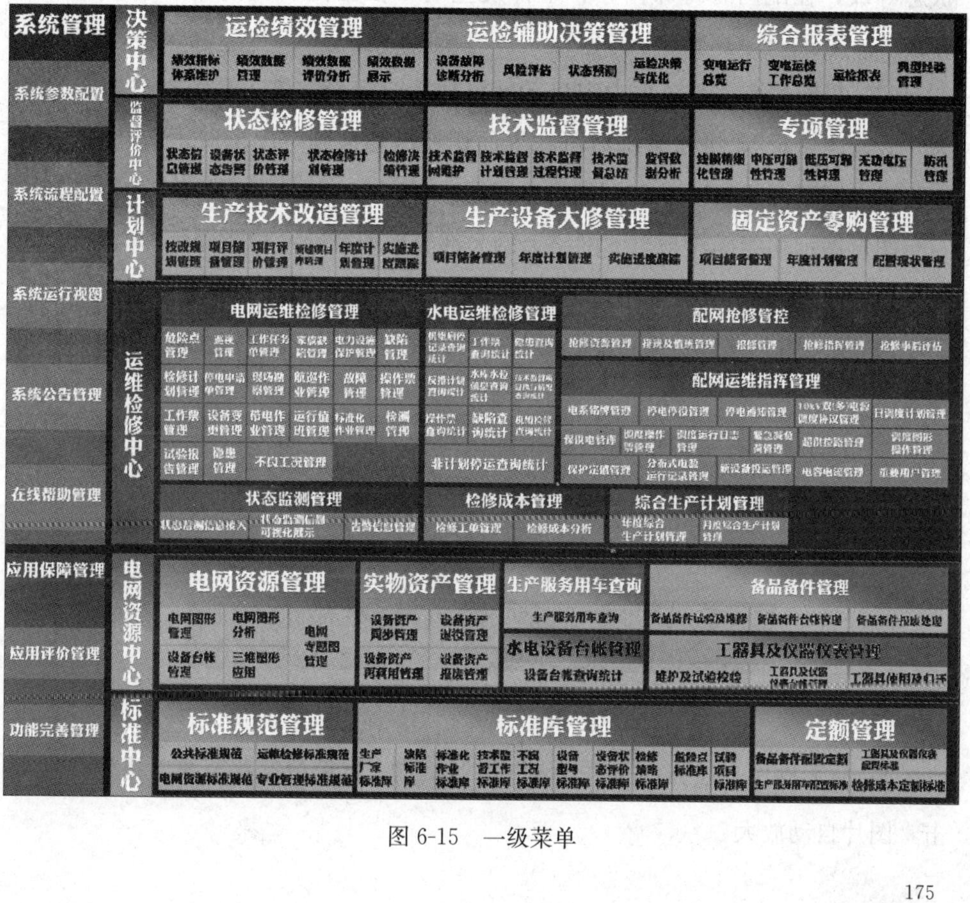

图 6-15 一级菜单

点击“系统导航”，所有的业务功能均排列在下拉菜单当中，通过上下箭头翻页查看。

查找业务中心，然后选择二级菜单，鼠标放到对象的二级菜单上会在左侧显示详细列表，根据需要选择相应的业务模块。

设备（资产）运维精益管理系统的标签页在下方显示，系统可打开多个业务模块，然后通过下方的标签页进行切换，也可以点击标签页上的“×”，关闭该标签页。

(5) 主内容显示区。界面主内容显示当前用户所属电力公司的各项生产指标，如水电站信息、线路信息、变电设备信息等。信息以图形化显示。

(6) 检修状态显示区。检修状态分为“红、蓝、绿”三种颜色。红色为保电状态，蓝色为预警状态，绿色为抢修状态。在三种颜色灯后边显示当前状态等级，在配网有特殊任务、事件发生时，根据需要提高相应检修状态的等级。

(7) 界面切换。系统主内容显示区可分为双界面，进入系统默认当前界面为“该蓝图展示”，进入系统后可在界面切换区切换到“图形展示”。图形展示主要以电网资源与GIS地理图结合方式展示。

图形展示功能操作与当下网络上的大部分地图类网站功能操作相似。

1）在左侧有“放大缩小，方位移动”条，可通过鼠标的点选调整图形。

2）在左侧上方有所搜功能，可根据“铭牌、设备、地名、路名”四种类型搜索。

3）上方中间有鼠标的功能操作键，包含“放大、缩小、缩放、漫游、全图、书签、测量距离、清除高亮”。点击选择之后，可拖动鼠标直接在图形上操作（见图6-16）。

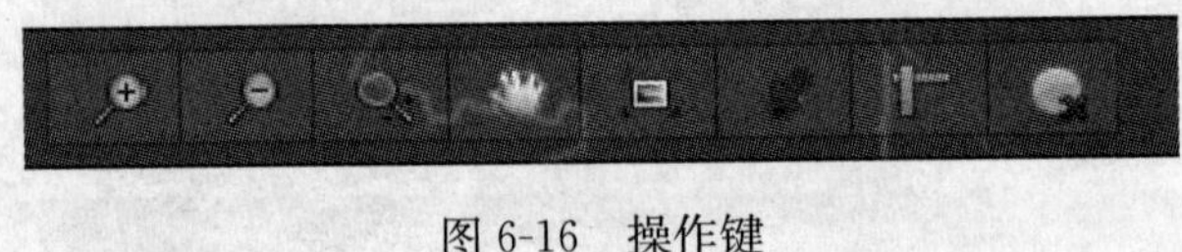

图6-16 操作键

4）放大操作。鼠标点击“放大”按钮，然后鼠标移至图上指定位置双击，图片自动放大。

5）缩小操作。鼠标点击“缩小”按钮，然后鼠标移至图上指定位置双击，图片自动缩小。

6）缩放操作。鼠标点击“缩放”按钮，然后鼠标移至图上指定位置，通过鼠标上的滑轮放大或缩小。

7）漫游操作。鼠标点击“漫游”按钮，鼠标有指针图标变为漫游的小手样式鼠标，在图形上按住鼠标左键进行拖动。

8）全屏操作。鼠标点击“全图”按钮，图形自动调整屏幕范围内的城市。

9）书签操作。鼠标点击“书签”按钮。

10）测量距离操作。鼠标点击“测量距离”按钮，从地图上选取一点单击，然后移到另一点，在移动过程中会有距离米数提示，双击完成当前测量操作。

11）清除高亮操作。鼠标点击“清除高亮”按钮，在地图上呈高亮闪烁的标识将会停止闪烁。

**2. C/S 方式访问系统界面**

（1）页面布局。会看到如下界面，包含电网图形操作区、标签页、业务功能操作区、操作信息显示区等（见图 6-17）。

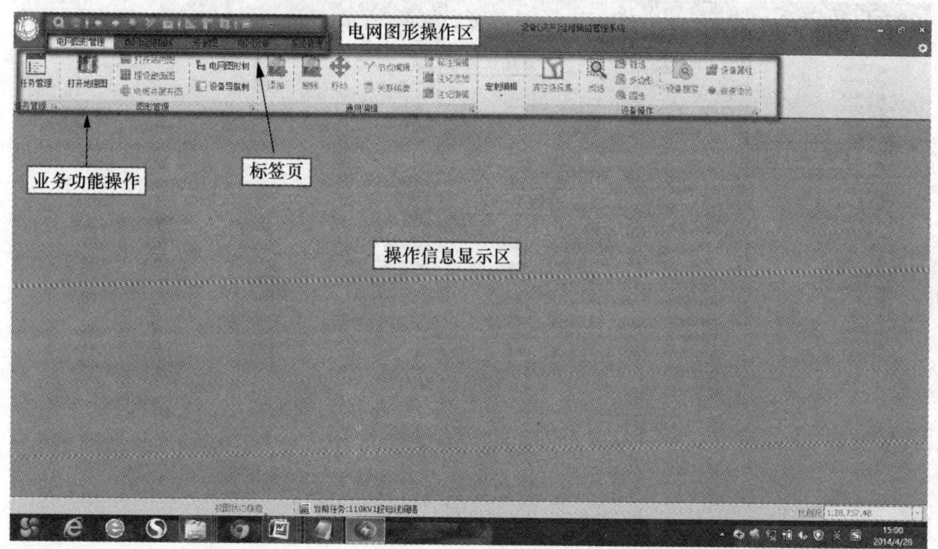


图 6-17　页面布局

(2) 电网图形操作区。该区域主要包含在电网图形管理业务中绘图时所有的工具。包含有：拉框缩放、漫游、前一视图、后一视图、全图、书签、鹰眼、角度量算、长度量算、面积量算、图层管理等。

(3) 标签区。该区域内包含设备（资产）运维精益管理系统 C/S 方式客户端的所有工作内容，分为五大类：电网图形管理、配网运维指挥、专题图、电网分析、系统管理等。

(4) 业务功能操作区。在标签页中选择业务类型，业务功能操作区展示该业务类型下的功能操作。

(5) 操作信息显示区。打开某一业务功能，具体的信息显示、操作等都会在操作信息显示区来完成。

## (七)系统常见基本操作

设备（资产）运维精益管理系统是基于 SG-UAP 平台统一构建的，因此各应用模块中的许多功能在操作上具有良好的一致性，其操作风格十分相似。

1) 对象导航树与数据列表的组合如图 6-18 所示。

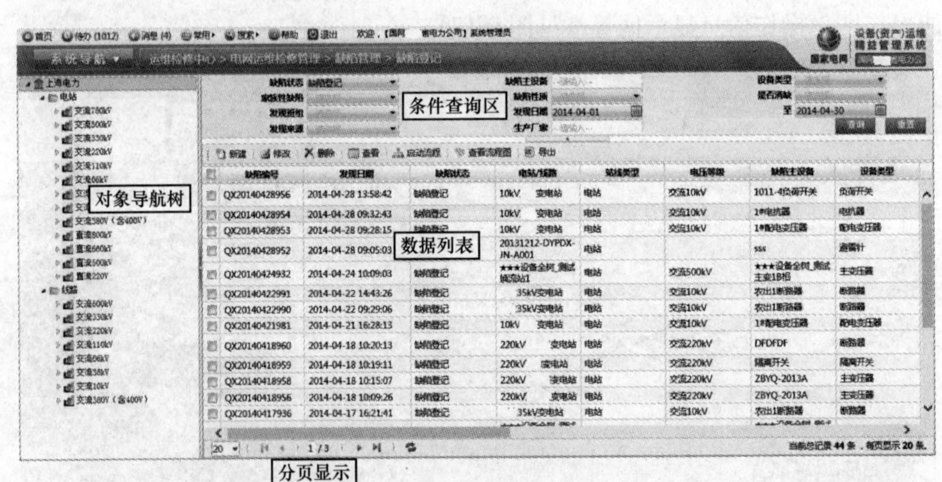


图 6-18　对象导航树与数据列表

2) 在对象导航树上选中一个节点时，右边数据列表就会显示相关的数据。

数据列表显示与当前选中对象相关的多条数据，其中的每一行都表示一条完整的数据记录。通常会有大量数据显示，如只想查看某一类或某一条特定的数据信息，可通过上方的条件查询区输入相关特定条件来查询数据。

3）双击数据列表中的任一行可弹出这条数据的详细信息窗口。数据列表的上部为工具栏，点击工具栏中的按钮可对数据进行各种操作。工具栏中的一些按钮是标准的，另一些按钮则可能是在特定应用下才提供。数据列表的下部为数据分页信息，在数据列表中数据量大的情况下可通过点击相应的按钮对数据列表进行前后翻页。

**1. 对数据列表进行操作**

1）可通过数据列表上部的工具栏对数据列表进行增删改等操作。

2）增加操作。点击数据列表工具栏上的“新建”按钮，系统会弹出“新建窗口”，可在此新建窗口按顺序输入所需的数据（带＊号的项目时必填项目，否则系统会提示无法新建），输入完后点击“保存”按钮即可将数据保存入库。

3）修改操作。当需要修改数据时，先选中或勾选该条数据，然后点击工具栏中的“修改”按钮。弹出的“修改窗口”与新建窗口选项保持一致，如果权限允许，数据项将呈现编辑状态（灰色无法点击、输入的选项说明没有编辑权限），即可对该数据项进行修改，修改完成后点击“保存”按钮即可将修改后的数据保存入库。

4）其他新建、修改数据方式。在一些特定的界面，鼠标点击数据列表的某一项时会自动变为编辑状态，根据数据类型有手动输入数据和弹出选择数据两种方式，并且根据数据样式有多种展现方式。

5）手动输入数据举例（见图 6-19）。

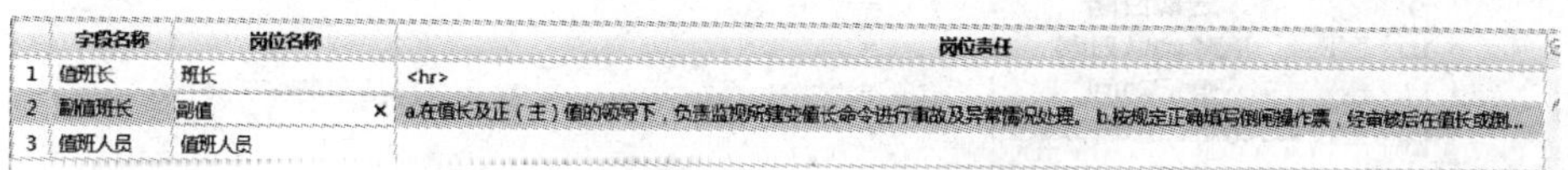

| | 字段名称 | 岗位名称 | 岗位责任 |
|---|---|---|---|
| 1 | 值班长 | 班长 | <hr> |
| 2 | 副值班长 | 副值 × | a.在值长及正（主）值的领导下，负责监视所辖变值长命令进行事故及异常情况处理。b.按规定正确填写倒闸操作票，经审核后在值长或副.. |
| 3 | 值班人员 | 值班人员 | |

图 6-19　手动输入数据

6）弹出下拉列表选择数据举例（见图 6-20）。

保存 | 撤销

| 顺序号 | 数据项目名称 | 目标记录 | 适用范围 | 是否从上一班小结导入 |
|---|---|---|---|---|
| 1 | 运行方式 | 运行方式记录 | 有人值守站,维操队,换流站 | 是 |
| 2 | 目前存在的缺陷 | 设备缺陷记录 | 有人值守站,维操队,换流站 | 是 |
| 3 | 新发现的缺陷 | 设备缺陷记录 | 有人值守站,维操队,换流站 | 是 |
| 4 | 消除的缺陷 | 设备缺陷记录 | | 是 |
| 5 | 未终结工作票 | 工作票记录 | | 是 |
| 6 | 终结工作票 | 工作票记录 | | 是 |
| 7 | 未执行调度令 | 调度令记录管理 | | 是 |
| 8 | 接地线(刀闸)装设情况 | 短路接地线(刀闸)装设(合上)记录 | | 否 |
| 9 | 事故异常 | 设备故障记录 | 有人值守站,维操队,换流站 | 否 |
| 10 | 开关故障跳闸记录 | 开关跳闸记录 | 有人值守站,维操队,换流站 | 否 |

检修公司 技术中心 有人值守站 维操队 换流站 全选 关闭

图 6-20　选择数据

图 6-21　选择日期

7）弹出日期选择（见图 6-21）。

**2. 查询自定义条件设置**

1）在设备（资产）运维精益管理系统的各类查询统计应用中，通常可选择自定义查询的条件，典型的有一次设备查询统计、线路查询统计等。这些查询统计类应用的画面中通常设计有类似名为“自定义条件”的按钮，点击该按钮，可弹出以下的对话框，可在该对话框中灵活地自定义所需查询条件（见图 6-22）。

自定义条件设置

确定 | 重置 | 收藏 | 我的收藏

| | | 项目 | 比较符 | 条件值 |
|---|---|---|---|---|
| 1 | | 隐患编号 | = | |
| 2 | | 电压等级 | = | |
| 3 | | 站线类型 | = | |
| 4 | | 隐患分级 | = | |
| 5 | | 隐患分类 | = | |
| 6 | | 隐患类型 | = | |
| 7 | | 拟采取措施 | = | |
| 8 | | 隐患来源类型 | = | |
| 9 | | 发现日期 | = | |
| 10 | | 消除确认日期 | = | |
| 11 | | 登记时间 | = | |
| 12 | | 缺陷转隐患是否通过 | = | |

图 6-22　查询自定义条件设置

2）在图 6-22 所示的自定义条件设置区，可首先勾选最左侧的勾选框以决定需要对哪些数据项设定查询条件，然后在功能栏选择“收藏”操作，当您再次使用查询功能时，可以点击“我的收藏”选取收藏的自定义查询方式。

## （八）工作流应用常见基本操作

设备（资产）运维精益管理系统中存在大量的流程化应用，如缺陷流程、图纸审批流程等。这些流程化应用通常需要经历启动流程、接收流程、处理流程、终结流程等几个典型步骤，很多操作在不同应用中是极其相似的，下面分别予以介绍。

### 1. 启动流程

1）如想启动一个流程（当然需要拥有这个流程的启动权），可在该业务应用下的主菜单区按图 6-23 所示点击“启动流程”菜单。

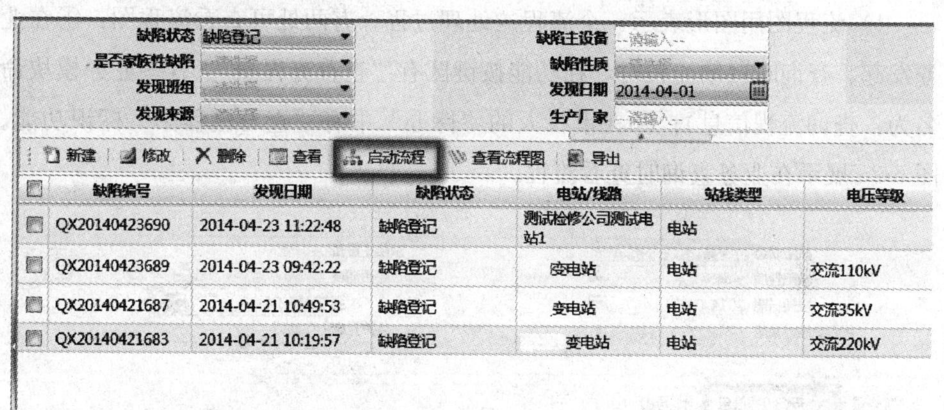


图 6-23 启动流程

2）系统将为您启动的流程弹出一个流程处理对话框（该画面被称为“工作流处理视图”，每个流程化应用的工作流处理视图均不相同）。在待选择区域显示下一流程人的角色，图中为“班组”审核，在班组审核中选择审核人，勾选后，通过向右箭头将审核人移动到右侧已选择区域，然后点击“确定”（见图 6-24）。

3）启动后的流程，下一环节审核人通常将在系统“待办”中接收需审核的流程。

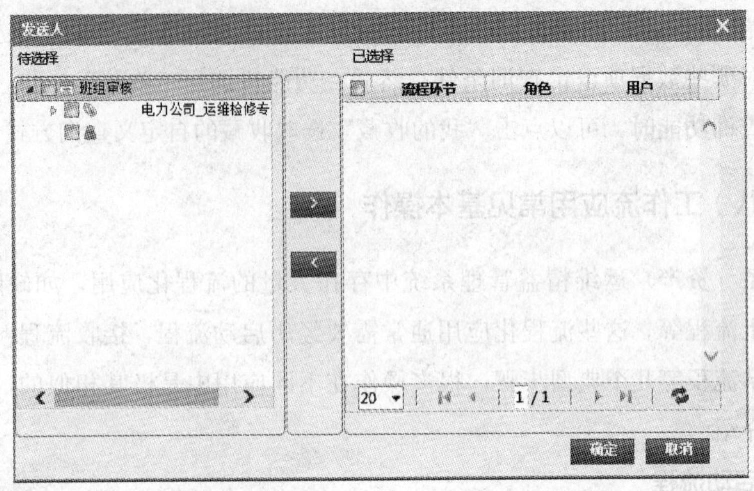


图 6-24 发送人选择

## 2. 查看流程图

1）流程图用图形表示一个流程的处理过程，有两处可查看流程图：①在业务发起、查询时启动流程时，在功能按键区有“查看流程图”（有些业务模块命名为：查询流程信息）；②在审核人的“待办”中有“查看流程图”标识功能。图 6-25 展示在业务查询时查看流程。

缺陷状态　缺陷主设备 --请输入--
缺陷性质　是否消缺
发现日期 2014-04-01　至 2014-04-30
是否家族性缺陷　生产厂家 --请输入--

查看　查询流程信息　导出

| | 缺陷状态 | 电站/线路 | 站线类型 | 电压等级 | 缺陷主设备 | 设备类型 |
|---|---|---|---|---|---|---|
| 1 | 班组审核 | 测试检修公司测试电站1 | 电站 | | 开关3 | 负荷开关 |
| 2 | 缺陷登记 | 变电站 | 电站 | 交流110kV | #1主变压器 | 主变压器 |
| 3 | 缺陷登记 | 变电站 | 电站 | 交流35kV | 4X14B相避雷器 | 避雷器 |
| 4 | 缺陷登记 | 变电站 | 电站 | 交流220kV | 1#主变压器 | 主变压器 |
| 5 | 班组审核 | 变电站 | 电站 | 交流10kV | 3207B相避雷器 | 避雷器 |
| 6 | 消缺安排 | 变电站 | 电站 | 交流110kV | #1主变压器 | 主变压器 |
| 7 | 消缺安排 | 变电站 | 电站 | 交流10kV | 3207B相避雷器 | 避雷器 |

图 6-25 查看流程图

2）选择任务，点击“查询流程信息”，弹出流程图对话框（见图 6-26）。

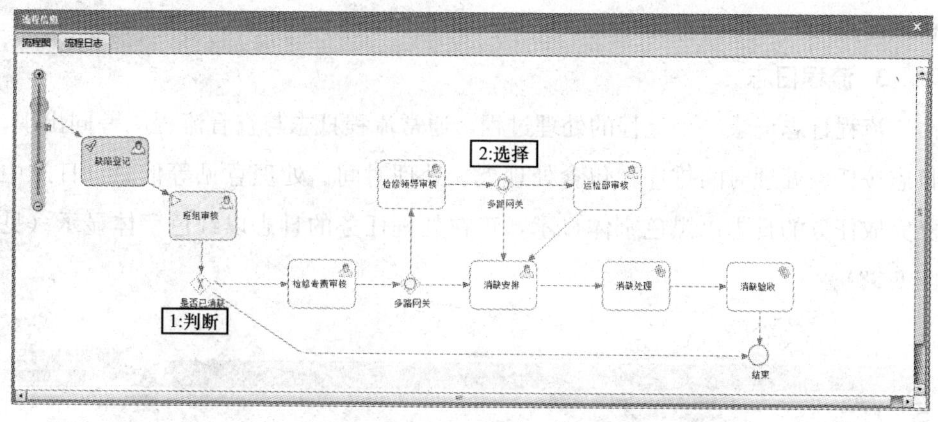


图 6-26　查询流程信息

3）该流程比较复杂，需经过多级审核。图中已完成的活动加蓝色流程框显示，当前活动加橘黄色流程框显示。流程“1”标识节点表示判断，在流程流转至 1 节点时，系统根据条件可自动判断流程下一步流转方式。流程“2”标识节点表示选择，在此节点需要人工选择流程下一步的流程方式。

4）在系统“待办”中，选择任务后，在下方功能按键区同样有“流程图”，点击可以查看（见图 6-27）。

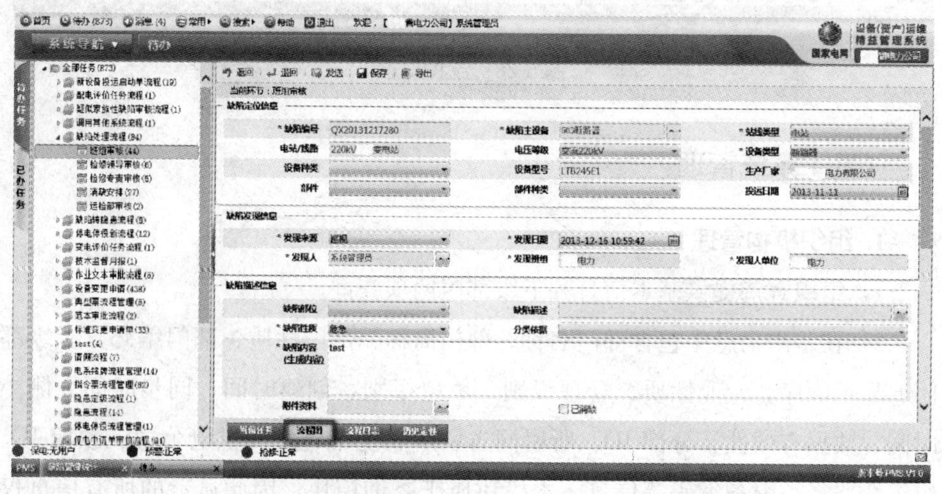


图 6-27　待办流程图

5）点击查看流程图，流程图的显示样式与在业务发起、查询模块下查看流程图是相同的，不再重复介绍。

**3. 流程日志**

流程日志记录一个流程的处理过程，通常流程日志与查看流程图一同出现，日志按任务处理时间排序，包含处理人、处理时间、处理意见等信息。日志中已完成任务的日志以黑色字体显示，正在处理任务的日志以红色字体显示（见图 6-28）。

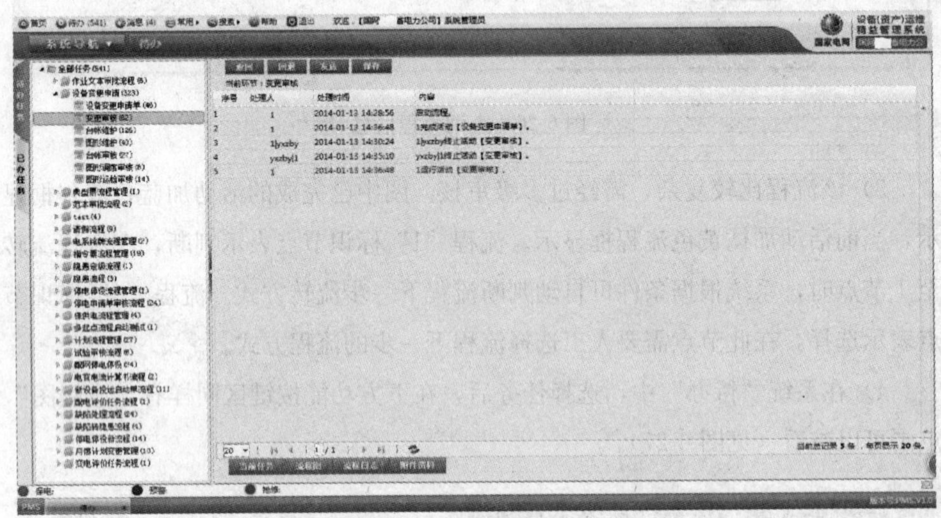

图 6-28　流程日志

## （九）系统管理

**1. 组织机构管理**

1）组织查询提供基本信息和下级部门两项查询。

2）在基本信息中包含部门名称、部门简称、部门性质、部门编码、上级部门、显示顺序、专业性质、管理级别、单位级别、创建时间、同步时间、侧小时间、数据有效性、分部 ID、所属网省、所属地市、所属供电公司、预留 ID、组织全路径、财务编码等信息。本模块属于查询模块，因此显示的所有信息仅提供查看权限，不可修改维护。在左侧的导航树中选择组织机构，右侧会显示基本信息的详细内容（见图 6-29）。

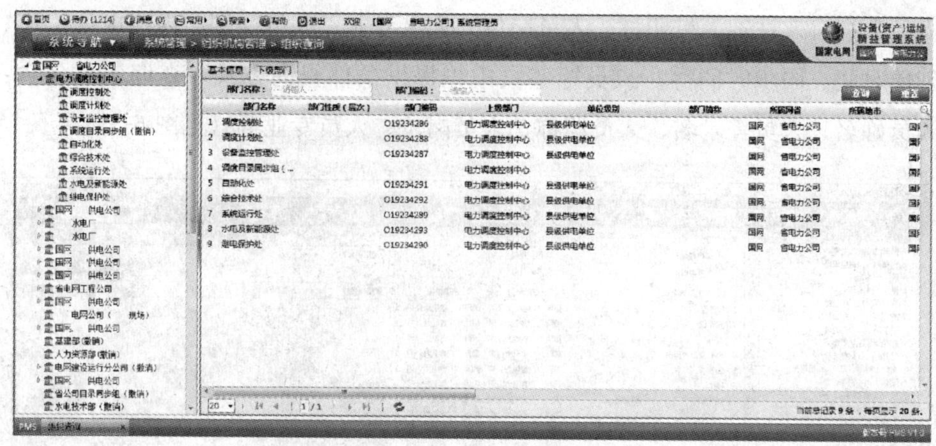

图 6-29　组织查询

3）在下级部门标签页中，将在左侧导航树中选择的组织机构所属的下级公司全部罗列出来，包含下级单位的基本信息。下级部门标签页中提供部门名称、部门编码等条件查询（见图 6-30）。

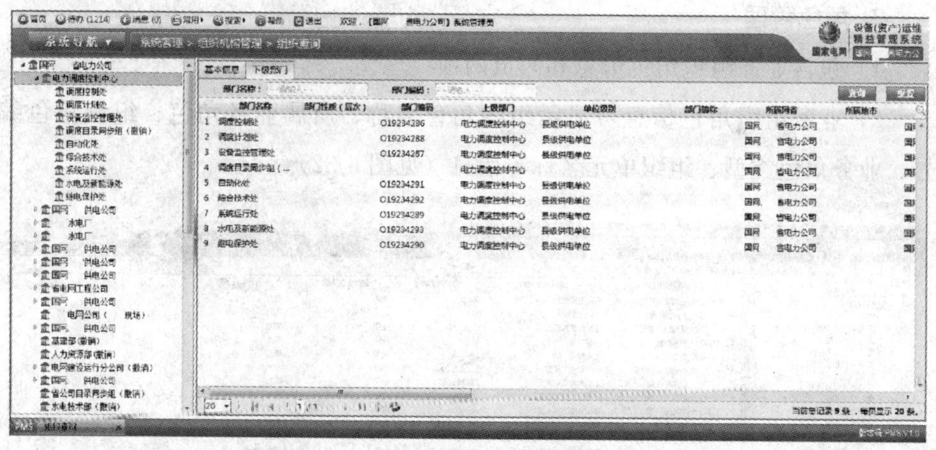

图 6-30　提供条件查询

## 2. 人员管理

人员查询操作方式与组织查询操作方法相同，先在左侧导航树中选择组织机构，右侧会显示该组织机构的基本信息，同时在人员标签页显示该组织机构所包含的全部人员信息，包含人员姓名、人员登录名、所属部门、所属单位、人员数据有效性、人员职称、人员岗位、人员专业、人员性别、内线电话、ID、创建时间、同步时间等。人员标签页中也提供条件查询方式，查询条件包含：人员姓名、人员登录名、人员职称、人员岗位、人员专业等（见图 6-31）。

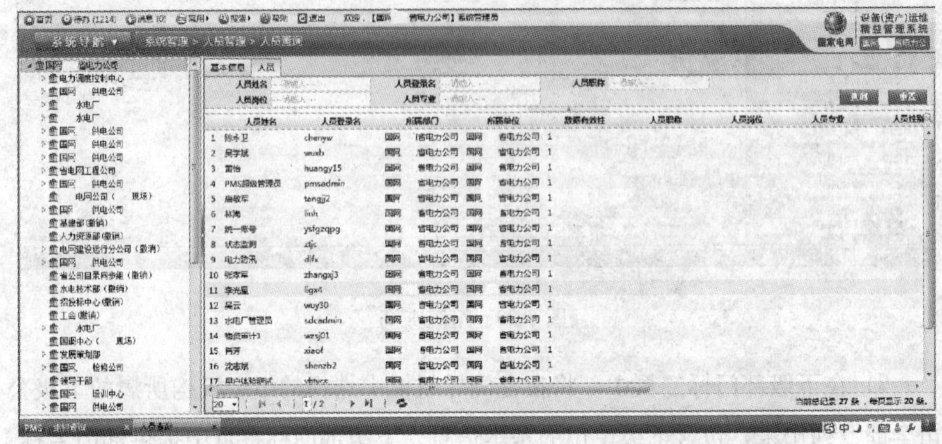

图 6-31 人员查询

### 3. 角色管理

1）包含业务组织角色信息和人员两项。

2）业务组织角色信息可显示组织角色名称、所属业务角色、组织角色编号、业务角色类型、组织单元名称等信息（见图 6-32）。

图 6-32 业务角色查询

3）人员中包含用户名称、登录名称、邮箱、手机号、有效开始日期、有效结束日期等信息（见图 6-33）。

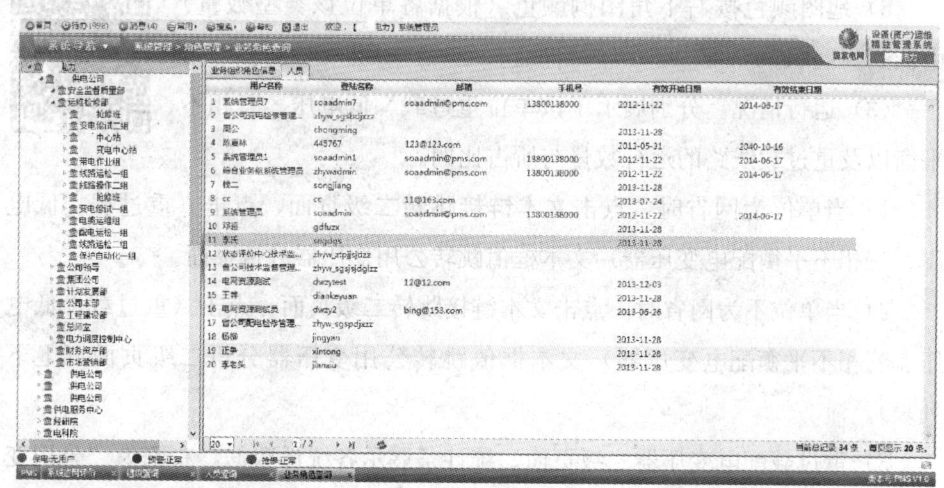


图 6-33　人员信息

## 二、配网运维管控

### （一）专题分析

**1. 基本功能首页**

（1）各页面访问路径。基本功能首页展示如下几个区域：地图、运行情况、配网工程、设备概况、上月供电电压合格率、缺陷、检修情况。

（2）地图。

1）根据用户级别不同展示各单位（地市、区、县）的低电压、重过载配电变压器分布。

2）点击不同的单选按钮，地图标题展示各单位配电变压器总台数；将鼠标移到某一个单位上，提示框展示该单位该类型的配电变压器台数。

3）点击某一个单位，标题展示该单位总台数，其他模块刷新并展示该单位数据，同时地图右上角“返回按钮”显示。

4）点击‘返回按钮’，返回到上一级，其他模块相应刷新。

5）点击地图标题中的时间小箭头，用采日期相应增加一天或减少一天，其他模块刷新数据。

6）地图颜色按右下角图例颜色（根据各单位该类型数量）由低到高展示。

(3) 运行情况。分别展示了该单位重过载、低电压、三相不平衡以及重过载线路的运行数量与所占比例。

1）当单位为网省时，点击文本链接跳转二级页面，点击（重过载、低电压、三相不平衡配电变压器）文本框值跳转公用变压器分析页面。

2）当单位不为网省时，点击文本链接跳转二级页面，点击（重过载、低电压、三相不平衡配电变压器）文本框值跳转公用变压器分析二级页面（上下列表）。

3）重过载配电变压器二级页面。统计条展示各统计数据，右侧为“公用变压器重过载分析”连接，点击进入公用变压器重过载分析页面；重过载配电变压器统计折线图默认展示本单位重载或过载（左上角重、过载单选按钮切换）当月配电变压器台数，右上角供选择不同月份和切换展示年度数据；下方柱状图展示上方折线图所选时间下的重载或过载配电变压器台数（左上角重、过载单选按钮切换展示），单击柱状图跳转公用变压器重过载分析二级页面（上下列表）。

4）低电压配电变压器二级页面。统计条展示各统计数据，右侧为“公用变压器低电压分析”连接，点击进入公用变压器低电压分析页面；低电压配电变压器统计折线图默认展示本单位当月低电压或过电压（左上角低、过电压单选按钮切换）配电变压器台数，右上角供选择不同月份和切换展示年度数据；下方柱状图展示上方折线图所选时间下的低电压或过电压配电变压器数（左上角低、过电压单选按钮切换展示），单击柱状图跳转公用变压器低电压分析二级页面（上下列表）。

5）三相不平衡配电变压器二级页面。统计条展示各统计数据，右侧为“公变三相不平衡分析”连接，点击进入公用变压器三相不平衡分析页面；三相不平衡配电变压器统计折线图默认展示本单位当月配电变压器台数，右上角供选择不同月份和切换展示年度数据；下方柱状图展示上方折线图所选时间下的三相不平衡配电变压器数；单击柱状图跳转公用变压器三相不平衡分析二级页面（上下列表）。

6）重过载线路二级页面。包括地市选择条、本单位数据行、重过载线路统计折线图、各单位重过载线路统计图、各单位重过载线影响配电变压器台数柱状图、各单位重过载线路影响用户数柱状图。

重过载线路统计折线图可对重载、过载，年度和月度进行选择。各单位重过载线路统计图可对重载、过载和数据日期进行选择。各单位重过载线影响用户数柱状图可对总数、中压、低压进行选择。

点击本单位数据行的线路总条数可跳转到详情数据页面。

（4）配网工程。展示了该单位储备项目、计划项目及项目执行信息。

1）点击上方图中红色标记的标题可进入相应二级页面。其中，项目计划与项目执行二级页面相同。

2）项目执行中条形图展示了已开工项目和已完工项目。图中第一块颜色区域（黄色部分）为已开工项目数量，第二快颜色区域（灰色部分）为已完工。可点击右上角单选按钮选择查看技改或大修项目。

3）点击项目储备部分文本链接跳转二级页面。

① 点击导出报表，可导出配网工程报表，报表为配网工程部分报表，因此在计划项目二级页面中与此报表是相同报表。

② 点击上方单位条中的单位可切换为点击单位数据。

③ 点击柱状图中的柱子时，弹出项目详情页面。

④ 把鼠标移动到柱子上时，有提示信息展示（见图 6-34）。

点击项目计划与项目执行会进入二级页面（见图 6-34）。功能与项目储备类似。图中标红部分单选按钮，完成率和调整率单选按钮，点击后可分别切换查看完成率和调整率。其他功能与项目储备二级页面功能相同。

（5）设备概况。分别展示了该单位中压线路数量与长度信息、公用变压器数量与容量信息、站内开关数量、柱上开关数量以及站房数量信息，单击标题链接可跳转到对应的二级页面，单击文本框中的数字可跳转到对应三级页面，查询具体台账信息。

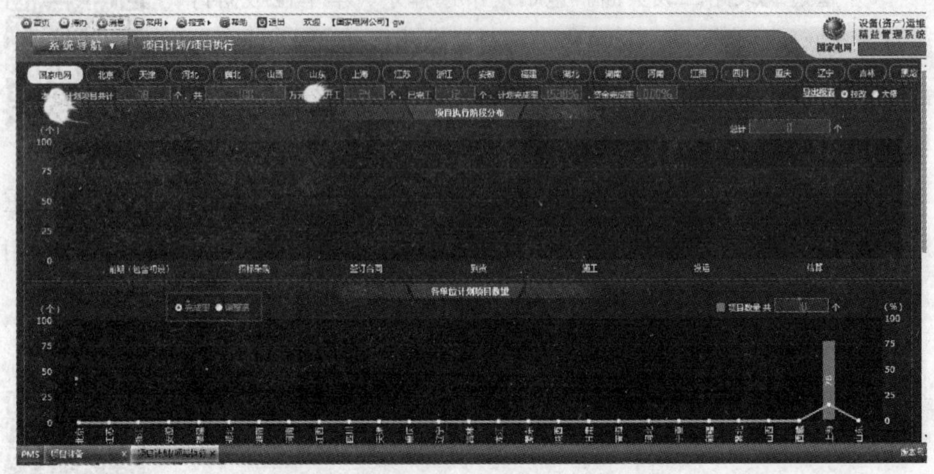


图 6-34　提示信息

(6) 上月供电电压合格率。展示了城网综合和 D 类的合格率数据，点击标题，可跳转到二级页面。

点击图中标红的文本框可跳转到详情页面，图例可选择控制图形相应的展示内容。上方提供了该网省下地市的选择按钮，点击可展示对应地市的数据图形。

(7) 缺陷。点击标题"缺陷"进入二级页面。点击图中标红部分的单选按钮可查看相应的数据，勾选图例时会添加相应的展示内容，效果为柱状图会添加相应的颜色块展示相关信息。页面其他功能，与上面描述功能相同，请参考其他页面。

(8) 检修情况。

1) 分别展示了该单位停电计划（当日 10kV 计划停电）、带电作业（当月架空、电缆带电作业）次数。

2) 点击文本链接跳转二级页面，点击文本框值跳转三级详细页面。

3) 停电计划二级页面。上方为统计条展示各统计数据，计划停电数量模块展示今年和去年每月的停电数量（不同颜色区分），各单位当日计划停电数量展示

本单位下属单位的当日计划停电数，各单位停运公用变压器数展示本单位下属单位的停运公用变压器数，各单位影响用户数量展示影响的中、低压用户和中、低压重要用户，左上角中、低压单选按钮用来切换查询。

4）带电作业二级页面。上方为统计条展示各统计数据，统计条右侧为“导出报表”链接，点击可导出报表。“架空线路、电缆线路”单选按钮，可切换页面展示内容（架空或电缆）；当月作业类型分类统计，展示该单位按作业类型分类后的次数和所占比例；年度带电作业次数统计，展示今年和去年各月作业次数的折线图（按颜色区分）；各单位当月带电作业次数，展示该单位下级单位的当月带电作业次数；各单位减少停电时户数，展示该单位的下级单位的当月减少停电时户数。

**2. 配网规模**

（1）配网规模首页。展示：地图、设备情况、用户、网架指标、供电半径、联络率、设备运行年限、退役设备寿命统计几个区域。

（2）地图。展示各地市公用变压器、专用变压器数量，地图标题展示该省公司总的配电变压器数量；将鼠标移到某一个地市上，提示框展示该地市配电变压器的数量，点击某一个地市，标题展示该地市配电变压器的总数量，其他模块刷新并展示该地市数据，同时地图右上角“返回按钮”显示；点击“返回按钮”，返回到省公司，其他模块相应刷新。地图颜色按右下角图例颜色（根据各地市配变数量）由低到高展示。

（3）设备情况。该模块与基本功能首页设备概况基本相同，增加了低压线路的数量与长度及专用变压器的数量与容量的展示，单击左上角的小标题或下划线的标题，跳转至对应的二级页面。单击文本框中的数字，跳转到对应的三级页面，查看具体台账信息。

1）单击“线路”，跳转到中压线路二级页面，该模块展示了中压线路的相关统计信息，分别为描述信息、架空线路分段数统计、线路类型分布、线路运行年限统计、装接容量、各单位架空线路平均每段装接容量、各单位线路数量、各单位线路长度。单击上方单位条中的地市单位，展示具体地市的统计信息，单击页面上的柱图或文本框中的数字，跳转到对应的三级页面，查看具体中压线路台账信息。

2）单击“低压”，跳转到低压线路二级页面，该模块展示了低压线路的相关统计信息，分别为描述信息、低压线路类型分布、低压各单位线路数量、低压各单位线路长度。单击上方单位条中的网省单位，展示具体地市的统计信息，单击页面上的柱图或文本框中的数字，跳转到对应的三级页面，查看具体低压线路台账信息。

3）单击“开关”，跳转到开关二级页面，该模块展示了开关的相关统计信息，分别为描述信息、开关灭弧介质统计、柱上开关用途、开关操作方式统计、开关运行年限统计、各单位开关数量。单击上方单位条中的地市单位，展示具体地市的统计信息，单击页面上的柱图或文本框中的数字，跳转到对应的三级页面，查看具体开关台账信息。

4）单击“站房”，跳转到站房二级页面，该模块展示了站房的相关统计信息，分别为描述信息、站房数量、各单位站房数量。单击上方单位条中的地市单位，展示具体地市的统计信息，单击页面上的柱图或文本框中的数字，跳转到对应的三级页面，查看具体站房台账信息。

5）单击“配变”，跳转到公用变压器二级页面，该模块展示了公用变压器的相关统计信息，分别为描述信息、配电变压器类型分布、配电变压器运行年限、各单位配电变压器数量、各单位配电变压器容量。单击上方单位条中的地市单位，展示具体地市的统计信息，单击页面上的柱图或文本框中的数字，跳转到对应的三级页面，查看具体公用变压器台账信息。

6）单击“专变”，跳转到专用变压器二级页面，该模块展示了专用变压器的相关统计信息，分别为描述信息、各单位专用变压器数量统计、各单位专用变压器容量统计。单击上方单位条中的地市单位，展示具体地市的统计信息，单击页面上的柱图或文本框中的数字，跳转到对应的三级页面，查看具体专变台账信息（见图 6-35）。

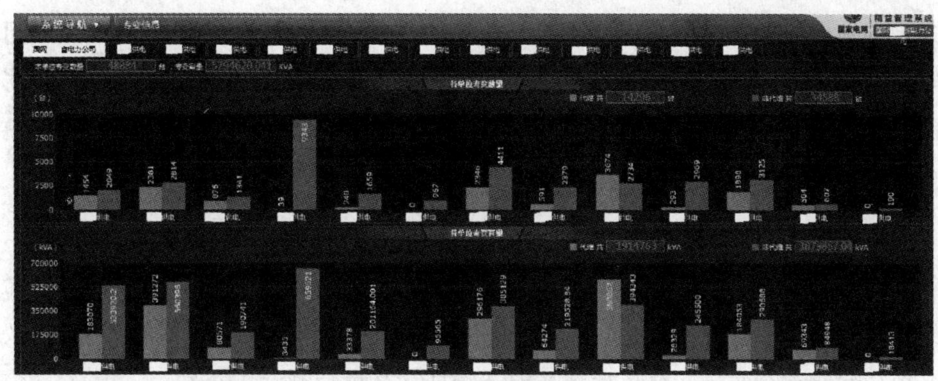

图 6-35 二级页面

（4）用户。该模块展示中压、低压用户数量和容量信息，单击上方“用户”标题，跳转至对应的二级页面。二级页面包含描述信息、各单位用户数量、各单位用户容量；单击文本框中的数字或柱图，跳转到对应的三级页面，查看具体用户信息（见图 6-36）。

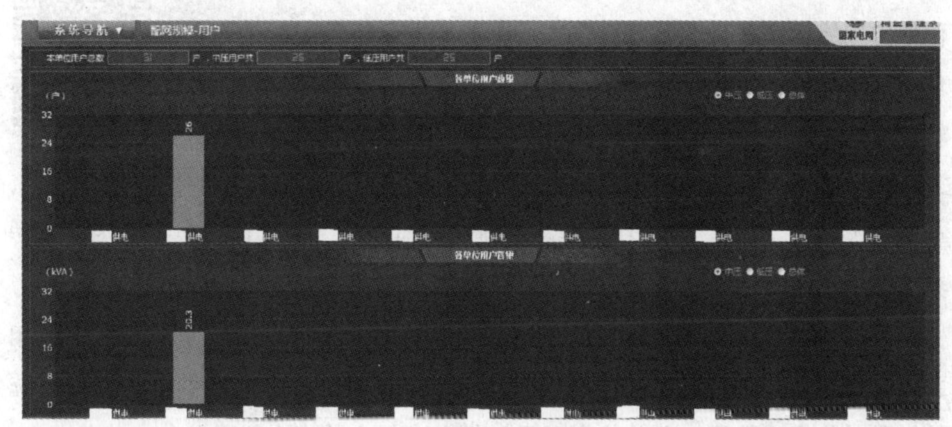

图 6-36 二级页面

（5）设备运行年限。该模块展示中压线路、公用配电变压器、开关和站房运行年限相关信息，单击上方“设备运行年限”标题，跳转至对应的二级页面。二级页面包含描述信息、各单位配电变压器运行年限统计、各单位站房运行年限统计、各单位开关运行年限统计、各单位线路运行年限统计；单击上方单位条中的地市单位，展示具体地市的统计信息，单击文本框中的数字或折线图，跳转到对应的三级页面，查看具体设备台账信息，同时本模块还包含了退役设备寿命统计一级页面链接，单击该链接跳转至退役设备寿命统计二级页面。

（6）退役设备寿命统计。该模块展示中压线路、配电变压器、柱上开关、站内开关设备寿命相关信息，单击“设备运行年限”模块中的“退役设备寿命统计”，跳转至对应的二级页面。二级页面包含描述信息、退役设备寿命统计、各单位线路寿命统计、各单位配变寿命统计、各单位开关寿命统计；单击上方单位条中的地市单位，展示具体地市的统计信息，单击文本框中的数字或柱图，跳转到对应的三级页面，查看具体设备台账信息。

（7）网架指标。该模块展示绝缘化率、电缆化率、架空绝缘化率相关网架指标相关信息，单击上方“网架指标”标题，跳转至对应的二级页面。二级页面包含描述信息、各单位中压馈线长度、各单位绝缘化率、各单位架空绝缘化率、各单位电缆化率；单击上方单位条中的地市单位，展示具体地市的统计信息，单击文本框中的数字或柱图，跳转到对应的三级页面，查看具体设备台账信息。

（8）供电半径。该模块展示中压馈线、低压台区不同年份的供电半径信息，单击右上角的“低压”“中压”图例，跳转至对应的二级页面，单击柱图，跳转到对应的三级页面，查看具体设备台账信息。

1）单击“低压”，跳转到低压台区二级页面，该模块展示了低压台区的相关统计信息，分别为描述信息、年度低压供电半径统计、低压供电半径分布统计、各单位台区数量、各单位台区平均供电半径。单击上方单位条中的地市单位，展示具体地市的统计信息，单击页面上的柱图或文本框中的数字，跳转到对应的三级页面，查看具体配变台账信息。

2）单击“中压”，跳转到中压馈线二级页面，该模块展示了中压馈线的相关统计信息，分别为描述信息、年度中压供电半径统计、中压供电半径分布统计、各单位中压馈线数量、各单位馈线平均供电半径。单击上方单位条中的地市单位，展示具体地市的统计信息，单击页面上的柱图或文本框中的数字，跳转到对应的三级页面，查看具体线路台账信息。

（9）联络率。该模块展示该单位不同年份的联络率信息，单击柱图，跳转到对应的三级页面，查看具体设备台账信息。单击上方的“联络率”标题，跳转至对应的二级页面，二级页面包含描述信息、馈线联络率分布、各单位馈线条数、各单位馈线联络率，单击上方单位条中的地市单位，展示具体地市的统计信息，单击文本框中的数字或柱图，跳转到对应的三级页面，查看具体设备台账信息。

**3. 配网运行**

功能路径：运维检修中心—配网运维管控—专题分析—配网运行。

按照所显示路径抵达页面。

（1）地图。

1）地图栏展示该网省地图，页面上方展示昨日低电压台数；

2）点击“低电压配变分布”，地图中显示低压配电变压器的分布图，鼠标移到对应位置，可弹出提示信息，提示信息展示对应区域的配变数量情况。

3）点击“重过载配变分布”，地图中显示重过载的配电变压器分布图，鼠标移到对应位置，可弹出提示信息，提示信息展示对应区域的重过载配电变压器数量情况。

4）点击地图中一个区域，会显示对应区域内的分布情况，并出现返回按钮，点击“返回”可返回国网级别。

（2）运行情况。配网运行首页面，运行情况展示了地区 10kV 总负荷、线路、配电变压器和用户几个部分。

地区 10kV 总负荷展示了总的兆瓦数。线路展示了总条数，重载、过载条数以及各自占比。配电变压器展示了总配电变压器台数，重过载、低电压、三相不平衡配电变压器的台数和各自的占比；用户展示了总用户数和低电压用户数及其占比。

当地图选取地市时，页面会刷新为该地市的数据。

点击“地区 10kV 总负载”标题可跳转到地区总负荷二级页面。

点击线路里的“重载”和“过载”标题可跳转到重过载线路二级页面。

点击“配变”里的“重过载”标题、“低电压”标题、“三相不平衡”标题可分别跳转到配电变压器重过载、低电压、三相不平衡二级页面。

点击“配变”里的重过载台数文本框、低电压台数文本框、三相不平衡台数文本框，可分别跳转到配网运行—配变负载、配网运行—配变低电压、配网运行—三相不平衡二级页面。

1）地区总负荷。地区总负荷二级页面，包括地市选择条、本单位数据行、各单位地区 10kV 总负荷柱状图。

2）重过载线路。

① 重过载线路二级页面，包括地市选择条、本单位数据行、重过载线路统计折线图、各单位重过载线路统计图、各单位重过载线影响配电变压器数柱状图、各单位重过载线影响用户数柱状图。

重过载线路统计折线图可对重载、过载、年度和月度进行选择。各单位重过载线路统计图可对重载、过载和数据日期进行选择。各单位重过载线影响用户数柱状图可对总数、中压、低压进行选择。

② 点击本单位数据行的线路总条数可跳转到详情数据页面。

3）配电变压器重过载/配网运行—配变负载。

① 配电变压器重过载二级页面（配网运行—配电变压器负载二级页面），包括地市选择条、本单位数据行、重过载配电变压器统计折线图、各单位重过载配电变压器统计柱状图。

重过载配电变压器统计折线图可对重载、过载，年度和月度进行选择。各单位重过载配电变压器统计柱状图可对重载、过载和数据日期进行选择。

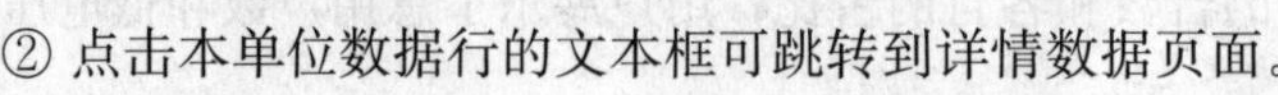

② 点击本单位数据行的文本框可跳转到详情数据页面。

4）配电变压器低电压/配网运行—配电变压器低电压。

① 配电变压器低电压二级页面（配网运行—配电变压器低电压二级页面），包括地市选择条、本单位数据行、年度配电变压器低电压情况折线图、各单位配电变压器低电压情况柱状图。

年度配电变压器低电压情况折线图可对低电压、过电压、年度和月度进行选择。各单位配电变压器低电压情况柱状图可对低电压、过电压和数据日期进行选择。

② 点击本单位数据行的文本框可跳转到相应的详情数据页面。

5）配电变压器三相不平衡/配网运行—三相不平衡。

① 配电变压器三相不平衡页面（配网运行—配电变压器三相不平衡二级页面），包括地市选择条、本单位数据行、配电变压器三相不平衡情况折线图、各单位配电变压器三相不平衡柱状图。

配电变压器三相不平衡情况折线图可对年度和月度进行选择。各单位配电变压器三相不平衡柱状图可对数据日期进行选择。

② 点击本单位数据行的文本框可跳转到相应的详情数据页面（见图 6-37）。

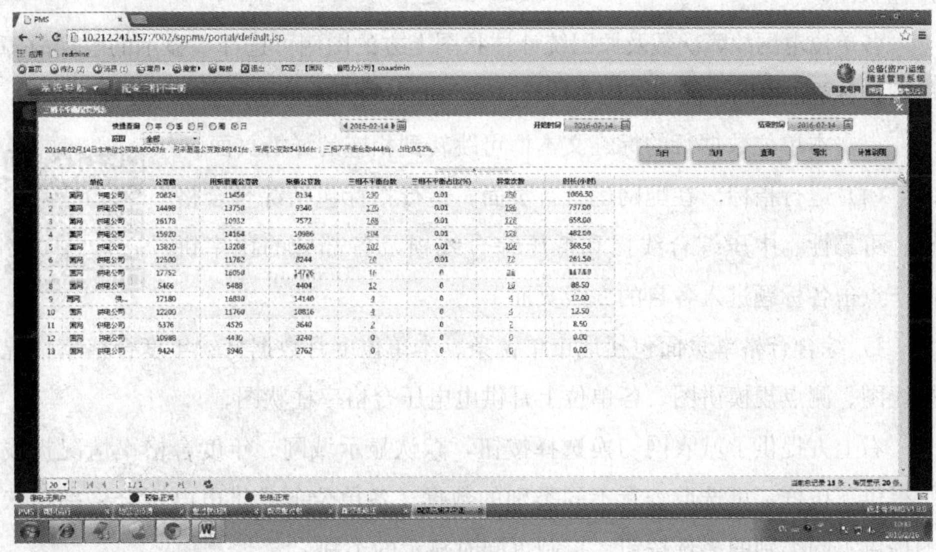


图 6-37 数据详情

(3) 故障情况。

1) 在配网运行首页面，故障情况分别展现了故障跳闸和电网故障两大部分。

故障跳闸部分包括跳闸总次数，重合闸成功次数和不成功次数以及重合闸各情况所占比例环状饼图；电网故障部分包括总次数、低压故障次数、电能质量次数、内部故障次数、其他故障次数，各情况所占比例环状饼图以及影响中压和低压用户数。

点击数据文本框会跳转到相应的详情数据页面。

点击下划线标题会跳到二级页面。

2) 故障跳闸二级页面。包括地市选择条、本单位数据行、全年跳闸统计折线图和昨日跳闸统计柱状图。全年跳闸统计折线图和昨日跳闸统计柱状图可选择重合闸情况来显示数据。

点击本单位数据行及全年跳闸统计折线图右上的文本框，可跳转到相应的详情页面。

3) 电网故障二级页面。包括地市选择条、本单位数据行、各单位电网次数及原因统计柱状图、各单位电网故障影响用户统计柱状图。

各单位电网故障次数及原因统计柱状图上方的图例可选择要显示的电网故障类型，各单位电网故障影响用户统计柱状图上方的图例可选择显示低压或中压。

点击本单位数据行的标红文本框可跳转到相应的详情页面。

(4) 运行指标。在配网运行首页面，运行指标包括综合合格率、可靠性、中压综合线损和低压综合线损及各部分的比率饼图。点击各标题进入各自的二级页面。

1) 综合合格率页面包括地市单位条、本单位上月数据行、年度合格率情况折线图、测点规模饼图、各单位上月供电电压合格率柱状图。

右上方提供了城农网切换选择按钮，默认显示城网。年度合格率情况折线图提供下拉框，可选取查看不同类别的数据。各单位上月供电电压合格率柱状图提供不同类别的多选按钮，控制可同时显示的类别。

2）点击本单位上月数据行文本框，可跳转到相应详情页面。

**4. 配网检修**

配网检修页面分别展示如下几个区域：地图、概况、计划停电、架空带电作业、电缆带电作业。

（1）地图。展示各单位（地市、区、县）的当日计划停电次数，当月架空、电缆作业次数。点击不同的单选按钮，地图标题展示各单选按钮内容总的次数。将鼠标移到某一个单位上，提示框展示该单位该类型的次数。点击某一个单位，标题展示该单位总次数，其他模块刷新并展示该单位数据，同时地图右上角“返回按钮”显示；点击‘返回按钮’，返回到上一级单位，其他模块相应刷新；地图颜色按右下角图例颜色（根据各单位该类型数量）由低到高展示。

（2）概况。同时展示上方地图标题中该单位的当日计划停电、当月架空带电作业、当月电缆带电作业次数。

（3）计划停电。左侧展示该单位当日计划停电次数、停运配电变压器数、影响用户数、重要用户数、右侧饼图展示影响用户的中、低压数。

点击左侧文本框和右侧饼图分别弹出其三级详细页面。点击‘计划停电’标题，打开二级页面。

（4）带电作业。左侧曲线展示该单位今年与去年每月的带电作业次数，右侧饼图按作业类型分类展示各类作业次数，点击饼图弹出其三级详细页面。点击“架空、电缆带电作业”标题，打开二级页面。

**5. 配网抢修**

功能路径：运维检修中心→配网运维管控→专题分析→配网抢修。按照所显示路径抵达页面。

（1）地图。

1）地图栏展示登录人所辖区域地理图，页面上方展示当日抢修工单总数。

2）点击“抢修工单分布”，地图中显示抢修工单的分布图，鼠标移到对应位置，可弹出提示信息，提示信息展示对应区域的抢修工单数量情况。

3）点击“投诉工单分布”，地图中显示投诉工单分布图，鼠标移到对应位置，可弹出提示信息，提示信息展示对应区域的投诉工单数量情况。

4）点击地图中一个区域，会显示对应区域内的分布情况；点击“返回上级”返回上级单位分布情况。

5）点击右上角十字图标，打开抢修资源监控地理图，查看当前抢修资源分布情况（见图 6-38）。

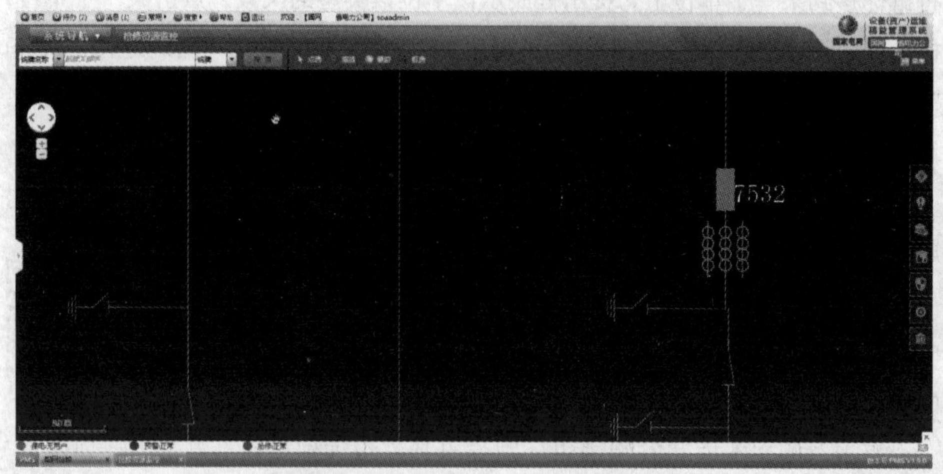


图 6-38　抢修资源监控地理图

（2）95598 工单。

1）95598 工单栏。分别展示了当日共计总数、在途工单数、超时工单数、主要工单状态对应的工单数量柱状图、数据时间、影响用户总数、中压用户个数、低压用户个数、用户中低压分布环状图及退单工单数。点击各数字或柱图项目可查看工单列表明细。

2）点击“95598 工单”打开抢修工单统计页面，上方平均故障抢修部分显示本单位下（去年和今年）每月平均故障抢修时间，并已折线图方式展现（颜色区分），还可切换是否单独展示在途工单的数目。

（3）主动工单。

1）主动工单栏展示了“当日共计”工单数量及主要状态的工单分布情况，以柱状图展示点击各数字或柱图项目可查看工单

列表明细。

2）点击“主动工单”打开抢修工单统计页面，内容请参考 95598 工单二级页面。

（4）当日完成。

1）当日完成栏展示了当日完成的工单总数及一级分类下各故障类型的工单分布情况，以环状图展示，点击各数字或环图项目可查看工单列表明细。

2）点击“当日完成”打开抢修工单统计页面，内容请参考 95598 工单二级页面。

（5）抢修资源。

1）抢修资源栏展示了当前登录人所辖辖区单位的抢修入驻点、抢修队伍、抢修班组、车辆、人员分布情况及当前已出动情况。

2）抢修资源的详细分布情况请参考地图栏抢修资源监控页面内容。

（6）当日投诉。

1）当日投诉栏展示了当日投诉工单总数及各投诉类型下的投诉工单分布情况，以环状图展示，点击各数字或环图项目可查看工单列表明细。

2）点击“当日投诉”打开投诉工单分析页面，展示单位去年和今年每月平均故障抢修时间的对比曲线，以及当前日期各投诉类型的数量饼状分布及所有下属单位当月投诉数量分布。

（7）保电任务。

1）保电任务栏展示了当前保电任务总数及保电用户总数、中压用户数量、低压用户数量、重要用户数量，中低压用户分布情况用饼状图展示。

2）点击“保电任务”打开配网抢修保电页面，展示单位年度保电任务分布曲线、年度保电用户分布曲线及当前日期所有下属单位保电任务分布柱状图。

**6. 配网工程**

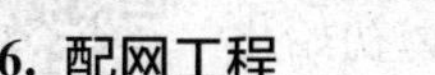

根据“配网运维管控→专题分析→配网工程”，进入配网工程页面。页面分为概况、储备、计划及执行情况、执行情况、改造规模 5 个部分。

概况部分展示了地图信息，把鼠标移动到地图上时可查看各地市信息。点击地图后右侧展示被点击单位的信息。标红部分，储备、计划及执行情况、执行情况、改造规模 4 个标题为二级页面入口，其中点击储备，进入储备项目二级页面。执行情况、计划及执行情况、改造规模点击后进入项目计划/项目执行二级页面，功能与基本功能部分相同。

**7. 配网低电压**

根据“配网运维管控→专题分析→配网低电压”，进入配网低电压页面。其中，地图、运行情况展示内容与基本功能首页一致，低电压治理部分功能与配网工程部分功能类似，请看文档中，基本功能首页的功能描述。图中红色标注的为可以点击进入二级页面入口。其中电源及无功配置为点击标题进入。

## （二）公用变压器分析

**1. 公用变压器重过载分析**

按菜单进入公用变压器重过载分析页面。

（1）页面提供了快捷查询功能，点击当日、当月后快捷查询数据。时间切换按钮可以切换时间。点击计算说明按钮可查看计算数据公式。

（2）点击年、季、月、周按钮后，可切换时间维度，分别按年、季、月、周查看数据。

（3）当把单位选择为地市及以下单位时，图中开始时间与结束时间可选择日期查询，当为“省”时，不可选择日期查询。

（4）点击一级页面列表中的重载台数、次数、过载台数、过载次数数字链接可以进入所示页面。其中点击列表中异常次数数字连接可查看下方列表中数据。

点击上方图片中负载曲线列中的查看，会进入所示页面。

**2. 公用变压器重过载同期对比分析**

（1）打开“公用变压器重过载同期对比分析”菜单，初始化展示各单位本周重过载同期对比数据。

（2）提供了本周、本月、本年三个快捷查询按钮。

（3）点击导出按钮，导出该列表数据。

（4）当本期台数、上期台数、本期新增、本期减少对应的台数大于 0 时，增加连接，点击相应的台数，弹出该单位的公用变压器重过载同期对比分析二级页面（见图 6-39）。

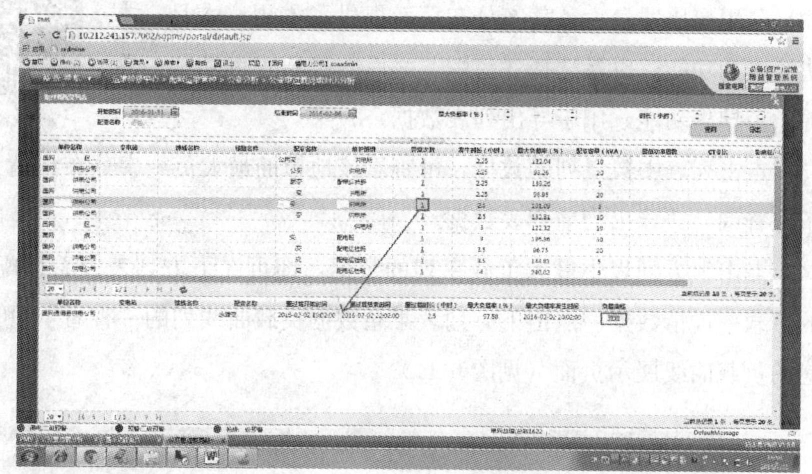

图 6-39 二级页面

（5）点击公用变压器重过载同期对比分析二级页面中的“异常次数”字段，下方列表展示详情；点击下方列表“负载曲线”字段，查看该配电变压器的功率曲线（见图 6-40）。

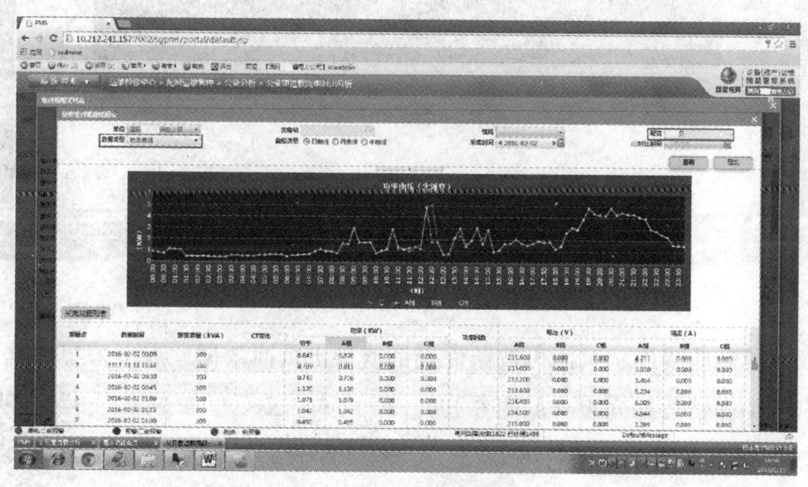

图 6-40 二级页面

### 3. 公用变压器最大负载率分布

功能路径：运维检修中心→配网运维管控→公用变压器分析→公用变压器最大负载率分布

（1）按照所显示路径抵达页面。

（2）公用变压器最大负载率分布页面提供了本周、本月、本年的快捷查询功能，以及选择“范围”之后的普通查询功能。除此还提供了导出功能，用于导出列表数据。

（3）点击列表中数量列的数据，可查看该地市的最大负载率分布详情列表。可按条件查询，或导出当前列表数据。

（4）点击上方列表中最大负载率列的数据，即可在下方列表查看该配电变压器的负载率详情数据。点击下方列表某条数据负载曲线列的“查看”，可跳转到相应的负载曲线展示页面（见图 6-41）。

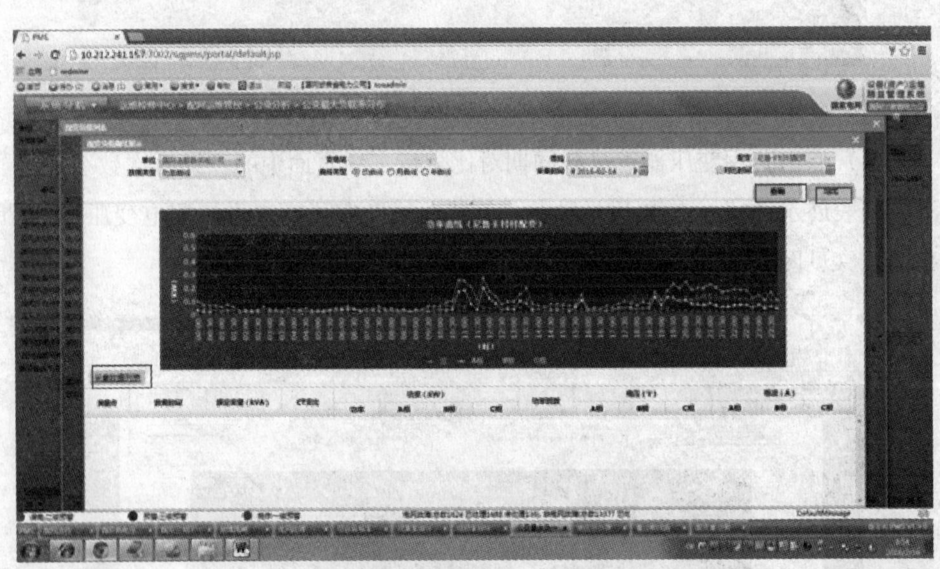

图 6-41 负载曲线展示区

（5）负载曲线展示页面可按条件查询或导出页面数据，点击采集数据列表，可展示相关详情数据列表（见图 6-42）。

### 4. 公用变压器低电压分析

按菜单进入公用变压器低电压分析页面。

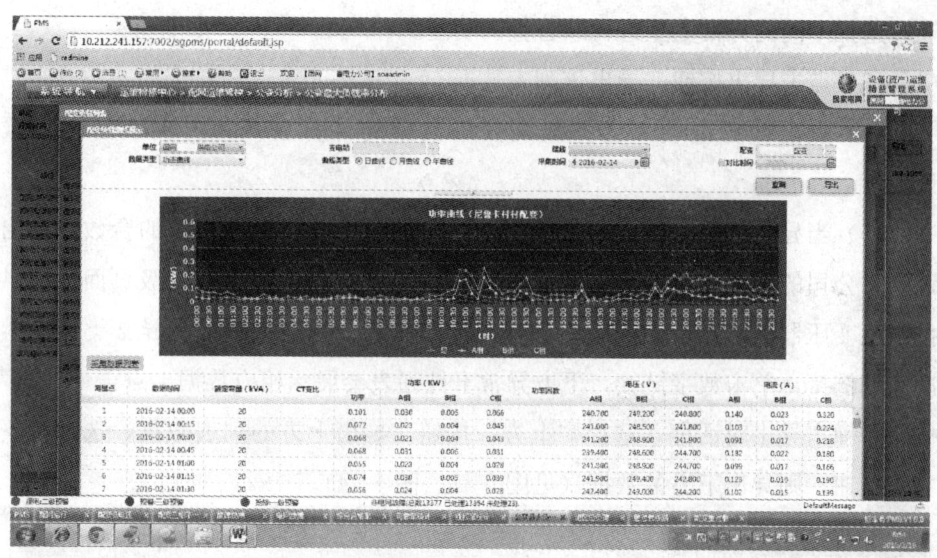

图 6-42 详情数据列表

（1）页面提供了快捷查询功能，点击当日、当月后快捷查询数据。时间切换按钮可切换时间。点击计算说明按钮可查看计算数据公式。

（2）点击年、季、月、周按钮后，可切换时间维度，分别按年、季、月、周查看数据。

（3）当把单位选择为地市及以下单位时，图中开始时间与结束时间可选择日期查询，当为省公司时不可以选择日期查询。

（4）点击列表中的数字链接可以进入。

其中点击列表中标红数字连接可查看下方列表中数据。点击上方图片中用红色框标记的数字链接。

**5. 公用变压器三相不平衡分析**

按菜单进入公用变压器三相不平衡分析页面，此页面功能与其他公用变压器分析页面类似，请参考之前页面功能。

**6. 公用变压器运行组合分析**

（1）打开“公用变压器运行组合分析”菜单，默认展示该省公司首个地市公司数据（暂不支持省公司端的查询）。

（2）该页面提供了当日、当月快捷查询按钮，同时也提供了通过选择不同的异常类型进行组合查询功能。

（3）点击导出按钮，导出该列表数据。

（4）点击计算说明，会弹出列表中数据的计算公式，再次点击则隐藏说明。

（5）当异常公用变压器台数大于0时，加超链接，点击相应的台数，弹出该网省公司的公用变压器运行组合分析列表二级页面，弹出的二级页面，提供按配电变压器名称、最大负载率进行查询。在上方的列表中会有异常类型发生次数列链接，单击数字链接，下方异常事件列表会展示相应数据。点击“导出”按钮，弹出导出对话框，选择“上方”按钮，导出上方的列表数据，选择“下方”按钮，则导出下方的数据（见图6-43、图6-44）。

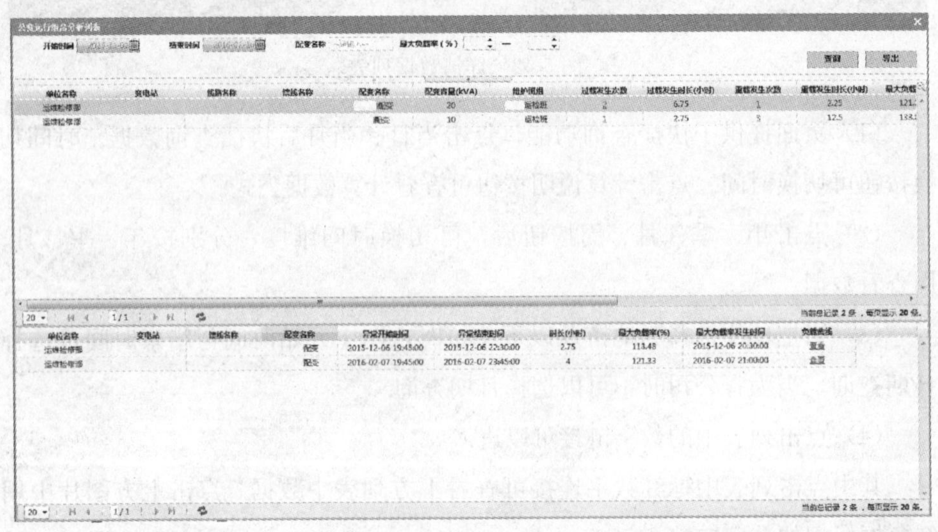


图6-43　二级页面

（6）单击二级页面下方列表中负载曲线列中的“查看”，弹出“配变负载曲线”详情页面。该页面可查看电流、电压、功率曲线的日、月、年曲线（见图6-45）。

**7. 公用变压器监测数据分析**

根据菜单进入公用变压器检测数据分析页面。页面展示了当前登陆单位的数据，可选择查询区域时间查询数据。

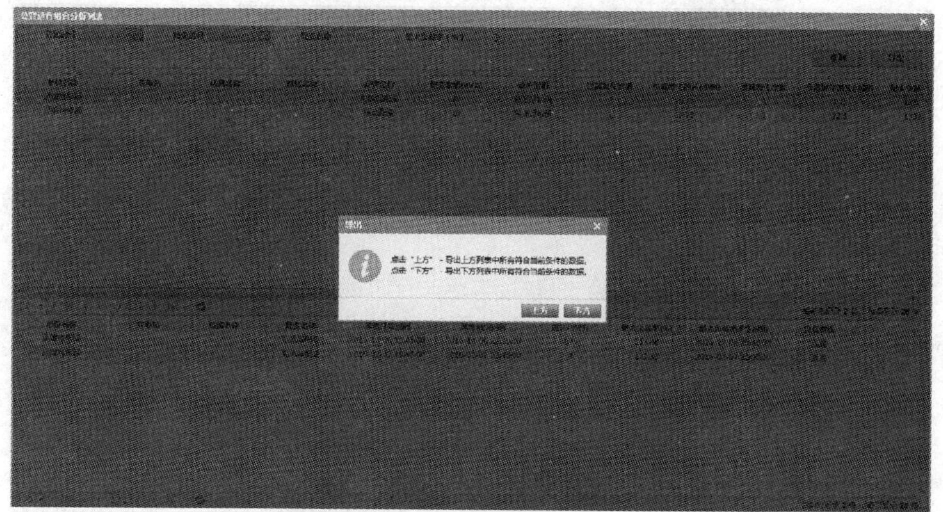

图 6-44 导出异常

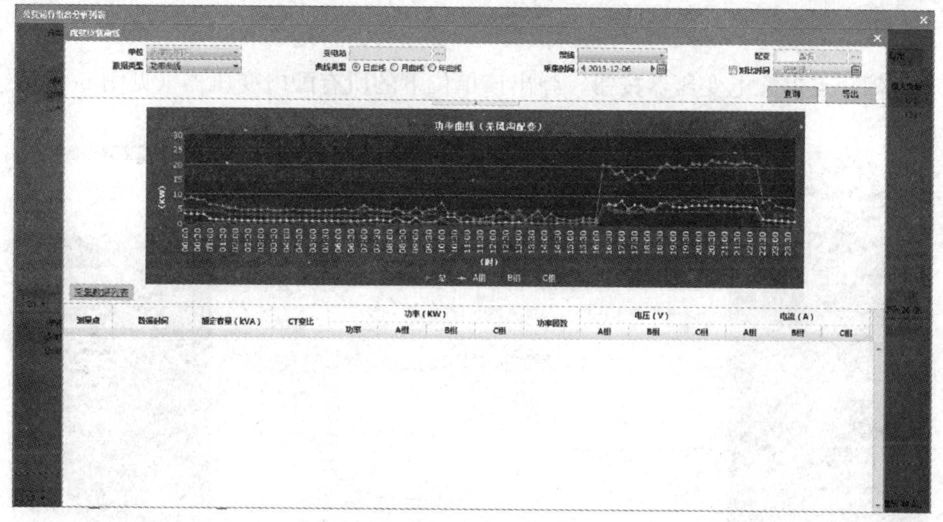

图 6-45 二级页面

点击列表中单位下文本链接可查看下级单位数据，此时可继续点击单位下文字链接，查看下级单位数据。

点击其他数字链接可查看相应的链接页面。

**8. 配电变压器采集数据查询**

（1）依次打开“配网运维管控→公用变压器分析→配变采集数据查询”菜单（见图 6-46）。

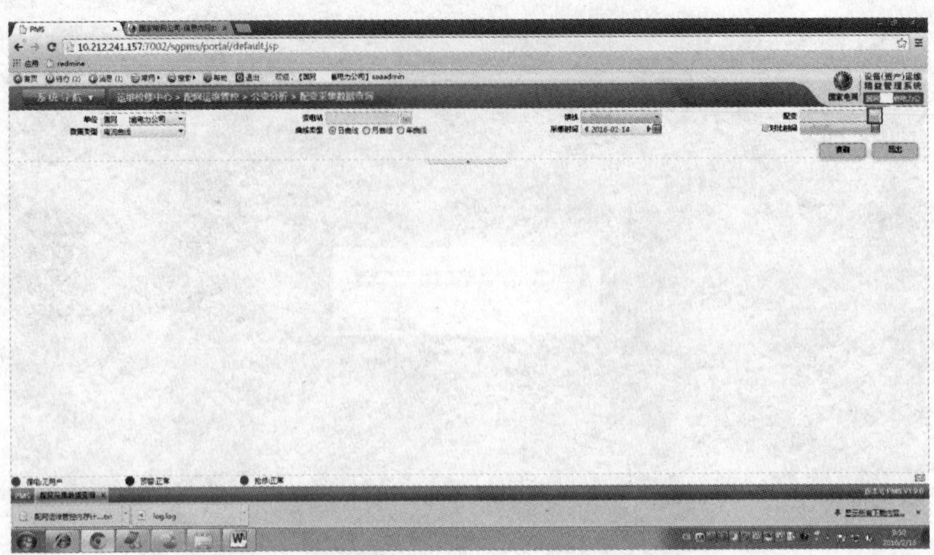


图 6-46　配电变压器采集数据查询菜单

（2）点击配电变压器按钮，弹出该单位下的所有配电变压器（见图 6-47）。

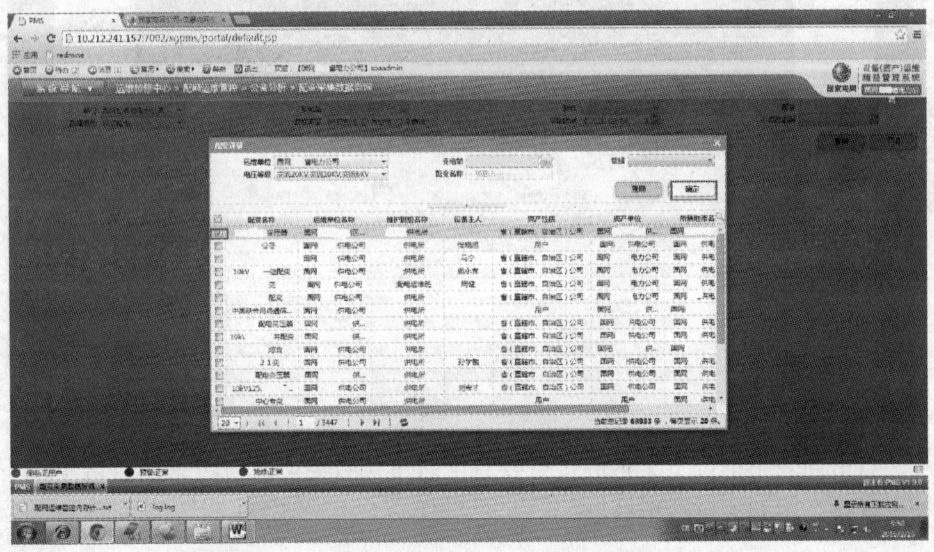


图 6-47　初始页面

（3）选择一台配电变压器然后点击“确定”按钮配电变压器信息带入初始页面，点击“查询”可查看该配电变压器的电流曲线（如图 6-48）。

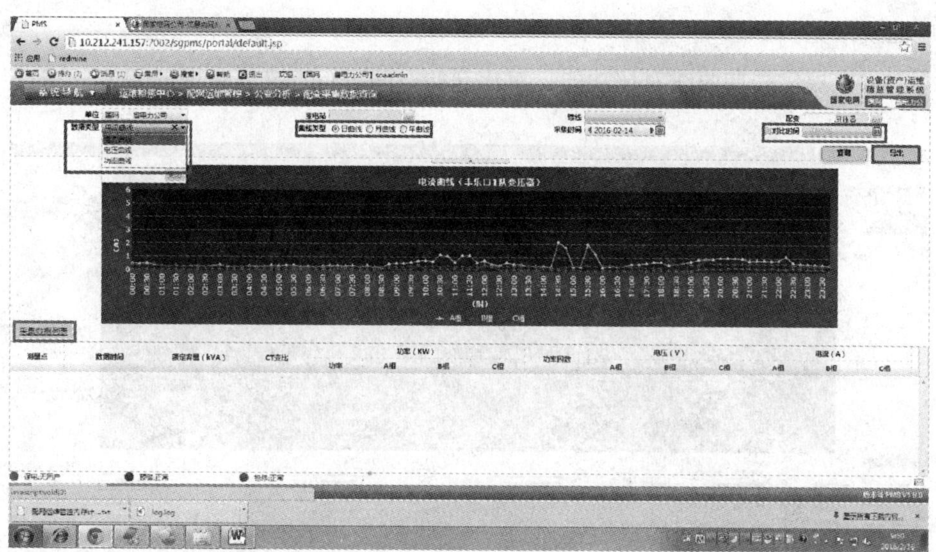

图 6-48　电流曲线

（4）选择不同的数据类型，查看不同类型的数据曲线（电流、电压、功率等）（见图 6-49）。

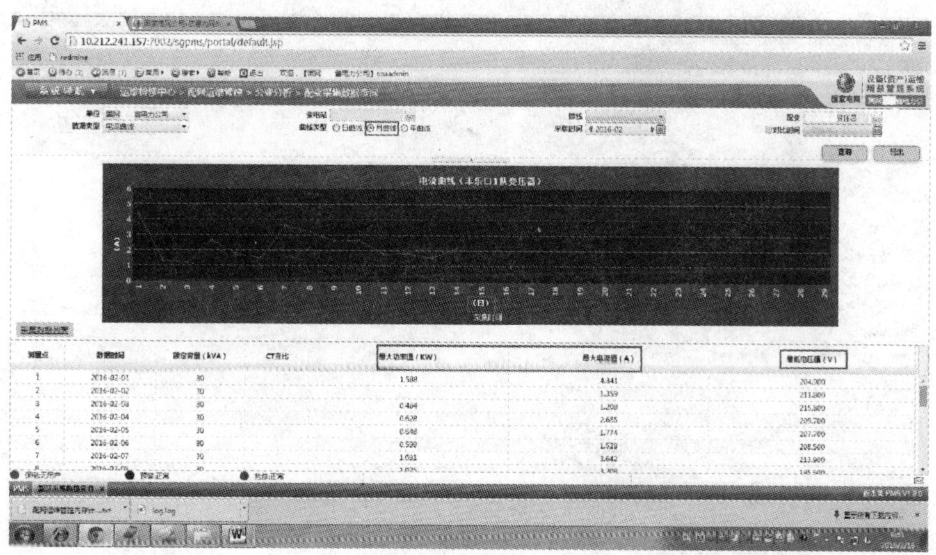

图 6-49　查看数据曲线

（5）选择不同的曲线类型，可查看日、月、年不同类型曲线；月曲线展示日最大电流曲线、日最小电压曲线、日最大有功功率曲线，年曲线展示月度相应曲线（见图 6-50）。

（6）提供同期曲线对比功能，对比起始时间可自定义（见图 6-51）。

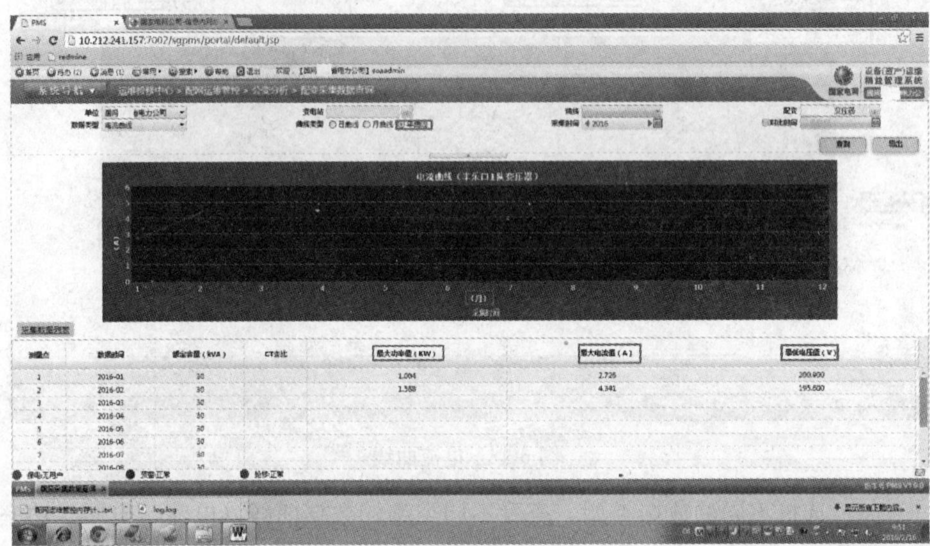

图 6-50　曲线类型

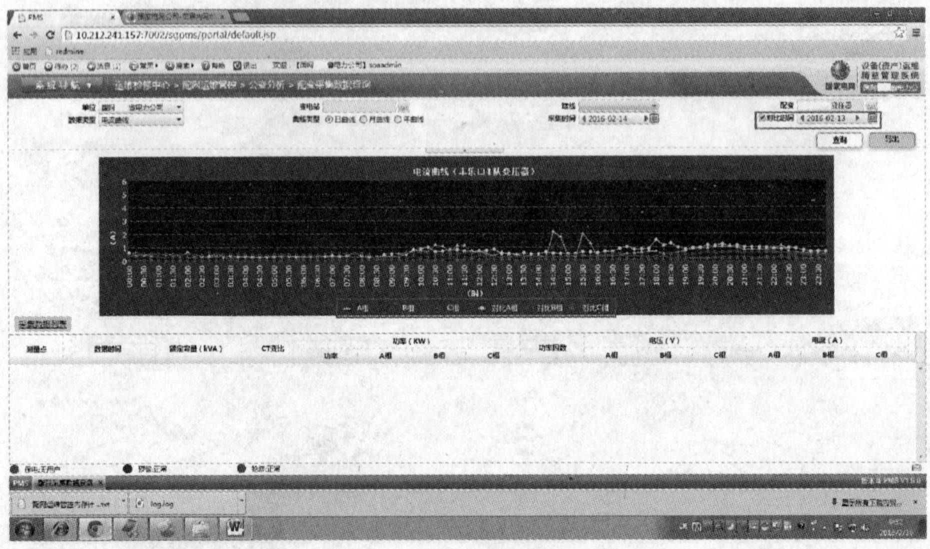

图 6-51　曲线对比

（7）根据所选曲线类型，点击采集数据列表按钮，显示全部采集数据功能（见图 6-52）。

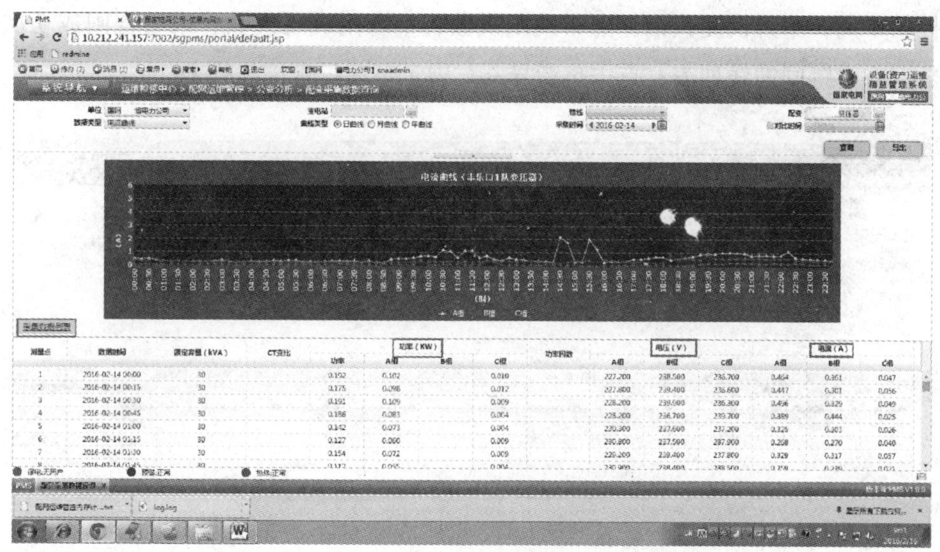

图 6-52 采集数据

（8）点击导出按钮，导出采集数据列表。

## （三）馈线分析

### 1. 10kV 馈线重过载统计

可统计展示当前登录人所辖下级单位 10kV 馈线重过载全部以及城网、农网统计馈线重过载的条数、占比、次数、时长等信息。默认统计昨日的馈线重过载数据，提供当日、当月快捷查询。在馈线重过载统计分析页面中点击某单位馈线重/过载条数，展示当前网省单位下级单位馈线重过载统计情况；点击重/过载条数，查看 10kV 馈线重过载详情列表。

（1）在二级页面 10kV 馈线重过载列表页面提供按馈线名称模糊查询，点击发生次数展示馈线重过载事件列表（见图 6-53）。

（2）10kV 馈线重过载事件列表，点击查看曲线，查看馈线电流曲线；月曲线看日极值、年曲线看月极值（见图 6-54）。

### 2. 10kV 馈线跳闸统计

展示可统计各级单位跳闸馈线条数、跳闸次数、重合闸成功、不成功次数、负荷异常馈线数、跳闸率故障停运率等信息。默认统计昨日的馈线跳闸数据，提供本周、本月快捷查询。点击跳闸次数、重合闸成功次数、未重合闸成功次数，查看跳闸馈线列表；点击负荷异常，展示负荷异常馈线列表。

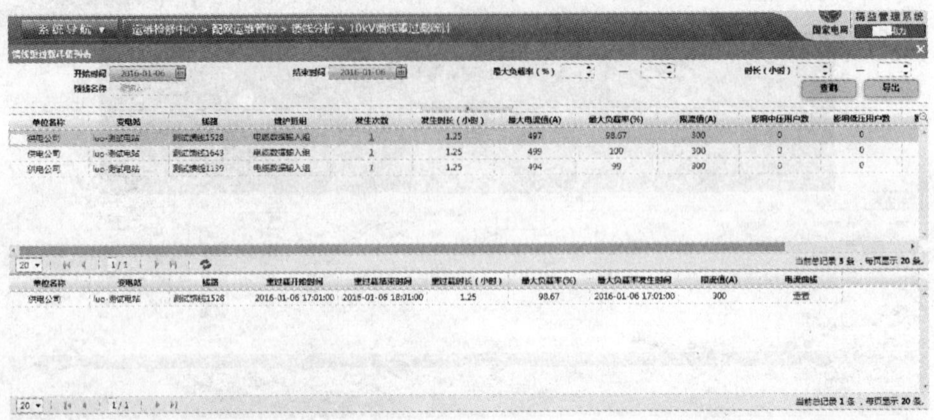


图 6-53　二级页面

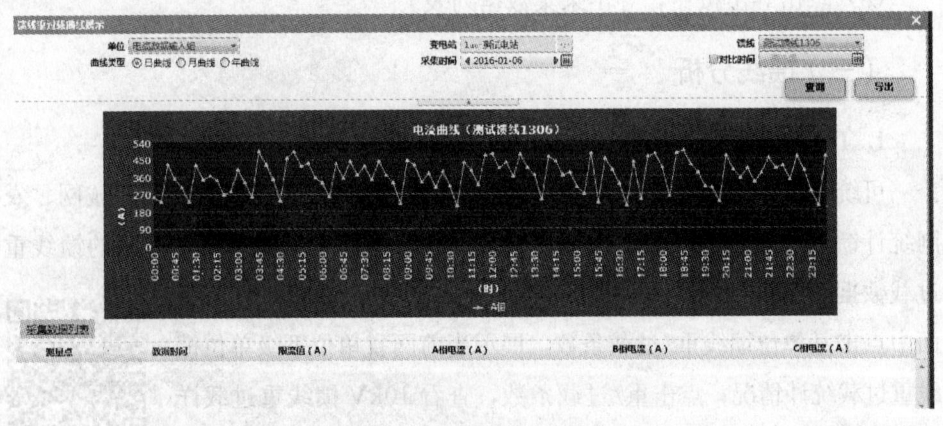


图 6-54　曲线图

（1）在跳闸馈线详情页面，点击跳闸次数/重合闸成功次数/未重合闸成功次数，查看 10kV 馈线跳闸事件列表。

（2）在负荷异常馈线详情页面，点击负荷异常次数，查看 10kV 馈线负荷异常事件列表。在 10kV 馈线跳闸事件列表/10kV 馈线负荷异常事件列表，点击查看曲线、查看馈线、电流曲线，月曲线看日极值、年曲线看月极值。

1）查询条件为范围、快捷查询。

2）查询结果为运行单位、PMS 馈线条数、完整监测条数、长度、跳闸馈线条数、跳闸次数、重合闸成功次数、未重合闸成功次数、负荷异常、跳闸率（次/条）、故障停运率（次/条）、跳闸率（次/百公里）等馈线跳闸信息。

3）计算说明为跳闸率（次/条）＝跳闸馈线条数/PMS 馈线条数

故障停运率（次/条）＝未重合闸成功次数/PMS 馈线条数

跳闸率（次/百千米）＝跳闸馈线条数/长度

**3. 10kV 馈线重复跳闸统计**

（1）打开“10kV 馈线重复跳闸统计”菜单，初始化展示各地市本月馈线重复跳闸统计数据。

（2）提供了本周、本月快捷查询按钮。

（3）点击导出按钮，导出该列表数据。

（4）点击计算说明，会弹出列表中数据的计算公式，再次点击则隐藏说明。

（5）当跳闸线路数大于 0 时，加超链接，点击相应的台数，弹出该地市的馈线重复跳闸详细信息页面。该页面提供按馈线名称、跳闸次数、跳闸时长来查询具体重复跳闸信息功能，单击上方列表中“跳闸次数”列中的数字，下方列表展示具体跳闸事件记录。点击“导出”按钮，弹出导出对话框，选择“上方”按钮，导出上方的列表数据，选择“下方”按钮，则导出下方的数据（见图 6-55、图 6-56）。

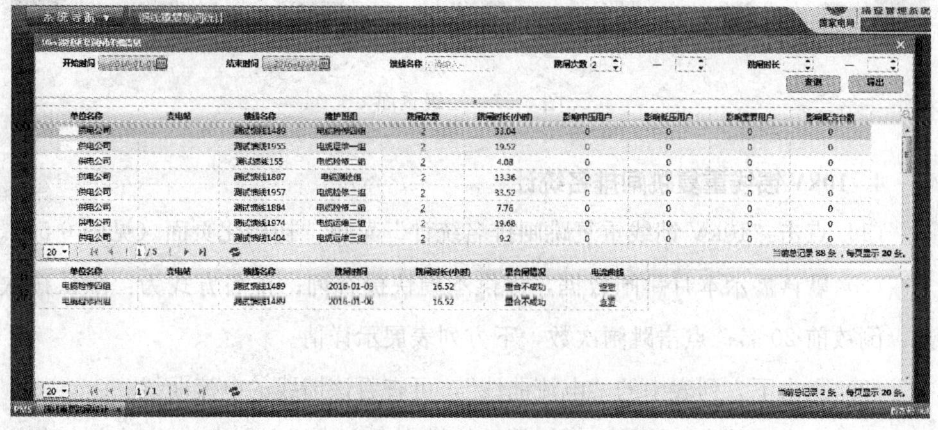

图 6-55 详细信息

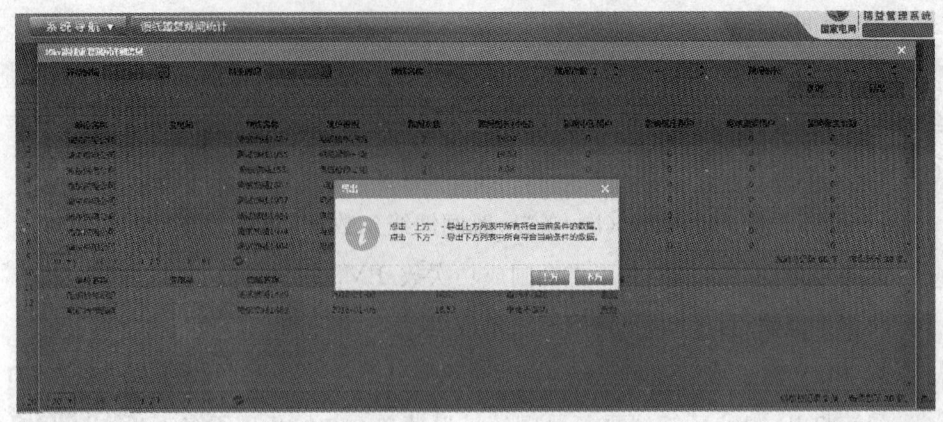


图 6-56 详细信息

（6）单击二级页面下方列表中电流曲线列中的"查看"，弹出"电流曲线"详情页面。该页面可以查看电流的日曲线、月曲线、年曲线（见图 6-57）。

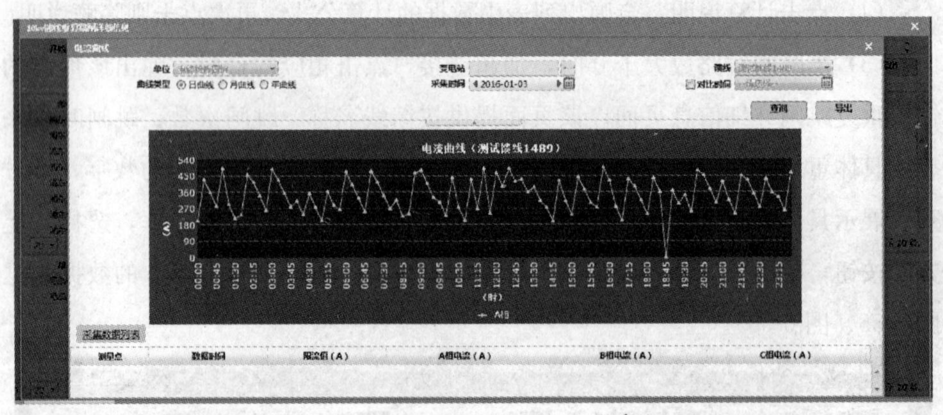


图 6-57 二级页面

**4. 10kV 馈线重复跳闸排名统计**

（1）点击"10kV 馈线重复跳闸排名统计"菜单，初始化页面（见图 6-58）。

（2）默认展示本月跳闸数据，提供本周快捷查询；排名方式为：默认按次数，倒数前 20 名；点击跳闸次数，下方列表展示详情。

（3）点击下方列表中的"电流曲线"，可查看该馈线的电流曲线。

（4）点击"导出"按钮，可根据选择导出上方或下方列表。

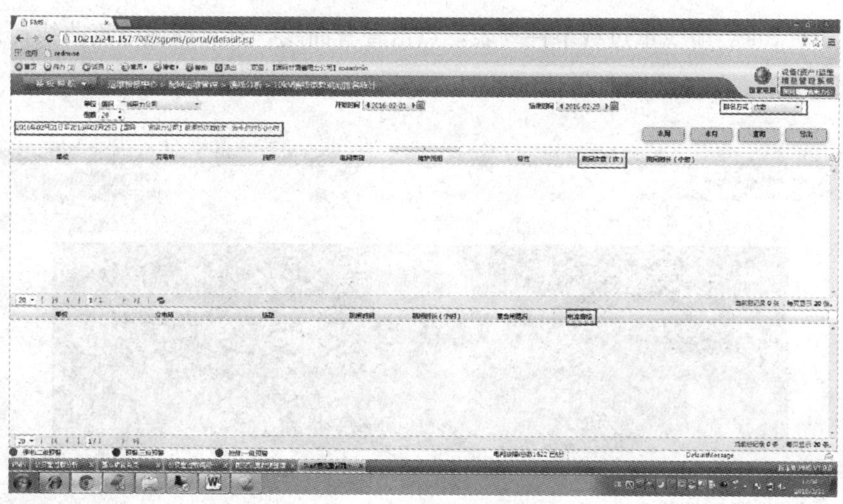

图 6-58 初始化页面

## 5. 10kV 馈线重复停运统计

可统计当前登录人所辖下级单位 10kV 馈线重复停运次数、停运时长、重复停运占比等信息。默认统计本月数据，提供本周、本月快捷查询。在馈线重复停运统计页面中点击单位，提供按单位级别逐级展示或根据展示级别展示相应单位层级的馈线重复停运统计情况，可统计至班组；点击停运馈线条数，显示二级页面 10kV 馈线重复停运列表。

（1）二级页面 10kV 馈线重过载列表页面中点击停运次数展示馈线重复停运事件列表（见图 6-59）。

[illegible]

开始时间 2016-01-01　结束时间 2016-12-31　时长 0.5　停运次数 2

查询　导出

| 运行单位 | 变电站 | 馈线名称 | 维护班组 | 停运次数 | 时长（小时） | 影响中压用户数 | 影响低压用户数 | 重要用户数 | 影响配变台数 |
|---|---|---|---|---|---|---|---|---|---|
| 电缆修试二组 | | 测试馈线115 | 电缆修试二组 | 2 | 10.56 | 0 | 0 | 0 | 0 |
| 电缆运维三组 | | 测试馈线1526 | 电缆运维三组 | 2 | 2.32 | 0 | 0 | 0 | 0 |
| 电缆运维三组 | | 测试馈线1074 | 电缆运维三组 | 2 | 7.32 | 0 | 0 | 0 | 0 |
| 电缆运维二组 | | 测试馈线1416 | 电缆运维二组 | 2 | 31.84 | 0 | 0 | 0 | 0 |
| 电缆运维二组 | | 测试馈线1145 | 电缆运维二组 | 2 | 4.56 | 0 | 0 | 0 | 0 |
| 电缆运维一组 | | 测试馈线1147 | 电缆运维一组 | 2 | 17.84 | 0 | 0 | 0 | 0 |
| 电缆运维一组 | | 测试馈线1895 | 电缆运维一组 | 2 | 8.16 | 0 | 0 | 0 | 0 |
| 电缆运维三组 | | 测试馈线145 | 电缆运维三组 | 2 | 10.8 | 0 | 0 | 0 | 0 |
| 电缆测绘组 | | 测试馈线1910 | 电缆测绘组 | 2 | 14.32 | 0 | 0 | 0 | 0 |
| 电缆运维一组 | | 测试馈线1642 | 电缆运维一组 | 2 | 30.8 | 0 | 0 | 0 | 0 |
| 电缆测绘组 | | 测试馈线1794 | 电缆测绘组 | 2 | 8.96 | 0 | 0 | 0 | 0 |

20　1/2　当前总记录 26 条，每页显示 20 条。

| 运行单位 | 变电站 | 馈线名称 | 停运时间 | 时长（小时） | 停运方式 | 电缆线路 |
|---|---|---|---|---|---|---|
| 电缆修试二组 | | 测试馈线115 | 2016-01-03 03:55:30 | 5.28 | 检修停运 | [illegible] |
| 电缆修试二组 | | 测试馈线115 | 2016-01-06 03:55:30 | 5.28 | 检修停运 | [illegible] |

20　1/1　当前总记录 2 条，每页显示 20 条。

图 6-59 二级页面

（2）10kV 馈线重过载事件列表，点击查看曲线，查看馈线电流曲线；月曲线看日极值、年曲线看月极值（见图 6-60）。

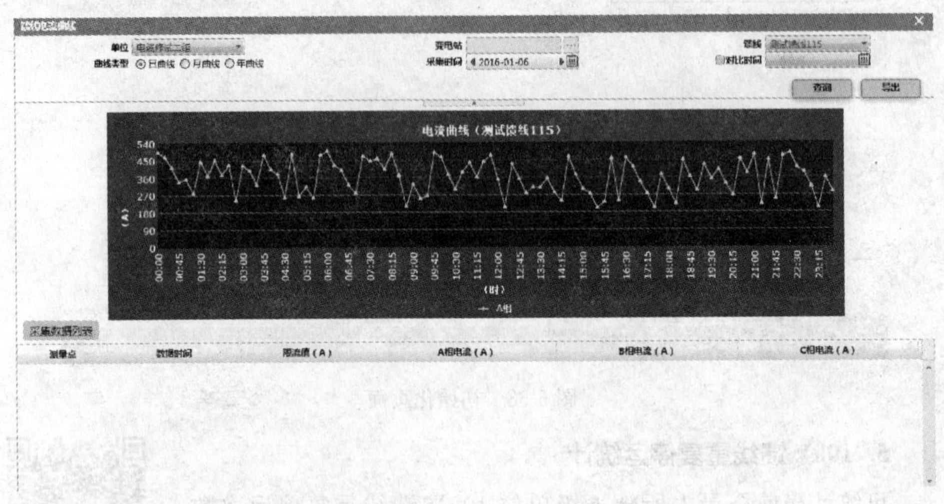


图 6-60　曲线列表

## 6. 10kV 馈线重过载同期对比分析

10kV 馈线重过载同期对比分析可统计展示当前登录人所辖下级单位 10kV 馈线重过载全部以及城网、农网统计馈线重过载的上期条数、本期条数、本期新增、本期减少等信息。默认统计本周与上周馈线重过载对比数据，提供本月与上月对比快捷查询。在馈线重过载统计分析页面中点击单位，提供按单位级别逐级展示或根据展示级别展示相应单位层级的馈线重过载统计情况，可统计至班组；点击本/上期条数、本期新增和本期减少，显示二级页面 10kV 馈线重过载列表。

（1）在二级页面 10kV 馈线重过载列表页面提供按馈线名称模糊查询，点击发生次数展示馈线重过载事件列表。

（2）10kV 馈线重过载事件列表，点击查看曲线，查看馈线电流曲线；月曲线看日极值、年曲线看月极值。

1）10kV 馈线重过载统计分析页面展示。

查询条件：范围、快捷查询。

查询结果：运行单位、PMS 馈线条数、监测条数、采集条数、过载条数、过载占比、发生次数、过载时长（小时）、重载条数、重载占比、发生次数、重载时长等馈线重过载信息。

2）二级页面10kV馈线重过载列表页面展示。

查询条件：开始时间、结束时间、最大负载率、时长、馈线名称。

查询结果：上方列表展示单位、变电站、线路、维护班组、发生次数、发生时长、最大电流值、最大负载率、限流值、影响中压用户数、影响低压用户数、影响重要用户数、影响配电变压器台数等信息；下方列表展示单位、变电站、线路、重过载开始时间、重过载结束时间、重过载时长、最大负载率、最大负载率发生时间、限流值和电流曲线等信息。

**7. 10kV馈线最大负载率分布**

展示当前登录人所辖下级单位10kV馈线最大负载率全部以及城网、农网统计馈线最大负载率在各个负载率区域内的条数、占比等信息。默认统计本周的馈线最大负载率，提供当日、当月快捷查询。若查询条件指定其他负载率区间，则展示效果（见图6-61）。在馈线最大负载率分布页面中点击条数展示当前网省单位下级单位馈线最大负载率分布情况；点击最大负载率，查看10kV馈线最大负载率详情列表。

| 序号 | 单位 | PMS馈线条数 | 监测条数 | 采集条数 | 负载统计条数 | 负载占比(%) |
|---|---|---|---|---|---|---|
| 1 | 供电公司 | 50 | 50 | 50 | 50 | 100 |
| 2 | [illegible]公司 | 245 | 245 | 245 | 245 | 100 |
| 3 | 供电公司 | 294 | 294 | 294 | 294 | 100 |
| 4 | [illegible]公司 | 399 | 398 | 398 | 398 | 99.75 |
| 5 | 供电公司 | 28 | 0 | 0 | 0 | 0 |

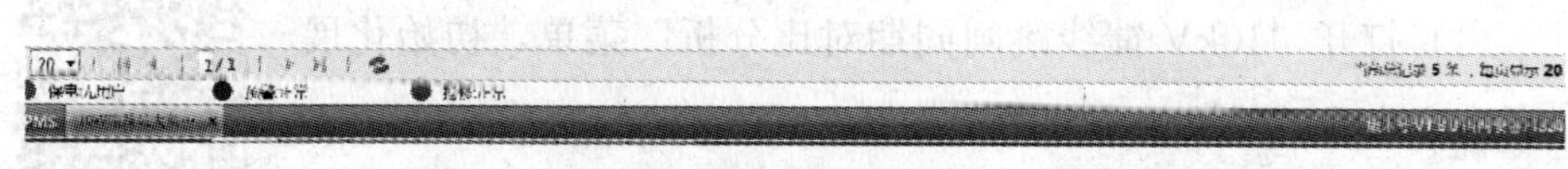

图6-61 展示效果

（1）在二级页面10kV馈线最大负载率列表页面提供按馈线名称模糊查询，点击最大负载率展示这条馈线最大负载率详情（见图6-62）。

图 6-62　详情图

（2）10kV 馈线最大负载率详情，点击查看曲线，查看馈线电流曲线（见图 6-63）。

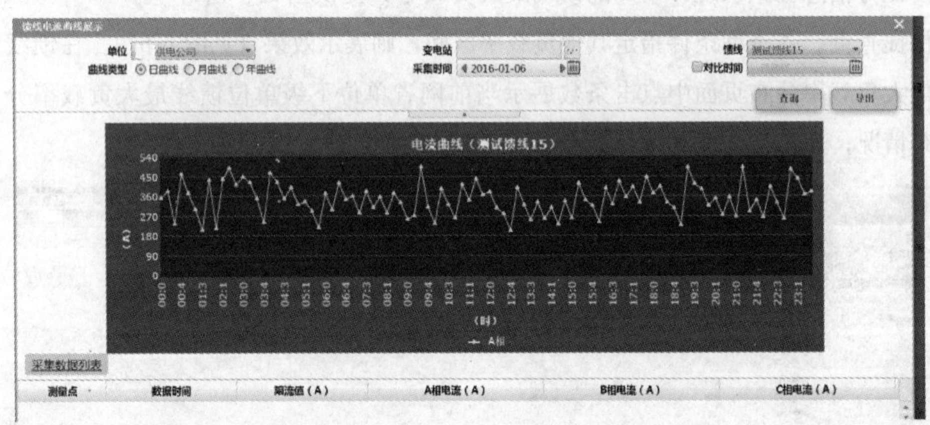


图 6-63　电流曲线

**8. 10kV 馈线跳闸同期对比分析**

（1）打开“10kV 馈线跳闸同期对比分析”菜单，初始化展示各地市本月馈线跳闸同期对比数据。

（2）提供了本周、本月快捷查询按钮。

（3）点击导出按钮，导出该列表数据。

（4）点击计算说明，会弹出列表中数据的计算公式，再次点击则隐藏说明。

（5）当重合闸次数、重合闸不成功次数大于 0 时，加超链接，点击相应的数字，弹出该地市的馈线跳闸详细信息页面，该页面提供按馈线名称模糊查询具体跳闸信息功能，单击上方列表中“重合成功次数”或“重合不成功次数”列中的数字，下方列表展示具体跳闸事件记录。点击“导出”按钮，弹出导出对话框，选择“上方”按钮，导出上方的列表数据，选择“下方”按钮，则导出下方的数据（见图 6-64、图 6-65）。

| 单位名称 | 变电站 | 线路 | 维护班组 | 重合成功次数 | 发生时长（小时） | 影响中压用户数 | 影响低压用户数 | 影响重要用户数 | 影响配变台数 |
|---|---|---|---|---|---|---|---|---|---|
| 电缆运维二组 | | 测试馈线151 | 电缆运维二组 | 1 | 17.08 | 0 | 0 | 0 | 0 |
| 电缆检修二组 | | 测试馈线1957 | 电缆检修二组 | 1 | 16.76 | 0 | 0 | 0 | 0 |
| 电缆检修四组 | | 测试馈线1950 | 电缆检修四组 | 1 | 16.64 | 0 | 0 | 0 | 0 |
| 电缆检修二组 | | 测试馈线1461 | 电缆检修二组 | 1 | 16.2 | 0 | 0 | 0 | 0 |
| 电缆运维一组 | | 测试馈线1439 | 电缆运维一组 | 1 | 16.12 | 0 | 0 | 0 | 0 |
| 电缆检修一组 | | 测试馈线1422 | 电缆检修一组 | 1 | 15.96 | 0 | 0 | 0 | 0 |
| 电缆运维一组 | | 测试馈线1649 | 电缆运维一组 | 1 | 15.48 | 0 | 0 | 0 | 0 |
| 电缆运维二组 | | 测试馈线1647 | 电缆运维二组 | 1 | 15.44 | 0 | 0 | 0 | 0 |

| 单位名称 | 变电站 | 线路 | 跳闸时间 | 恢复时间 | 跳闸时长（小时） | 重合闸情况 | 电流曲线 |
|---|---|---|---|---|---|---|---|
| 电缆运维二组 | | 测试馈线151 | 2016-01-03 03:01:30 | 2016-01-03 20:01:18 | 17.08 | 重合闸成功 | 查看 |

图 6-64　详细信息

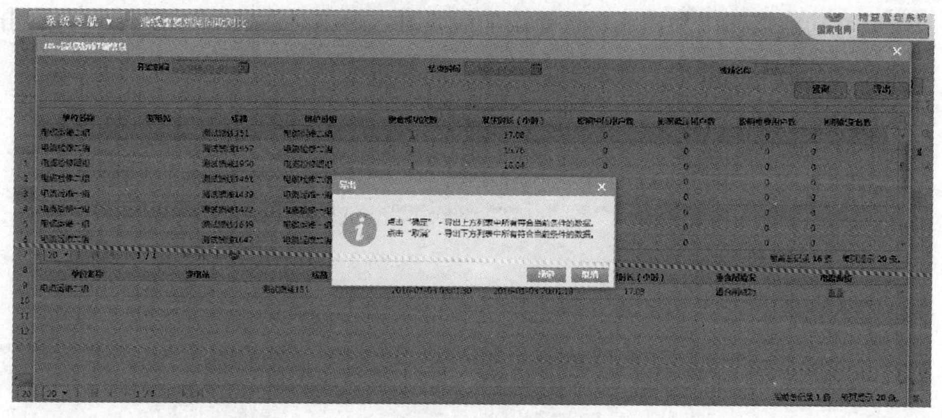

图 6-65　详细信息

（6）单击二级页面下方列表中电流曲线列中的“查看”，弹出“电流曲线”详情页面。该页面可以查看电流的日曲线、月曲线、年曲线（如图 6-66）。

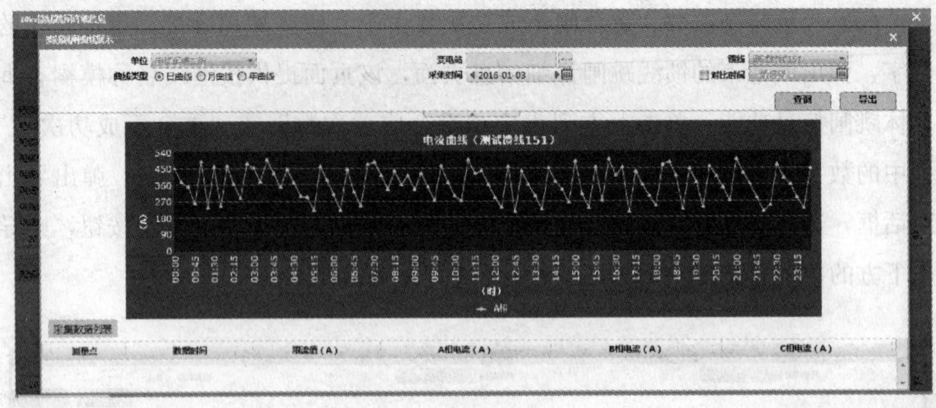


图 6-66　电流曲线

## 9. 10kV 馈线重点关注设备维护

（1）依次打开“配网运维管控→馈线分析→10kV 馈线重点关注设备维护”菜单。

（2）选择左侧导航树，右边馈线信息会根据树节点进行数据加载。

（3）左侧导航树支持在线新增功能，可根据要求添加根节点或对应子节点，同时也支持删除功能。

（4）右侧存在查询条件，可调整对应条件进行查询数据。

（5）功能按钮添加馈线，选择添加馈线时，弹出对话框（见图 6-67），点击添加馈线按钮则该数据会被添加到一级页面列表中。

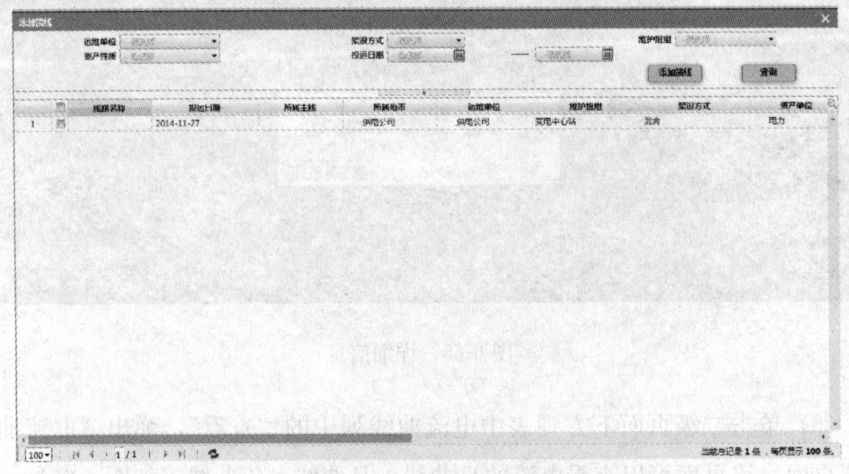


图 6-67　一级页面

（6）功能按钮删除馈线，支持多选，顾名思义，删除所选择的馈线。

**10. 10kV 馈线电流曲线查询**

（1）依次打开“配网运维管控→馈线分析→10kV 馈线电流曲线查询”菜单，页面（见图 6-68）。

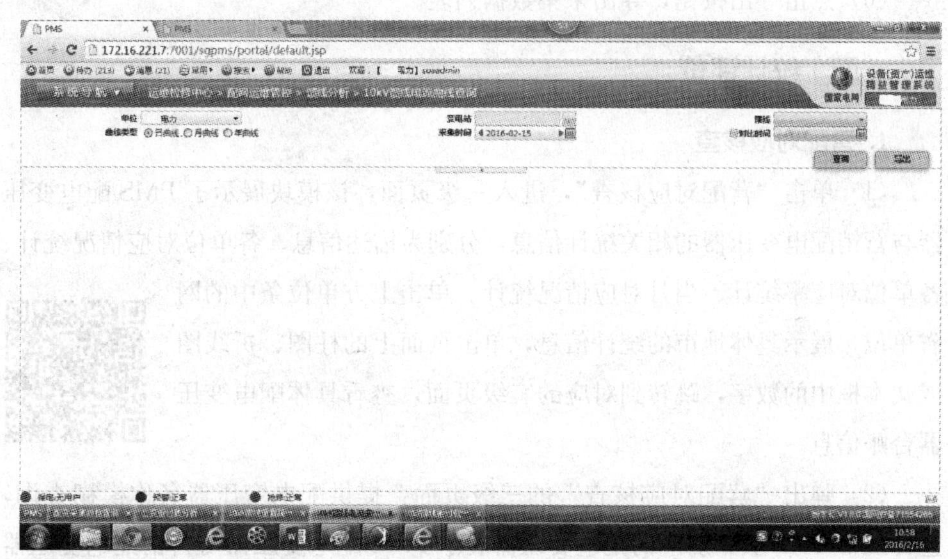


图 6-68　查询菜单

（2）依次选择该单位下的变电站、馈线点击查询（见图 6-69）。

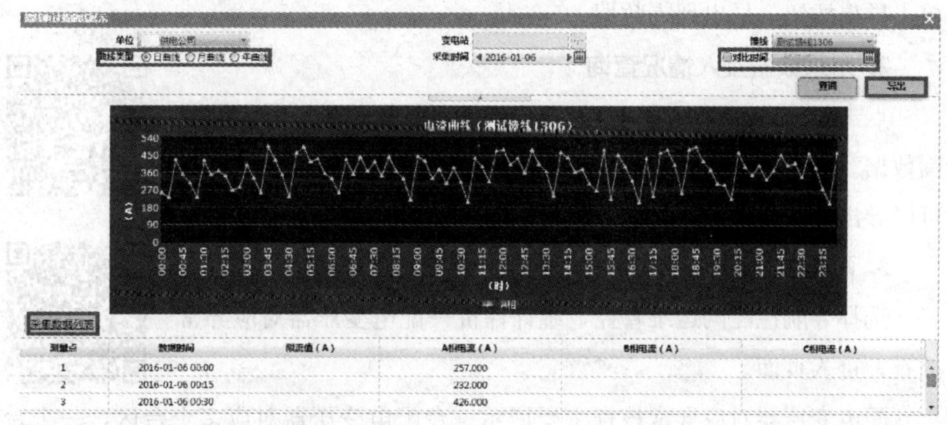


| 测量点 | 数据时间 | 限流值（A） | A相电流（A） | B相电流（A） | C相电流（A） |
|---|---|---|---|---|---|
| 1 | 2016-01-06 00:00 | | 257.000 | | |
| 2 | 2016-01-06 00:15 | | 232.000 | | |
| 3 | 2016-01-06 00:30 | | 426.000 | | |

图 6-69　查询页面

(3) 选择不同的曲线类型，可查看日、月、年不同类型曲线；月曲线展示日最大电流曲线，年曲线展示月度相应曲线。

(4) 提供同期曲线对比功能，对比起始时间可自定义。

(5) 根据所选曲线类型，点击采集数据列表按钮，展示采集数据。

(6) 点击导出按钮，导出采集数据列表。

## (四)统计评价

### 1. 营配对应核查

(1) 单击“营配对应核查”，进入一级页面，该模块展示了 PMS 配电变压器与营销配电变压器的相关统计信息，分别为描述信息、各单位对应情况统计、各单位对应率统计、当月对应情况统计。单击上方单位条中的网省单位，展示具体地市的统计信息，单击页面上的柱图、折线图或文本框中的数字，跳转到对应的三级页面，查看具体配电变压器台账信息。

(2) 弹出“营配对应核查”的三级页面，提供配电变压器名称模糊查询，包含三个 TAB 页，对应的配电变压器展示 PMS 配电变压器与营销配电变压器对应上的具体台账信息，PMS 中不对应的配电变压器展示与营销配电变压器不对应的 PMS 配电变压器具体台账信息，营销中不对应的配电变压器展示与 PMS 配电变压器不对应的营销配电变压器具体台账信息，同时提供导出功能，单击导出按钮，导出列表数据。

### 2. 用采数据接入情况查询

点击菜单进入页面后，选择查询区域下拉框值可查看不同范围数据。点击重置可重置查询区域值。点击列表上方导出按钮，可以导出 excel。

### 3. 配电变压器对应异常核查

选择导航栏配网运维管控，统计评价→配电变压器对应异常核查，进入页面。

配电变压器对应异常核查主要展示一台配电变压器对应多个台区，一个台区对应多台配电变压器主要信息，可按照运维单位、配电变压器名称、台区标识进行查询，点击导出按钮可以导出异常信息列表。

**4. 用采数据质量核查**

选择导航栏配网运维管控，统计评价→用采数据质量核查，进入页面。

用电信息采集数据质量核查主要展示各单位用电信息采集数据质量情况，包括电压漏点、电流漏点、功率漏点、电压异常等。电压漏数情况，可按照运维单位、变电站名称、馈线、异常类型、配电变压器名称、时间进行查询，并提供导出功能，点击下表格中带下划线的数字可查看指定配电变压器的电流、电压、功率曲线（见图 6-70）。

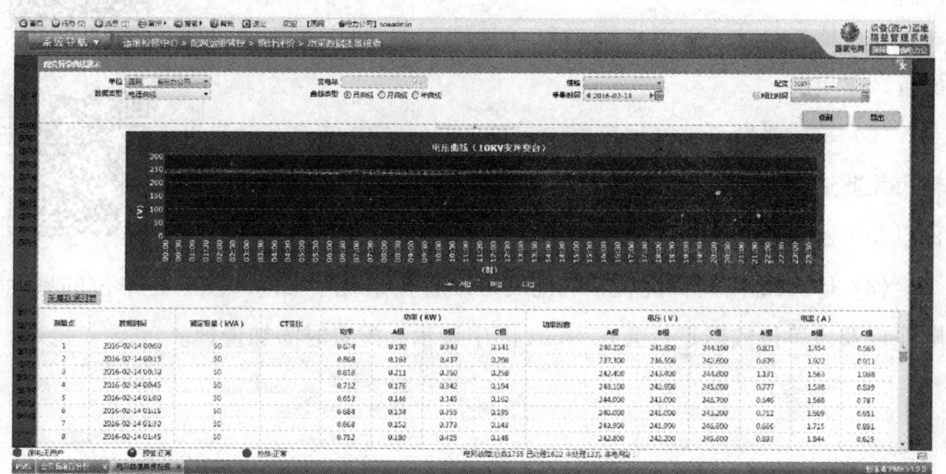


图 6-70　曲线

## （五）基础配置

基础配置页面仅开发人员及系统管理员使用。

**1. 指标配置**

依次打开“配网运维管控→基础配置→指标配置”菜单，初始化展示所有展示在首页以及二级页面功能模块的路径配置信息。

**2. 首页配置**

（1）依次打开“配网运维管控→基础配置→首页配置”菜单。

（2）左上角保存旁提供展示其他首页配置的下拉，点击切换到对应首页页面。

**3. 二级页面配置**

（1）依次打开“配网运维管控→基础配置→二级页面配置”菜单。

（2）左上角添加，可增加对应二级页面，右侧新建可新增对应二级页面模块需要展示内容，操作完成之后点击保存即可。

**4. PMS 部门简称配置**

（1）依次打开“配网运维管控→基础配置→PMS 部门简称配置”菜单。

（2）单位级别可选择地市供电单位、县级供电单位（对于直辖市无此选项），选择任意一种进行配置该省或直辖市的部门简称以及展示顺序。

（3）PMS 部门简称配置影响配网运维管控系统中 Chart 图中各单位的展示顺序以及该单位数据是否会在 chart 图中展示，配置时需加谨慎。

# 第七章 供电所安全缺陷管理

本章概述：本章主要对供电所安全隐患排查治理、违章查处进行了描述，包括隐患和违章的定义、分类、治理、上报，以及事故障碍的现场调查分析流程及应对措施。

## 第一节 安全隐患排查治理和违章查处

### 一、安全隐患排查治理

#### （一）安全隐患定义、分类

（1）安全隐患。安全隐患是指安全风险程度较高，可能导致事故发生的作业场所、设备设施、电网运行的不安全状态、人的不安全行为和安全管理方面的缺失。

（2）安全事故隐患分级。根据可能造成的事故后果，安全隐患分为Ⅰ级重大事故隐患、Ⅱ级重大事故隐患、一般事故隐患和安全事件隐患四个等级。见表 7-1。

表 7-1 安全隐患分级表

| Ⅰ级重大事故隐患 | Ⅱ级重大事故隐患 | 一般事故隐患 | 安全事件隐患 |
|---|---|---|---|
| 1～2 级人身事件 | 3～4 级人身事件 | 5～8 级人身事件 | |
| 1～2 级电网事件 | 3～4 级电网事件 | 5～7 级电网事件 | 8 级电网事件 |
| 1～2 级设备事件 | 3 级设备事件，或 4 级设备事件中造成 100 万元以上直接经济损失的设备事件 | 其他 4 级设备事件，5～7 级设备事件 | 8 级设备事件 |
| 水电站大坝溃决事件 | 水电站大坝漫坝、结构物或边坡垮塌、泄洪设备或挡水结构不能正常运行事件 | | |

续表

| Ⅰ级重大事故隐患 | Ⅱ级重大事故隐患 | 一般事故隐患 | 安全事件隐患 |
| --- | --- | --- | --- |
| | 5 级信息系统事件 | 6～7 级信息系统事件 | 8 级信息系统事件 |
| 特大交通事故 | 重大交通 | 一般交通事故 | 轻微交通事故 |
| 特大或重大火灾事故 | 较大或一般火灾事故 | 火灾（7 级事件） | 火警（8 级事件） |
| 重大以上环境污染事件 | 较大或一般等级环境污染事件 | | |
| | 安全管理隐患：安全监督管理机构未成立，安全责任制未建立，安全管理制度、应急预案严重缺失，安全培训不到位，发电机组（风电场）并网安全性评价未定期开展，水电站大坝未开展安全注册和定期检查等 | 其他对社会造成影响事故的隐患 | |

事故隐患的等级由事故隐患所在单位按照预评估、评估、核定三个步骤确定。重大事故隐患由省公司或总部相关职能部门确定，一般事故隐患由地市公司确定，安全事件隐患由地市公司二级机构或县公司确定。

事故隐患等级实行动态管理。依据事故隐患的发展趋势和治理进展，隐患的级别可进行相应调整。

## （二）安全隐患和缺陷的关系

安全隐患与设备缺陷有延续性又有区别。超出设备缺陷管理制度规定的消缺周期仍未消除的设备危急缺陷和严重缺陷，即为安全隐患。对规定的一个消缺周期内的设备缺陷（无论是否满足隐患等级）不纳入安全隐患管理，仍按照设备缺陷管理规定和工作流程处置。

被判定为安全隐患的设备缺陷，应继续按照国家电网有限公司及本单位现有设备缺陷管理规定进行处理，同时按事故隐患管理流程进行闭环督办。

## （三）隐患排查治理

### 1. 安全隐患闭环管理流程

按照“谁主管、谁负责”和“全方位覆盖、全过程闭环”原则，开展隐患排查治理工作。隐患排查治理应纳入日常工作中，按照“排查（发现）—评估报告—治理（控制）—验收销号”的流程形成闭环管理，如图 7-1 所示。

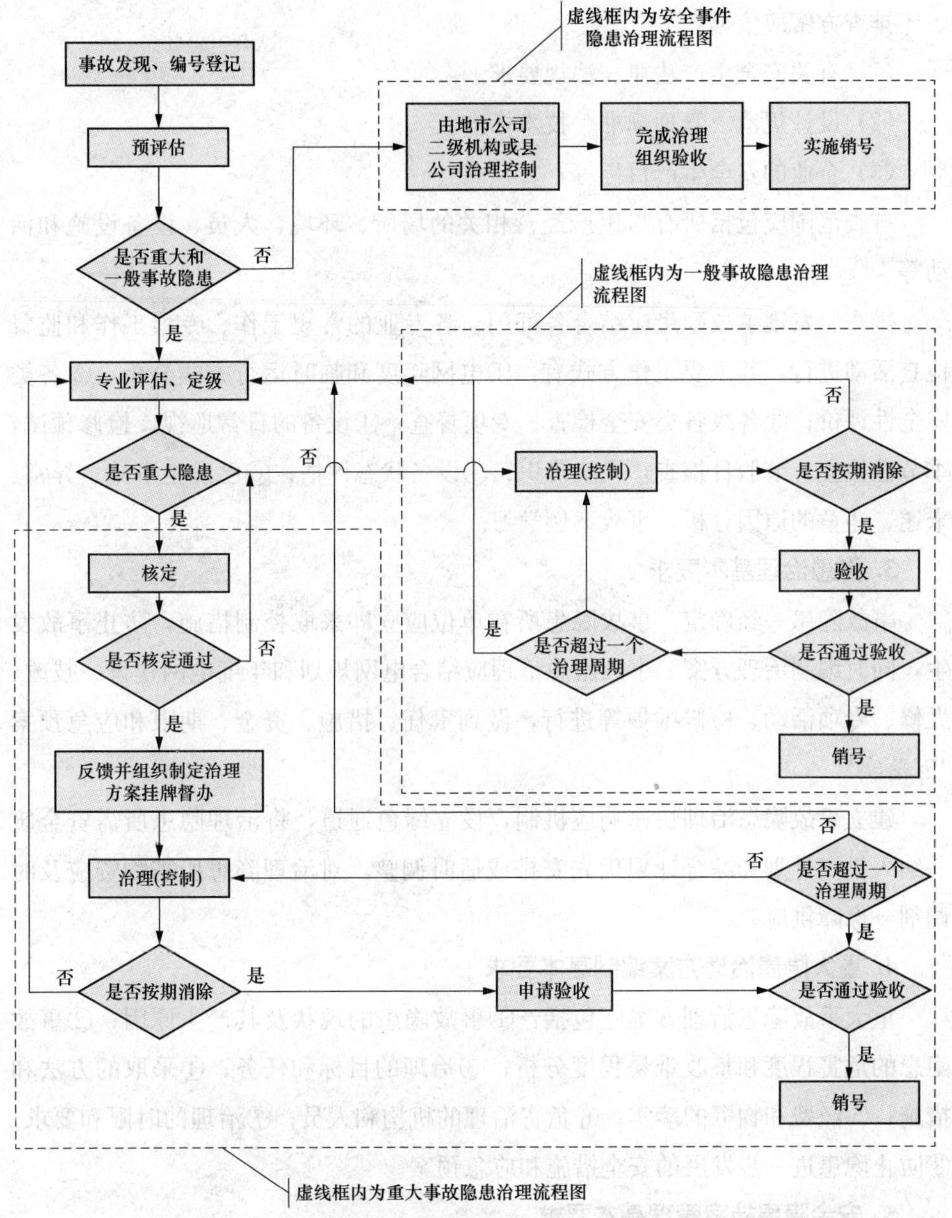


图 7-1 安全隐患排查治理工作流程图

**2. 排查安全隐患基本要求**

事故隐患排查前应制定排查方案，明确排查的目的、范围，选择合适的排查方法。

排查方案应依据：

（1）有关安全生产法律、法规要求。

（2）设计规范、管理标准、技术标准。

（3）企业的安全生产目标等。

排查范围应包括所有与生产经营相关的场所、环境、人员、设备设施和活动等。

排查、发现事故隐患应结合各部门、各专业的常规工作、专项工作和监督检查活动进行，其主要工作方式有：①电网年度和临时运行方式分析；②各类安全性评价；③各级各类安全检查、专项督查；④设备的日常巡视、检修预试，季节性检查，节假日检查，风险辨识；⑤设备状态评估；⑥已发生事故、异常、未遂、违章的原因分析，事故案例学习。

**3. 隐患治理基本要求**

事故隐患一经确定，事故隐患所在单位应立即采取控制措施，防止事故发生，同时编制治理方案。事故隐患治理应结合电网规划和年度电网建设、技改、大修、专项活动、检修维护等进行，做到责任、措施、资金、期限和应急预案"五落实"。

建立事故隐患治理快速响应机制，设立绿色通道，将治理隐患所需资金统一纳入投资计划和综合计划优先安排或适时调整，对治理隐患所需物资应及时调剂、保障供应。

**4. 重大隐患治理方案编制基本要求**

重大事故隐患治理方案应包括：①事故隐患的现状及其产生原因；②事故隐患的危害程度和整改难易程度分析；③治理的目标和任务；④采取的方法和措施；⑤经费和物资的落实；⑥负责治理的机构和人员；⑦治理的时限和要求；⑧防止隐患进一步发展的安全措施和应急预案。

**5. 安全隐患档案管理基本要求**

运用安全隐患管理信息系统，做到"一患一档"。

事故隐患档案应包括以下信息：隐患简题、隐患来源、隐患内容、隐患编号、隐患所在单位、专业分类、归属职能部门、评估等级、整改期限、整改完成情况等（见表 7-2～表 7-4）。事故隐患排查治理过程中形成的传真、会议纪要、正式文件、治理方案、验收报告等也应归入事故隐患档案。

**表 7-2　　一般隐患排查治理档案表**

××××年度　　××供电公司

| | | | | | | |
|---|---|---|---|---|---|---|
| 排查 | 隐患简题 | | | | 隐患来源 | |
| | 隐患编号 | | 隐患所在单位 | | 专业分类 | |
| | 发现人 | | 发现人单位 | | 发现日期 | |
| | 隐患内容及原因 | | | | | |
| 预评估 | 隐患危害程度（可能导致后果） | | | | 归属职能部门 | |
| | 预评估等级 | | 预评估负责人 | | 日期 | |
| | | | 县公司及单位（工区）审核 | | 日期 | |
| 评估 | 评估等级 | | 评估负责人签名 | | 日期 | |
| | | | 地市公司级单位领导审定 | | 日期 | |
| 治理 | 治理责任单位 | | 治理期限 | 自　年　月　日至　年　月　日 | | |
| | 安全第一责任人 | | 联系电话 | | | |
| | 整改责任人 | | 联系电话 | | | |
| | 是否计划外项目 | | 是否完成计划外备案手续 | | | |
| | 治理计划（防控、整改措施和应急预案） | | | | | |
| | 治理完成情况 | | | | | |
| 验收 | 验收申请单位 | | 负责人 | | 日期 | |
| | 验收组织单位 | | | | | |
| | 验收意见和结论 | | | | | |
| | 验收组长 | | | | 日期 | |

**表 7-3　　重大事故隐患排查治理档案表**

××××年度　　××供电公司

| | | | | | | |
|---|---|---|---|---|---|---|
| 排查 | 隐患简题 | | | | 隐患来源 | |
| | 隐患编号 | | 隐患所在单位 | | 专业分类 | |
| | 发现人 | | 发现人单位 | | 发现日期 | |
| | 隐患内容及原因 | | | | | |

续表

| | | | | | | |
|---|---|---|---|---|---|---|
| 预评估 | 隐患危害程度（可能导致后果） | | | 归属职能部门 | | |
| | 预评估等级 | | 预评估负责人签名/日期 | | 县公司级单位（工区）审核签名/日期 | |
| 评估 | 评估等级 | | 评估负责人签名/日期 | | 地市公司级单位领导审核签名/日期 | |
| 核定 | 省公司级单位核定意见 | | | 职能部门负责人签名/日期 | | |
| 治理 | 治理责任单位 | | 治理期限 | | 自　年　月　日<br>至　年　月　日 | |
| | 安全第一责任人 | | | 联系电话 | | |
| | 整改责任人 | | | 联系电话 | | |
| | 是否计划外项目 | | | 是否完成计划外备案手续 | | |
| | 治理目标任务是/否落实 | | | 治理经费物资是否落实 | | |
| | 治理时间要求是/否落实 | | | 治理机构人员是否落实 | | |
| | 安全措施应急预案是/否落实 | | | 累计完成治理资金（万元） | | |
| | 治理计划或治理方案（防控、整改措施和应急预案） | | | | | |
| | 治理完成情况 | | | | | |
| 验收 | 验收申请单位 | | 负责人 | | 日期 | |
| | 验收组织单位 | | | | | |
| | 验收意见和结论 | | | | | |
| | 验收组长 | | 日期 | | | |

**表 7-4　　安全事件隐患排查治理档案表**

××××年度　　　　　　　　　　××供电公司

| | | | | | | |
|---|---|---|---|---|---|---|
| 排查 | 隐患简题 | | | 隐患来源 | | |
| | 隐患编号 | | 隐患所在单位 | | 专业分类 | |
| | 发现人 | | 发现人单位 | | 发现日期 | |
| | 隐患内容及原因 | | | | | |
| 预评估 | 隐患危害程度（可能导致后果） | | | 归属职能部门 | | |
| | 预评估等级 | | 预评估负责人 | | 日期 | |
| 评估 | 评估等级 | | 评估负责人 | | 日期 | |
| | | | 县公司级单位（工区）领导审定 | | 日期 | |

续表

| | | | | |
|---|---|---|---|---|
| 治理 | 治理责任单位 | | 治理期限 | 自 年 月 日<br>至 年 月 日 |
| | 安全第一责任人 | | 联系电话 | |
| | 整改责任人 | | 联系电话 | |
| | 治理计划（防控、整改措施和应急预案） | | | |
| | 治理完成情况 | | | |
| 验收 | 验收申请单位 | | 负责人 | 日期 |
| | 验收组织单位 | | | |
| | 验收意见和结论 | | | |
| | 验收组长 | | 日期 | |

隐患排查是供电所日常管理的重要工作，基层班组应结合日常巡视和各项安全专项检查，实现隐患排查、治理的常态化管理。

## （四）考核要求

（1）考核原则。依据奖罚结合原则，鼓励班组、岗位积极自查自改隐患，早查早改隐患，总结、推广隐患排查治理经验，对做出突出贡献的，予以奖励；对隐患的产生以及排查治理工作不到位负有责任的，予以处罚。根据分级考核原则，按照隐患的级别（Ⅰ级重大事故隐患、Ⅱ级重大事故隐患、一般事故隐患、安全事件隐患），根据在隐患排查治理过程中做出贡献大小或对隐患产生以及排查治理工作不到位负有责任的轻重，分级分类进行考核。

（2）考核重点。

1）对以下情况做出突出贡献的，予以奖励。及时排查治理Ⅰ、Ⅱ级重大事故隐患；及时排查治理家族性、全局性的设备隐患；及时排查治理制度、规程、标准缺失或存在错误、流程不畅等管理性隐患；及时排查治理常规方法（手段）不易发现的隐蔽性隐患；总结推广适用面广、实用性强的隐患排查治理经验。

2）对被上级单位或木单位安监部门组织的安全检查、抽查、督查发现的以下情况负有责任的，予以处罚：①没有及时落实相关技术标准、反事故措施等要求而形成的隐患；②施工、调试或大修技改、检修试验遗留的隐患；③在日常巡视维护、运行方式分析、安全性评价、监理活动等应发现而未发现的隐患；

④上级单位或专业部门要求排查的专项隐患、家族性隐患，本单位或专业部门存在但没有排查出的隐患；⑤经多次专项排查后仍重复出现的同类隐患（不含外部不可控环境因素造成的隐患）；⑥未将治理责任落实到单位、部门、班组、岗位的隐患；⑦无故不安排项目（不落实资金）治理的隐患；⑧没按计划完成治理的隐患；⑨因管控原因导致隐患级别升级或引发安全事件的隐患；⑩多次治理仍未根治的同一隐患（不含外部不可控环境因素造成的隐患）；⑪未执行“两单一表”管控的重大隐患；⑫没纳入安监管理一体化平台进行管控的隐患；⑬安监管理一体化平台隐患库中记录的隐患排查治理闭环管控情况与实际情况严重不符的隐患。

（3）考核方式。对单位考核，可采取将其纳入同业对标、企业负责人业绩考核内容以及通报、约谈等方式；对部门（班组）考核，可采取将同业对标指标分解到各专业部门、纳入部门绩效考核、部门评优（先）条件、通报等方式；对岗位人员考核，可采取将其纳入岗位绩效考核、各类评优（先）条件以及通报、罚款（奖励）等方式。

## 二、违章查处

（1）违章定义。违章是指在电力生产活动过程中，违反国家和电力行业安全生产法律法规、规程标准，违反公司安全生产规章制度、反事故措施、安全管理要求等，可能对人身、电网和设备构成危害并容易诱发事故的管理的不安全作为、人的不安全行为、物的不安全状态和环境的不安全因素。

（2）违章分类。

1）违章按照性质分为：①管理违章：是指各级领导、管理人员不履行岗位安全职责，不落实安全管理要求，不健全安全规章制度，不执行安全规章制度等的各种不安全作为；②行为违章：是指现场作业人员在电力建设、运行、检修、营销服务等生产活动过程中，违反保证安全的规程、规定、制度、反事故措施等的不安全行为（见图7-2～图7-5）；③装置违章是指生产设备、设施、环境和作业使用的工器具及安全防护用品不满足规程、规定、标准、反事故措施等的要求，不能可靠保证人身、电网和设备安全的不安全状态和环境的不安全因素。

图 7-2 巡视线路未按规定着装

图 7-3 低压工作未戴手套

图 7-4 高处作业失去安全保护

图 7-5　雨天倒闸操作不戴绝缘手套，未使用防雨雪型绝缘棒

典型违章 100 条见附录。

2）按照违章性质、情节及可能造成的后果，可分为：①严重违章：是指可能直接造成人身、电网、设备事故，或虽不直接对人身、电网、设备造成危害，但性质恶劣的违章现象；②一般违章：是指对人身、电网、设备不直接造成危害且达不到严重违章标准的违章现象。

供电所每位作业人员都应自觉遵守安全工作规程规定，深刻认识到“违章就是事故之源，违章就是伤亡之源”，积极主动参与反违章，建立反违章工作的群众基础。

（3）反违章工作措施。

1）健全安全培训机制。分专业、分工种开展安全规章制度、安全技能知识、安全监督管理等培训，从安全素质和技能培训上提高供电所作业人员辨识违章、纠正违章和防止违章的能力。

2）开展违章自查自纠。充分调动全体员工的积极性、主动性，紧密结合生产实际，鼓励全体人员自主发现违章，自觉纠正违章，相互监督整改违章。（见图 7-6）。

________年第____号

签发人：　　　　时间：　　　　年　　　　月　　　　日

（单位或个人）：

×××月×××日，对×××监督检查过程中，发现了以下问题：

图 7-6　违章整改通知书（样例）（一）

违反了××××××××××××××××××××××××××××××××××××××××××××××××××××的要求规定。限你（或单位）在________天内完成整改，并将整改结果报×××单位（部门）。

如对本通知书有异议，请于______天内，以书面形式向发送单位陈述理由。

×××单位（部门）（章）

年　　月　　日

图 7-6　违章整改通知书（样例）（二）

3）对查出的每起违章，应做到原因分析清楚，责任落实到人，整改措施到位，并深入查找其背后的管理原因，着力做好违章问题的根治。对性质特别恶劣的违章、反复发生的同类性质违章，以及引发安全事件的违章，要对上级单位“说清楚”。

4）建立违章曝光制度。在工作例会、安全活动等场合，对违章现象予以曝光，形成反违章舆论监督氛围。

5）开展违章人员教育。对严重违章的人员，应进行教育培训；对多次发生严重违章或违章导致事故发生的人员，应进行待岗教育培训，经考试、考核合格后方可重新上岗。

6）推行违章记分管理。根据违章种类和违章性质等因素，分级制定违章减分和反违章加分规则，并将违章记分纳入个人和班组安全考核以及评选先进的依据。

7）配足反违章监督检查必备的设备（如录音、照相、摄像器材，望远镜等），保证交通工具使用，提高监督检查效率和质量。

8）建立现场作业计划公布制度，提前公示作业信息，明确作业任务、时间、人员、地点，主动接受供电所及上级反违章现场监督检查。

（4）习惯性违章防控。

1）习惯性违章指操作人员的不良习惯得不到纠正，有反复发生的特点，供电所人员要严格执行相关规章制度，加强自身学习，努力克服不良习惯，彻底纠正错误操作及习惯，熟练正确操作方法。

2）充分发挥监督作用。严格落实施工现场管理人员到岗到位要求，检查现场安全措施落实情况、工器具及劳动防护用品使用情况、保证安全的组织措施和技术措施落实情况，及时发现、更正问题。

(5) 管理考核。

1) 对反违章工作成效显著或及时发现纠正违章现象、避免安全事故发生的班组和员工，应按照《国家电网公司员工奖惩规定》和《国家电网公司安全工作奖惩规定》等给予表扬和奖励。

2) 对反违章工作组织不力、因违章导致安全事故发生的班组和员工，应按照《国家电网公司员工奖惩规定》和《国家电网公司安全工作奖惩规定》等给予批评和处罚。

3) 违章考核实行"自查、自纠、自处"的原则，经班组发现并按规定给予考核的，不再由上级单位进行考核，但经班组自查自纠、作业现场工作班成员间及时发现并纠正的违章行为应进行记录。

## 第二节　事故障碍的现场调查分析

### 一、事故的分类和等级

根据《国家电网公司安全事故调查规程》，安全事故体系由人身、电网、设备和信息系统四类事故组成，分为一～八级事件，其中一～四级事件对应国家相关法规定义的特别重大事故、重大事故、较大事故和一般事故。发生特别重大事故、重大事故、较大事故和一般事故，需严格按照国家法规、行业规定及有关程序，向相关机构报告、接受并配合其调查、落实其对责任单位和人员的处理意见，同时还应按照《国家电网公司安全事故调查规程》进行报告和调查。

### 二、安全事故调查原则

安全事故调查应坚持"实事求是、尊重科学"的原则，及时、准确地查清事故经过、原因和损失，查明事故性质，认定事故责任，总结事故教训，提出整改措施，并对事故责任者提出处理意见，做到事故原因未查清不放过、责任人员未处理不放过、整改措施未落实不放过、有关人员未受到教育不放过。

## 三、事故的现场调查程序

### （一）保护事故现场

事故发生后，事故发生单位必须迅速抢救伤员并派专人严格保护事故现场。未经调查和记录的事故现场，不得任意变动。事故发生单位安监部门或其指定的部门应立即对事故现场和损坏的设备进行照相、录像、绘制草图、收集资料。因紧急抢修、防止事故扩大以及疏通交通等，需要变动现场，必须经单位有关领导和安监部门同意，并做出标志、绘制现场简图、写出书面记录，保存必要的痕迹、物证。

### （二）收集原始资料

（1）事故发生后，事故发生单位安监部门或其指定的部门应立即组织当值值班人员、现场作业人员和其他有关人员在离开事故现场前，分别如实提供现场情况并写出事故的原始材料。

应收集的原始资料包括：有关运行、操作、检修、试验、验收的记录文件，系统配置和日志文件，以及事故发生时的录音、故障录波图、计算机打印记录、现场影像资料、处理过程记录等。

安监部门或指定的部门要及时收集有关资料，并妥善保管。

（2）事故调查组成立后，安监部门或指定的部门应及时将有关材料移交事故调查组。

（3）事故调查组在收集原始资料时应对事故现场搜集到的所有物件（如破损部件、碎片、残留物等）保持原样，并贴上标签，注明地点、时间、物件管理人。

（4）事故调查组要及时整理出说明事故情况的图表和分析事故所必需的各种资料和数据。

（5）事故调查者有权向事故发生单位、有关部门及有关人员了解事故的有关情况并索取有关资料，任何单位和个人不得拒绝。

## （三）调查事故情况

（1）人身事故应：

1）查明伤亡人员和有关人员的单位、姓名、性别、年龄、文化程度、工种、技术等级、工龄、本工种工龄等。

2）查明事故发生前伤亡人员和相关人员的技术水平、安全教育记录、特殊工种持证情况和健康状况，过去的事故记录、违章违纪情况等。

3）查明事故发生前工作内容、开始时间、许可情况、作业程序、作业时的行为及位置、事故发生的经过、现场救护情况等。

4）查明事故场所周围的环境情况（包括照明、湿度、温度、通风、声响、色彩度、道路、工作面状况以及工作环境中有毒、有害物质和易燃、易爆物取样分析记录）、安全防护设施和个人防护用品的使用情况（了解其有效性、质量及使用时是否符合规定）。

（2）电网、设备事故应：

1）查明事故发生的时间、地点、气象情况，以及事故发生前系统和设备的运行情况。

2）查明事故发生经过、扩大及处理情况。

3）查明与事故有关的仪表、自动装置、断路器、保护、故障录波器、调整装置、遥测、遥信、遥控、录音装置和计算机等记录和动作情况。

4）查明事故造成的损失，包括波及范围、减供负荷、损失电量、停电用户性质，以及事故造成的设备损坏程度、经济损失等。

5）调查设备资料（包括订货合同、大小修记录等）情况以及规划、设计、选型、制造、加工、采购、施工安装、调试、运行、检修等质量方面存在的问题。

（3）信息系统事件应：

1）查明事件发生前系统的运行情况。

2）查明事件发生经过、扩大及处理情况。

3）调查系统和设备资料（包括订货合同、维护记录等）情况以及规划、设计、建设、实施、运行等方面存在的问题。

4）查明事件造成的损失，包括影响时间、影响范围、影响严重程度等。

（4）事故调查还应：①了解现场规章制度是否健全，规章制度本身及其执行中暴露的问题；②了解各单位管理、安全生产责任制和技术培训等方面存在的问题；③了解全过程管理是否存在漏洞；④事故涉及两个以上单位时，应了解相关合同或协议。

## （四）分析原因责任

（1）事故调查组在事故调查的基础上，分析并明确事故发生、扩大的直接原因和间接原因。必要时，事故调查组可委托专业技术部门进行相关计算、试验、分析。

（2）事故调查组在确认事实的基础上，分析是否人员违章、过失、违反劳动纪律、失职、渎职，安全措施是否得当，事故处理是否正确等。

（3）根据事故调查的事实，通过对直接原因和间接原因的分析，确定事故的直接责任者和领导责任者；根据其在事故发生中的作用，确定事故发生的主要责任者、同等责任者、次要责任者、事故扩大的责任者；根据事故调查结果，确定相关单位承担主要责任、同等责任、次要责任或无责任。

（4）发生以下事项之一造成事故的，确认为本单位负同等以上责任。

1）本单位和本单位承包、承租、承借的工作场所，由于本单位原因，知识劳动条件或作业环境不良，管理不善，设备或设施不安全，发生触电、高处坠落、设备爆炸、火灾、生产建（构）筑物倒塌等造成事故。

2）发包工程项目，发生以下情形之一者：①资质审查不严，承包方不符合要求；②开工前未对承包方责任人、工程技术人员和安监人员进行应由发包方交代的安全技术交底且没有完整的记录；③对危险性生产区域（指容易发生触电、高空坠落、爆炸、爆破、起吊作业、中毒、窒息、机械伤害、火灾、烧烫伤等引起人身和设备事故的场所）内作业未事先进行专门的安全技术交底，未按安全施工要求配合做好相关的安全措施（含有关设施、设备上设置明确的安全警告标志等）；④未签订安全生产管理协议，或协议中未明确各自的安全生产职责。

3）事故调查组认定的本单位负同等以上责任的其他情形。

（5）凡事故原因分析中存在下列与事故有关的问题，确定为领导责任：①安全生产责任制不落实；②规程制度不健全；③对员工教育培训不力；④现场安全防护装置、个人防护用品、安全工器具不全或不合格；⑤反事故措施、安全技术劳动保护措施计划和应急预案不落实；⑥同类事故重复发生；⑦违章指挥或决策不当；⑧政府相关部门规定的工程项目有关安全施工证件不全；⑨事故调查组确定的应为领导责任的其他情形。

## （五）提出防范措施及人员处理意见

事故调查组应根据事故发生、扩大的原因和责任分析，提出防止同类事故发生、扩大的组织（管理）措施和技术措施。

事故调查组在事故责任确定后，要根据有关规定提出对事故责任人员的处理意见，由有关单位和部门按照人事管理权限进行处理。

对下列情况应从严处理：①违章指挥、违章作业、违反劳动纪律造成事故发生的；②事故发生后迟报、漏报、瞒报、谎报或在调查中弄虚作假、隐瞒真相的；③阻挠或无正当理由拒绝事故调查或提供有关情况和资料的。

在事故处理中积极抢救、安置伤员和恢复设备、系统运行的，在事故调查中主动反映事故真相，使事故调查顺利进行的有关事故责任人员，可酌情从宽处理。

## （六）事故调查报告

事故单位应组织或配合事故调查组编写事故调查报告，并在规定时限内上报。

事故调查结案后，事故调查组织单位应将有关资料归档，资料必须完整，根据情况应有：

（1）人身、电网、设备、信息系统事故报告（见附录）。

（2）事故调查报告书、事故处理报告书及批复文件。

（3）现场调查笔录、图纸、仪器表计打印记录、资料、照片、录像、操作记录、配置文件、日志等。

（4）技术鉴定和实验报告。

（5）物证、人证材料。

（6）直接和间接经济损失材料。

（7）事故责任者的字数材料。

（8）医疗部门对伤亡人员的诊断书。

（9）发生事故时的工艺条件、操作情况和设计资料。

（10）处分决定和受处分人员的检查材料。

（11）有关事故的通报、简报及成立调查组的有关文件。

（12）事故调查组的人员名单，内容包括姓名、职务、职称、单位等。

# 第八章 供电所安全培训

本章描述：本章第一节选择部分与供电所密切相关的安全规章制度进行介绍，第二节利用问答形式，通过数据加深供电所应知应会的部分安全管理及技术知识，最后通过案例学习，加强工作人员安全意识。

## 第一节 安全法规制度

遵守安全法规制度是公民应尽义务，随着国家安全法制化建设需要，国家、行业及公司在安全生产方面建立健全了相应规章制度，是基层供电所加强安全监管、防止和减少事故、安全生产的保证和基础。对供电所员工开展安全法制教育，对于做好安全工作、合理规避法律风险具有重要意义。

### 一、安全法律法规制度概述

严格执行国家法律、法规以及行业规章制度，安全法规制度分为国家法律法规、行业标准和企业内部制度三个层面，本节对与供电所安全生产工作密切相关的部分安全法律法规制度进行介绍。

#### （一）《中华人民共和国电力法》

《中华人民共和国电力法》于 1995 年 12 月 28 日第八届全国人民代表大会常务委员会第十七次会议通过，1996 年 4 月 1 日起施行，并于 2009 年 8 月及 2015 年 4 月进行修正。《中华人民共和国电力法》是根据社会主义市场经济客观要求，将我国能源产业的基本产业政策以法律形式固定，为保障电力企业安全及持续发展提供了法律保障。

## （二）《中华人民共和国安全生产法》

2002 年 6 月 29 日，中华人民共和国主席令第七十号发布了《中华人民共和国安全生产法》，自 2002 年 11 月 1 日起施行，修订版于 2014 年 8 月 31 日通过，自 2014 年 12 月 1 日起施行。《中华人民共和国安全生产法》的出台标志着我国安全生产法制化建设进入新阶段，以基本法的形式，对安全生产工作的方针、生产经营单位的安全生产保障、从业人员的权利和义务、生产安全事故的应急救援和调查处理以及违法行为的法律责任等都做出了明确的规定，是加强安全生产管理、搞好安全生产工作的重要法律依据，是各类生产经营单位及其从业人员实现安全生产必须遵循的行为准则。

## （三）《国家电网公司电力安全工作规程 （配电部分）》

2014 版的《国家电网公司电力安全工作规程（配电部分）》，是配电工作人员现场安全工作的重要工作指南，其目的是为了加强配电作业现场管理，规范作业人员的行为，保证人身、电网和设备安全，依据国家有关法律、法规，结合配电作业实际制定的规程。内容包括总则、配电作业基本条件、保证安全的组织措施、保证安全的技术措施、运行和维护、架空配电线路工作、配电设备工作、低压电气工作、带电作业、二次系统工作、高压试验与测量工作、电力电缆工作、分布式电源相关工作、机具及安全工器具使用、检查、保管和试验、动火工作、起重与运输、高处作业等 17 项内容及 16 项附录。

## （四）《居民用户家用电器损坏处理办法》

《居民用户家用电器损坏处理办法》由原中华人民共和国电力工业部 1996 年 9 月 1 日起实施并沿用至今，是为了保护供用电双方合法权益，规范因电力运行事故引起的居民用户家用电器损坏的理赔处理，公正、合理地调节纠纷。

## （五）《电力设施保护条例》

现行《电力设施保护条例》是由中华人民共和国国务院令通过，2011 年 1 月 8

日起施行。《电力设施保护条例》适用于中华人民共和国境内已建或在建的电力设施（包括发电设施、变电设施和电力线路设施及其有关辅助设施）。条例包括六章（总则、电力设施的保护范围和保护区、电力设施的保护、对电力设施与其他设施互相妨碍的处理、奖励与惩罚、附则）三十二条内容，为电力设施的保护提供了法律依据。

## 二、基础知识

（1）禁止任何单位和个人危害电力设施安全或非法侵占、使用电能。

（2）因建设引起建筑物、构筑物与供电设施相互妨碍，需要迁移供电设施或采取防护措施时，应按建设先后的原则，确定其担负的责任。如供电设施建设在先，建筑物、构筑物建设在后，由后续建设单位负担供电设施迁移、防护所需的费用；如建筑物、构筑物的建设在先，供电设施建设在后，由供电设施建设单位负担建筑物、构筑物迁移所需的费用；不能确定建设的先后者，由双方协商解决。供电企业需要迁移用户或其他供电企业的设施时，也按上述原则办理。城乡建设与改造需迁移供电设施时，供电企业和用户都应积极配合，迁移所需的材料和费用，应在城乡建设与改造投资中解决。

（3）电力线路设施的保护范围

1）架空电力线路。杆塔、基础、拉线、接地装置、导线、避雷线、金具、绝缘子、登杆塔的爬梯和脚钉，导线跨越航道的保护设施、巡（保）线站、巡视检修专用道路、船舶和桥梁，标志牌及其有关辅助设施；

2）电力电缆线路。架空、地下、水底电力电缆和电缆连接装置，电缆管道、电缆隧道、电缆沟、电缆桥，电缆井、盖板、人孔、标石、水线标志牌及其有关辅助设施；

3）电力线路上的变压器、电容器、电抗器、断路器、隔离开关、避雷器、互感器、熔断器、计量仪表装置、配电室、箱式变电站及其有关辅助设施。

4）电力调度设施。电力调度场所、电力调度通信设施、电网调度自动化设施、电网运行控制设施。

（4）电力线路保护区。

1）架空电力线路保护区。导线边线向外侧水平延伸并垂直于地面所形成的两平行面内的区域，在一般地区各级电压导线的边线延伸距离为：1～10kV，5m；35～110kV，10m；154～330kV，15m；500kV，20m。

在厂矿、城镇等人口密集地区，架空电力线路保护区的区域可略小于上述规定。但各级电压导线边线延伸的距离，不应小于导线边线在最大计算弧垂及最大计算风偏后的水平距离和风偏后距建筑物的安全距离之和。

2）电力电缆线路保护区。地下电缆为电缆线路地面标桩两侧各 0.75m 所形成的两平行线内的区域；海底电缆一般为线路两侧各 2 海里（港内为两侧各 100m），江河电缆一般不小于线路两侧各 100m（中、小河流一般不小于各 50m）所形成的两平行线内的水域。

（5）任何单位或个人，不得从事下列危害电力线路设施的行为。

1）向电力线路设施射击。

2）向导线抛掷物体。

3）在架空电力线路导线两侧各 300m 的区域内放风筝。

4）擅自在导线上接用电器设备。

5）擅自攀登杆塔或在杆塔上架设电力线、通信线、广播线，安装广播喇叭。

6）利用杆塔、拉线作起重牵引地锚。

7）在杆塔、拉线上拴牲畜、悬挂物体、攀附农作物。

8）在杆塔、拉线基础的规定范围内取土、打桩、钻探、开挖或倾倒酸、碱、盐及其他有害化学物品。

9）在杆塔内（不含杆塔与杆塔之间）或杆塔与拉线之间修筑道路。

10）拆卸杆塔或拉线上的器材，移动、损坏永久性标志或标志牌。

11）其他危害电力线路设施的行为。

（6）任何单位或个人在架空电力线路保护区内，必须遵守下列规定。

1）不得堆放谷物、草料、垃圾、矿渣、易燃物、易爆物及其他影响安全供电的物品。

2）不得烧窑、烧荒。

3）不得兴建建筑物、构筑物。

4）不得种植可能危及电力设施安全的植物。

（7）任何单位或个人必须经县级以上地方电力管理部门批准，并采取安全措施后，方可进行下列作业或活动。

1）在架空电力线路保护区内进行农田水利基本建设工程及打桩、钻探、开挖等作业。

2）起重机械的任何部位进入架空电力线路保护区进行施工。

3）小于导线距穿越物体之间的安全距离，通过架空电力线路保护区。

4）在电力电缆线路保护区内进行作业。

（8）电力运行事故，是指在供电企业负责运行维护的 220/380V 供电线路或设备上因供电企业的责任发生的下列事件。

1）在 220/380V 供电线路上，发生相线与零线接错或三相相序接反。

2）在 220/380V 供电线路上，发生零线断线。

3）在 220/380V 供电线路上，发生相线与零线互碰。

4）同杆架设或交叉跨越时，供电企业的高电压线路导线掉落到 220/380V 线路上或供电企业高电压线路对 220/380V 线路放电。

（9）从家用电器损坏之日起 7 日内，受害居民用户未向供电企业投诉并提出索赔要求的，即视为受害者已自动放弃索赔权；超过 7 日的，供电企业不再负责其赔偿。

（10）对损坏家用电器的修复，供电企业承担被损坏元件的修复责任。修复时应尽可能以原型号、规格的新元件修复；无原型号、规格的新元件可供修复时，可采用相同功能的新元件替代。修复所发生的元件购置费、检测费、修理费均由供电企业负担。不属于责任损坏或未损坏的元件，受害居民用户也要求更换时，所发生的元件购置费与修理费应由提出要求者负担。

（11）对不可修复的家用电器，其购买时间在 6 个月及以内的，按原购货发票价，供电企业全额予以赔偿；购置时间在 6 个月以上的，按原购货发票价，并按《居民用户家用电器损坏处理办法》规定的使用寿命折旧后的余额，予以赔偿。使用年限已超过《居民用户家用电器损坏处理办法》规定仍在使用的，或折旧后的差额低于原价 10%的，按原价的 10%予以赔偿。使用时间以发货票开具的日期为准开始计算。对无法提供购货发票的，应由受害居民用户负责举证，经供电企业核算无误后，以证明出具的购置日期时的国家定价为准，按前款规定清偿。清偿后，损坏的家用电器归属供电企业所有。

（12）各类家用电器的平均使用年限为：电子类：如电视机、音响、录像机、充电器等，使用寿命为10年；电动机类：如电冰箱、空调器、洗衣机、电风扇、吸尘器等，使用寿命为12年；电阻电热类：如电饭煲、电热水器、电茶壶、电炒锅等，使用寿命为5年；电光源类：白炽灯、气体放电灯、调光灯等，使用寿命为2年。

（13）第三人责任致使居民用户家用电器损坏的，供电企业应协助受害居民用户向第三人索赔，并可比照《居民用户家用电器损坏处理办法》进行处理。

（14）任何人发现有违反《国家电网公司电力安全工作规程（配电部分）》的情况，应立即制止，经纠正后方可恢复作业。作业人员有权拒绝违章指挥和强令冒险作业；在发现直接危及人身、电网和设备安全的紧急情况时，有权停止作业或在采取可能的紧急措施后撤离作业场所，并立即报告。

（15）作业人员应被告知其作业现场和工作岗位存在的危险因素、防范措施及事故紧急处理措施。作业前，设备运维管理单位应告知现场电气设备接线情况、危险点和安全注意事项。

（16）进入作业现场应正确佩戴安全帽，现场作业人员还应穿全棉长袖工作服、绝缘鞋。

（17）新参加电气工作的人员、实习人员和临时参加劳动的人员（管理人员、非全日制用工等），应经过安全生产知识教育后，方可下现场参加指定的工作，并且不得单独工作。

（18）巡视中发现高压配电线路、设备接地或高压导线、电缆断落地面、悬挂空中时，室内人员应距离故障点4m以外，室外人员应距离故障点8m以外；并迅速报告调度控制中心和上级，等候处理。处理之前应防止人员接近接地或断线地点，以免跨步电压伤人。进入上述范围人员应穿绝缘靴，接触设备的金属外壳时，应戴绝缘手套。

（19）杆塔作业应禁止以下行为：①攀登杆基未完全牢固或未做好临时拉线

的新立杆塔；②携带器材登杆或在杆塔上移位；③利用绳索、拉线上下杆塔或顺杆下滑。

（20）高处作业应使用工具袋。上下传递材料、工器具应使用绳索；邻近带电线路作业的，应要使用绝缘绳索传递，较大的工具应用绳拴在牢固的构件上。

（21）生产经营单位应当对从业人员进行安全生产教育和培训，保证从业人员具备必要的安全生产知识，熟悉有关的安全生产规章制度和安全操作规程，掌握本岗位的安全操作技能，了解事故应急处理措施，知悉自身在安全生产方面的权利和义务。未经安全生产教育和培训合格的从业人员，不得上岗作业。

（22）从业人员应当接受安全生产教育和培训，掌握本职工作所需的安全生产知识，提高安全生产技能，增强事故预防和应急处理能力。从业人员发现事故隐患或其他不安全因素，应立即向现场安全生产管理人员或本单位负责人报告；接到报告的人员应当及时予以处理。

（23）现场勘察应查看检修（施工）作业需要停电的范围、保留的带电部位、装设接地线的位置、邻近线路、交叉跨越、多电源、自备电源、地下管线设施和作业现场的条件、环境及其他影响作业的危险点，并提出针对性的安全措施和注意事项。

## 第二节　“数”说安全

### 一、管理类

（1）2018 年，我国发生电力人身伤亡责任事故 39 起，死亡 40 人。其中电力生产人身伤亡事故 21 起，死亡 22 人；电力建设人身伤亡事故 18 起，死亡 18 人。

（2）委内瑞拉“3.7”大面积停电事故。2019 年，委内瑞拉当地时间 3 月 7 日 16：50，突发全国性大面积停电事故，包括首都加拉加斯在内的 20 个州（全国共 23 个州）遭遇大停电，导致全国交通瘫痪，食品用水供应不足，同时造成石油出口停滞，给委内瑞拉造成了严重的经济损失。9 日上午，在全国 70％的电力系统初步恢复供电后，委内瑞拉电力系统再次崩溃。当地时间 3 月 25 日开始，委内瑞拉首都加拉加斯以及全国 23 个州中的 21 个州再次陆续停电，全国多数地区停电，造成全国性停工停课，主要原油出口终端和通勤交通系统陷入瘫痪。

（3）巴西“3·21”大停电事故。2018年3月21日，巴西当地时间15：48出现停电事故，造成18000MW负荷损失，全国约四分之一用户断电。发生大停电，导致部分地铁和有轨电车在嫩的公共交通停运，交通混乱、工厂停工、损失严重。

（4）“两措”。安全技术劳动保护措施和反事故措施。

（5）“两票三制”。两票指工作票和操作票，三制是指交接班制度、巡回检查制度、设备定期试验轮换制度。

（6）我国安全生产“两个主体”“两个负责制”。政府是安全生产的监管主体，企业是安全生产的责任主体。安全生产工作必须建立、落实政府行政首长负责制和企业法定代表人负责制。“两个主体”“两个负责制”相辅相成，共同构成我国安全生产工作基本责任制度。

（7）三不发生。不发生大面积停电事故，不发生人身死亡和恶性误操作事故，不发生重特大设备损坏事故。

（8）确保安全“三个百分之百”内容。确保安全，必须做到：人员的百分之百，全员保安全；时间的百分之百，每一时、每一刻保安全；力量的百分之百，集中精神、集中力量保安全。

（9）安全抓“三基”。抓基层、抓基础、抓基本功。

（10）以“三铁”反“三违”，杜绝“三高”。以“铁的制度、铁的面孔、铁的处理”，反“违章指挥、违章作业、违反劳动纪律”，杜绝“领导干部高高在上、基层员工高枕无忧、规章制度束之高阁”。

（11）安全“三控”。可控、能控、在控。

（12）安全管理三级控制。企业控制重伤和事故、车间（工区、工地）控制轻伤和障碍、班组控制未遂和异常。

（13）安全管理“三个组织体系”。安全保证体系、安全监督体系、安全责任体系。

（14）安全管理“三个工作体系”。风险管理体系、应急管理体系、事故调查体系。

(15) 班前会“三交”“三查”。交代工作任务、交代安全措施、交代注意事项；检查作业人员精神状态、两穿一戴、现场安全措施。

(16) 安全管理“四个凡事”。凡事有人负责，凡事有章可循，凡事有据可查，凡事有人监督。

(17) 事故调查“四不放过”。事故原因未查清不放过，责任人员未处理不放过，整改措施未落实不放过，有关人员未受到教育不放过。

(18)“四措一案”。组织措施、技术措施、安全措施、文明施工措施和施工方案。

(19) 现场作业“四清楚”。作业任务清楚、危险点清楚、现场的作业程序清楚、安全措施清楚。

(20) 四种人。工作票签发人、工作许可人、工作负责人、专责监护人。

(21) 一个安全周期。100天为一个安全周期。

(22) 农电“三防十要”反事故措施。“三防”是：防止触电伤害、防止高空坠落、防止倒（断）杆伤害；“十要”是：①工作前要勘察施工现场，提前进行危险点分析与预控；②检修、施工要使用工作票，作业前现场进行安全交底；③施工现场要设专人监护，严把现场安全关；④电气作业要先进行停电，验明无电后即装设接地线；⑤高空作业要戴好安全帽，脚扣登杆全过程系安全带；⑥梯子登高要有专人扶守，必须采取防滑、限高措施；⑦人工立杆要使用抱杆，必须由专人进行统一指挥；⑧撤杆撤线要先检查杆根，必须加设临时拉线或晃绳；⑨交通要道施工要双向设置警示标志，并设专人看守；⑩放、撤线邻近或跨越带电线路要使用绝缘牵引绳。

(23) 农电“反六不”活动内容。反电气作业不办工作票、反作业前不交底、反施工现场不监护、反电气作业不停电、反不验电、反工作地段两端不装设接地线。

(24) 生产作业现场“十不干”。无票的不干，工作任务、危险点不清楚的不干，危险点控制措施未落实的不干，超出作业范围未经审批的不干，未在接地保护范围内的不干，现场安全措施布置不到位、安全工器具不合格的不干，杆塔根部、基础和拉线不牢固的不干，高处作业防坠落措施不完善的不干，有限空间内气体含量未经检测或检测不合格的不干，工作负责人（专责监护人）不在现场的不干。

## 二、技术类

（1）人体安全电流值。交流 10mA；直流 50mA。

（2）两穿一戴。穿工作服、绝缘鞋，戴安全帽。

（3）安规规定体格检查每两年至少一次。

（4）立、撤杆塔时，禁止基坑内有人。除指挥人及指定人员外，其他人员应在杆塔高度的 1.2 倍距离以外。

（5）凡在坠落高度基准面 2m 及以上的高处进行的作业，都应视作高处作业。

（6）保险带、绳使用长度在 3m 以上的应加缓冲器。

（7）10kV 线路、设备不停电时的安全距离是 0.7m。

（8）我国安全电压额定值的等级分别为：42、36、24、12、6V。

（9）绝缘手套、绝缘靴的校验周期为半年。

（10）进入接地点 20m 以内行走，就有可能发生跨步电压触电。

（11）“五防”。防止误分（合）断路器、防止带负荷拉合隔离开关、防止带电挂（合）接地线（接地开关）、防止带接地线（接地开关）合断路器（隔离开关）、防止误入带电间隔。

（12）架空电力导线边线向外侧水平延伸并垂直于地面所形成的两平行面内的区域，在一般地区各级电压导线的边线延伸不超过 5m。

（13）工作票、操作票保存期限为 1 年。

（14）安全帽的使用期限。从制造之日起，塑料帽≤2.5 年，玻璃钢帽≤3.5 年。

（15）绝缘棒的校验周期为一年。

（16）胸外心脏按压频率。应保持在 100 次/min。

（17）双人复苏按压与呼吸比例。按压与呼吸比例为 30：2，即 30 次心脏按压后，进行两次人工呼吸。

(18) 任何单位或个人，不得在架空电力线路导线两侧各 300m 的区域内放风筝。

(19) 安全工器具适宜存放的温度和湿度。安全工器具宜存放在温度为－15～＋35℃、相对湿度为 80％以下、干燥通风的安全工器具室内。

(20) 高压接地线的截面积。不得小于 $25mm^2$。

(21) 绝缘操作杆 (10kV) 的最小有效绝缘长度为 0.7m。

(22) 剩余电流动作保护器“三率”管理。安装率、投运率和动作可靠率必须达到 100％。

# 第三节 六类典型案例分析

## 一、触电伤害类

**[例 8-1]** 箱式变电站故障巡视触电。

2012 年 5 月 16 日上午 9：15，×供电公司李××接电话通知，带领工作人员张××处理××小区箱式变电站故障，到达现场后，李××认为 10kV 朝一路已停电，指挥张××打开箱式变电站的变压器设备前开始检查，9：45 听到张××“啊”的一声倒在了箱式变电站的变压器前，检查发现张××Ⅲ度烧伤。

事故发生主要原因为：

工作人员张××冒险作业，未确认线路是否停电，未进行停电、验电、接地等安全措施工作，违反《国家电网公司电力安全工作规程（配电部分）》“箱式变电站停电工作前，应断开所有可能送电到箱式变电站的线路的断路器（开关）、负荷开关、隔离开关（刀闸）和熔断器，验电、接地后，方可进行箱式变电站的高压设备工作”的规定，造成触电烧伤；作业现场无工作票作业，供电公司人员李××违章指挥且没有尽到监护责任。

暴露问题：

(1) 供电公司人员李××在未确认设备确已停电的情况下，违章指挥工作，强令冒险作业，作业人员安全意识淡薄，缺乏保护自身能力。

(2) 故障抢修工作安排混乱，无票作业，违反《国家电网公司电力安全工作规程（配电部分）》“填用配电故障紧急抢修单的工作。配电线路、设备故障紧急处理应填用工作票或配电故障紧急抢修单”的规定。

（3）供电公司安全管理不到位，工作人员工作随意性大。

防范措施：

（1）此类抢修工作按照规定填用工作票或配电故障紧急抢修单，并严格落实各项安全措施和技术措施。

（2）加强作业人员安全知识培训和安全意识提升，避免出现违章指挥和强令冒险作业。

［**例 8-2**］ 10kV 电缆试验触电。

×供电公司检修工区试验班在 110kV×变电站进行 10kV 出线电缆耐压试验。工作负责人为李××，工作人员为张××、王××。在试验过程中，李××操作试验设备，王××整理试验记录，试验人员张××徒手拆除被试电缆，更换试验引线，造成人身剩余电荷触电。

事故发生主要原因：

（1）工作班成员张××在更换试验引线时未戴绝缘手套、未对试验电缆进行充分放电、短路接地，违反《国家电网公司电力安全工作规程（配电部分）》“变更接线或试验结束，应断开试验电源，并将升压设备的高压部分放电、短路接地”“电缆试验过程中需更换试验引线时，作业人员应先戴好绝缘手套对被试电缆充分放电”的规定。

（2）工作负责人李××监护不到位，未及时发现、制止张××违章作业，违反《国家电网公司电力安全工作规程（配电部分）》“监督工作班成员遵守本规程、正确使用劳动防护用品和安全工器具以及执行现场安全措施”的规定，造成人身剩余电荷触电。

暴露问题：

（1）作业人员安全意识淡薄，不能正确使用安全防护工具，缺乏自我保护意识。

（2）监护人员未能尽到监护责任。

防范措施：加强人员安全意识及技能培训，严格遵守安全规程，正确使用安全工器具和靠东防护用品，落实作业现场工作监护制度。

［例 8-3］ 低压装表作业触电。

2004 年 7 月 21 日，×供电所王××、袁××为一用户改线并装电能表。两人未办理工作票即赶到现场，王××负责拆旧和送电，袁××负责安装电能表，两人分头开始工作。王××（身着短袖上衣和七分裤，脚穿拖鞋）站在铁管焊制的梯子约 1.8m 处拆旧和接线，在用带绝缘手柄的钳子剥开相线（火线）的线皮时，左手不慎碰到带电的导线上，触电后扑在梯子上，经抢救无效死亡。

事故发生主要原因：工作人员违反《国家电网电力安全工作规程（配电部分）》"进入作业现场应正确佩戴安全帽，现场作业人员还应穿全棉长袖工作服、绝缘鞋。""低压电气带电工作应戴手套、护目镜，并保持对地绝缘。""带电断、接低压导线应有人监护。""在低压用电设备（如充电桩、路灯、用户终端设备等）上工作，应采用工作票或派工单、任务单、工作记录、口头、电话命令等形式，口头或电话命令应留有记录。"等条款规定，作业中没有使用劳动防护用品且没有按照规定办理低压工作票，工作无监护，造成违章触电死亡。

暴露问题：

（1）供电所安全管理松懈，安排工作时未指定工作负责人，工作中无人监护，同时未按规定办理工作票。

（2）作业人员安全意识淡薄，对作业人员的着装管理不严格，作业人员自我保护意识差。

（3）作业人员对低压带电作业的风险认识不足，在未采取任何安全措施的情况下，冒险作业。

防范措施：

（1）按照作业要求办理相关工作票，明确工作负责人（监护人），进行危险点分析，制订现场安全措施。

（2）工作负责人组织人员充分准备工器具及材料。

（3）工作人员按规定着装，穿绝缘鞋和全棉长袖工作服，并戴手套、安全帽和护目镜，并保持对地绝缘。

（4）严格执行工作监护制度，低压带电工作时要有专人全过程监护。

［**例 8-4**］ 同杆架设线路作业触电。

2004 年 6 月 29 日，×县电力公司供电所按计划调整转接低压负荷。工作负责人杨××与工作班成员余××等 4 人一同前往现场进行勘察后，办理了线路第一种工作票，但是，遗漏了与工作地段低压线路同杆架设但不同电源的路灯线路，工作票中没有对路灯线路提出“停电和挂接地线”的安全技术措施。工作负责人杨××在召开了班前会，完成工作票上所列的停电、验电、挂接地线等措施后，便组织工作班成员开始作业。18∶40 许，余××在××村 A 台配变低压线路上进行工作时，因路灯线路突然来电造成触电死亡。

发生事故主要原因：

(1) 现场勘察工作不全面，遗漏了同杆架设但由不同低压电源供电的路灯线路；工作票中所列安全措施不全。违反《国家电网公司电力安全工作规程（配电部分）》“现场勘察应查看检修（施工）作业需要停电的范围、保留的带电部位、装设接地线的位置、邻近线路、交叉跨越、多电源、自备电源、地下管线设施和作业现场的条件、环境及其他影响作业的危险点，并提出针对性的安全措施和注意事项。”的规定以及在现场组织施工作业过程中又没有认真核对现场实际和补充完善安全措施，在工作地段同杆架设的低压路灯线没有挂接地线的情况下，组织工作班人员开始施工作业，造成路灯线路突然来电人员触电死亡。

(2) 工作班成员自我防护能力不强，在施工作业过程中，在路灯线路未挂接地线的情况下就盲目工作。

暴露出的问题：

(1) 现场勘察人员责任心不强、现场勘察不到位。工作负责人在组织进行现场勘察时，对作业需要停电的范围勘察不仔细，忽视了同杆架设的不同电源的路灯线路。

(2) 对设备运行状况了解掌握不全面。工作票签发人、工作负责人对该低压线路及运行状况不全面掌握，致使在填写、审核及签发工作票时，遗漏了与工作地段低压线同杆架设的路灯线。

(3) 作业人员安全意识淡薄，自我保护能力差。对作业环境中危险点辨识、防范不到位，对现场同杆架设的路灯线路是否已做好安全措施未进行检查、确认。

（4）路灯线路架设、管理不规范。路灯线与同杆架设的低压架空线路不是同一电源供电，但未在线路运行资料、线路接线图上标明。

防范措施：

（1）根据工作计划组织进行现场勘察，勘察过程应严格、细致、全面，不能遗漏任何危险点。召开班前会，熟悉作业方案，明确人员分工，做好危险点分析，交代安全注意事项对现场安全措施进行补充。

（2）根据工作任务及现场勘察掌握的现场情况，填写、审核及签发工作票，凡是有可能送电到停电线路的分支线（包括用户线路）都要装设接地线。

（3）工作负责人得到许可人许可后，组织人员进入作业现场，进行现场安全交底，交代安全措施，经危险点告知提问无误后，作业人员在工作票上签名确认。

（4）作业前必须进行现场安全交底工作，使作业人员做到“四清楚”。

**［例 8-5］** 10kV 配电接地线装设误操作。

2014 年 4 月 8 日 9：00 左右，×供电公司工作负责人刘××（死者）带领工作班成员王××在××分支线 41 号杆装设高压接地线两组（其中一组装在同杆架设的废弃线路上，事后核实该废弃线路实际带电）。当王××在杆上装设好××分支线的接地线后，因两人均误认为废弃多年的线路不带电，未验电就直接装设第二组接地线。接地线上升拖动过程中接地端连接桩头不牢固而脱落，地面监护人刘××未告知杆上人员立即上前恢复脱落的接地桩头，此时王××正在杆上悬挂接地线，刘××因垂下的接地线并未接地且靠近自己背部，同时手部又接触了打入大地的接地极，随即触电倒地，经抢救无效死亡。

事故发生主要原因：

（1）工作班成员王××未验电就装设接地线，违反《国家电网公司电力安全工作规程（配电部分）》“配电线路和设备停电检修，接地前，应使用相应电压等级的接触式验电器或测电笔，在装设接地线或合接地开关处逐相分别验电”的规定。

（2）当接地线上升拖动过程中接地端连接桩头不牢固而脱落时，地面监护人刘××未告知杆上人员即上前恢复脱落的接地桩头，违反《国家电网公司电力安全工作规程（配电部分）》“装设的接地线应接触良好、连接可靠。装设接地线应先接接地端、后接导体端”“装设、拆除接地线应有人监护”“装设、拆除接地线均应使用绝缘棒并戴绝缘手套”等规定。

（3）工作票签发人、工作负责人现场勘察不到位，未掌握相邻废弃线路是否带电，违反《国家电网公司电力安全工作规程（配电部分）》有关“现场勘察”的规定。

暴露问题：

（1）设备管理工作存在严重漏洞，线路图纸与实际不符，设备标识不完善，对历史遗留的有关客户线路与公司线路同杆架设问题不清楚，属严重管理违章。

（2）工作票签发人、许可人在不掌握现场相邻设备带电的情况下，错误签发、许可工作内容和安全措施，现场作业人员未验电就装设接地线，属严重作业违章。

防范措施：

（1）全面排查管理违章和作业违章，采取切实有效的整改措施，杜绝各类违章行为。

（2）加强设备管理，做到图纸与现场相符。

（3）作业前认真勘查现场，正确签发、许可工作票，确保安全措施与实际相符，作业中正确执行各项安全技术措施，做到不漏项、不错项。

**［例 8-6］** 农网改造作业人员无资质触电

2014 年 8 月 27 日，××供电局农网基建工程台区改造项目施工时（工作任务：新建 1.94km 0.4kV 线路，拆装一台 100kVA 变压器），外包单位工作负责人阳××违章指挥张×在计划拆除的副杆抱箍上临时挂接展放的导线，张×冒险登上副杆挂接导线时右手摆动过大误碰变压器台架带电的高压 C 相引下线，触电死亡。事后查知，工作负责人及作业人员均无相应资质。

事故发生主要原因：

在 10kV 线路未停电的情况下，现场负责人阳××指挥张×冒险攀登变台副杆挂接导线，因安全距离不足不慎触碰变压器台架带电的 C 相高压引下线，造成触电。

暴露问题：

（1）施工单位现场安全管理缺失，监理监督单位履职不到位。

（2）施工现场负责人无资质，违章指挥，强令冒险作业。

（3）施工人员无资质上岗，明知带电还登杆作业，安全意识极其淡薄。

防范措施：

施工单位加强安全生产管理，各类作业人员需经过培训，考试合格方可开展作业。监理单位应加强监督，履行自身职责，避免事故发生。

## 二、高处坠落伤害

［**例 8-7**］ 10kV 杆上检修作业废旧材料未固定坠落伤人。

2014 年 9 月 9 日，10kV××线作业现场，作业人员杜××在杆上进行更换支柱绝缘子工作，许××负责监护，作业点下方未设置围栏。作业过程中，杜××放下 A 相导线，拆除此相绝缘子的螺母，在工具包中拿出新式绝缘子时，A 相的废旧绝缘子从横担上掉落，砸中下方专责监护人员许××肩部，造成其肩胛骨损伤。

事故发生主要原因：

（1）作业班成员杜××在拿出新式绝缘子时，废旧绝缘子螺母已松开且并未做任何固定措施，违反了《国家电网公司电力安全工作规程（配电部分）》“工件、边角余料应放置在牢靠的地方或用铁丝扣牢并有防止坠落的措施”的规定；

（2）监护人许××未制止杜××的违规行为，没有尽到监护责任。

（3）现场未有效设置围栏。违反《国家电网公司电力安全工作规程（配电部分）》规定。

暴露问题：杆上作业人员未按照规定固定工件，工作监护制度执行不严格，现场安全措施不完善，未能有效阻隔地面作业人员进入危险区域。

防范措施：

（1）根据工作任务，认真进行危险点分析，进行危险点告知确认，制订防范措施。

（2）专责监护人对工作班人员的安全进行认真监护，及时纠正不安全行为。

(3) 依照《国家电网公司电力安全工作规程(配电部分)》规定,执行“在人员密集或有人员通过的地段进行杆塔上作业时,作业点下方应按坠落半径设围栏或其他保护措施”的规定。

**[例 8-8]** 10kV 配电台架消缺未系安全带触电坠落。

2012 年 6 月 15 日,×供电公司作业人员张××组织消除 10kV××线 426 线 16 号变压器台(简称变台)低压配电箱隐患,10:30 左右,张××在未办理工作票手续的情况下,带领李××和秦××二人到达 10kV××线 426 线 16 号变台开始工作。张××用 10kV 绝缘杆拉开 16 号变台三相跌落式熔断器(检查发现,硅橡胶跌落式熔断器绝缘端部密封破坏,芯棒空心通道击穿致使变压器高压套管带电),李××将低压配电箱内隔离开关拉开后,工作人员张、秦二人在未进行验电、未装设接地线的情况下,便进行了登台作业。10:45,作业人员张××在右手触碰变压器高压套管时发生触电后高处坠落(未系安全带),经抢救无效死亡。

事故发生主要原因:

(1) 作业前在工作地点未采取验电、装设接地线等安全技术措施。在未验电、未装设接地线的情况下,作业人员张××高处作业且未采取防坠落措施,冒险登配变台作业造成触电坠落身亡。

(2) 未使用工作票作业,安全措施不明确,危险点不明确。

(3) 高处作业无防坠落措施。

暴露问题:

(1) 工作随意性大、缺乏防范作业风险的能力。不执行《国家电网公司电力安全工作规程(配电部分)》所要求的保证安全的组织措施及技术措;现场作业时,不带登高作业工具和验电器等安全工器具。

(2) 安全意识淡薄。作业人员自我保护意识淡薄,对作业中存在的危险点辨识与控制能力不强,未养成良好的作业习惯。

防范措施:

(1) 根据工作任务组织现场勘察,进行危险点分析,制订预控措施。

(2) 严格执行“两票”规定和工作许可制度。

（3）严格执行保证安全的技术措施。根据作业需要和作业安全要求携带安全工器具和个人安全防护用具。

## 三、物体打击伤害

［**例 8-9**］ 攀登基础不牢固的电杆致倒杆死亡。

2017 年 10 月 28 日，××供电公司的施工项目承包单位（系统外单位）施工项目部组织两名作业人员登杆安装横担金具，400V 线路新立电杆未安装卡盘、底盘和临时拉线，回填土未夯实，电杆倾倒造成 2 人死亡。

事故发生主要原因：新立电杆未安装卡盘、底盘和临时拉线，回填土未夯实，违反《国家电网公司电力安全工作规程（配电部分）》"杆塔作业应禁止以下行为：（1）攀登杆基未完全牢固或未做好临时拉线的新立杆塔。"规定，作业人员冒险登杆作业，造成倒杆死亡。

暴露问题：

（1）业主和监理项目部对工程施工管控不力。

（2）业主和监理项目部对施工队伍把关不严，对施工队伍管理、教育不到位。

（3）施工项目部作业中严重违章，未按照规范安装电杆的底盘、卡盘并夯实杆基，不安装临时拉线，导致电杆基础不牢发生倒杆。

防范措施：承发包工程，承发包单位应加强对工程的管控及对施工队伍的严格把关，同时对施工队伍进行安全知识教育，杜绝违反安全规程的行为。

［**例 8-10**］ 低压线路拆旧电杆埋深不够倒杆。

2006 年 8 月 7 日上午，×市供电公司彭××安排杨××（高压班班长兼供电所安全员，此次作业的工作负责人）组织工作班成员杨×、黄××等 6 人，迁移上杨台区 0.4kV 分支线路电杆。工作负责人杨××在未办理工作票的情况下，组织杨×、黄××共 3 人进行 2 号杆导线和横担的拆除工作，此时电杆回填土已被挖开，挖开深度约为电杆埋深的 1/2。工作负责人杨××未组织采取防范措施，就安排杨×上杆作业。杨×在拆除杆上导线后继续拆除电杆拉线抱箍螺栓，此时电杆倾倒。杨×随电杆摔落，电杆砸在胸部，经抢救无效死亡。

事故发生主要原因：

(1) 撤除电杆时，由于先期已把电杆回填土挖开了约 1/2，致使电杆抗倾覆强度下降。电杆在导线和拉线的作用下，保持了竖立状态，当撤除了导线及拉线后，电杆失去水平方向的平衡力，致使电杆倾覆。

(2) 工作班成员杨××上杆前未检查杆根情况。违反《安规》(配电部分)"检查杆根、基础和拉线是否牢固""遇有冲刷、起土、上拔或导地线、拉线松动的杆塔，应先培土加固，打好临时拉线或支好架杆"的规定，作业班组人员到达作业现场后，没有针对电杆回填土已挖开的情况，采取加固措施，

(3) 工作负责人未办理工作票，违章指挥作业。

暴露问题：

(1) 现场作业的组织管理混乱，从事杆塔移位施工作业，没有针对电杆基础被挖开这一极可能造成电杆倾覆的危险点采取预控措施。

(2) 施工班组人员自我保护意识、风险认知与防范能力不强，心存侥幸。

(3) 保证安全的组织措施未得到执行，未按照规定使用工作票。

防范措施：

(1) 迁移线路工作，应先组织进行现场勘察，制订施工方案，并明确专人统一指挥。

(2) 按规定执行"两票"制度，根据工作任务填写工作票，审查工作票所列安全措施和注意事项，做好危险点控制措施。明确人员分工，交代施工方法、指挥信号和安全、技术措施。

(3) 登电杆前，应检查杆基是否牢固，确无问题后方可登杆。电杆基础被挖开后，在未采取加固措施前，严禁登杆。遇有冲刷、起土、上拔或导地线、拉线松动的杆塔，应先培十加固，打好临时拉线或支好杆架后，再行登杆。

**[例 8-11]** 更换电杆作业杆基不稳倒杆。

2004 年 7 月 8 日，×供电所安排张×等 5 人进行 0.4kV 线路 7～10 号杆拆旧换新的改造施工，由张×任工作负责人。工作负责人张×安排班组成员张××负责组装新立的 10 号终端杆的横担，李×负责监护，工作安排完毕后离开现场。施工人员张××在未检查杆根部、基础是否牢靠的情况下登杆组装横担。在组装工作即将结束时，李××看到电杆发生倾斜，要张××赶快下来，但张××

还没有来得及下杆，便随杆倒下。倒落过程中，由于安全帽带未系牢，安全帽脱落，头部直接碰在横担上，经抢救无效死亡。经查，该电杆埋设在较松散的废钢渣堆中，埋设深度不够，回填土未夯实。

事故发生主要原因：

（1）杆位选择不当，施工质量不良。施工人员的安全、质量意识极其淡薄，当杆位处在较松散的废钢渣堆时，未调整杆位，竖立电杆施工时，又未严格按照技术标准进行施工，电杆埋设深度不够，回填土也未夯实，施工作业人员违反《国家电网公司电力安全工作规程（配电部分）》“已经立起的杆塔，回填夯实后方可撤去拉绳及叉杆。”的规定，导致发生倒杆事故。

（2）登杆前未检查杆基。登杆作业人员违反《国家电网电力安全工作规程（配电部分）》“登杆塔前，应先检查根部、基础和拉线是否牢固。”的规定，未检查杆基是否牢固，就登杆作业。

（3）作业人员张××未按要求戴好安全帽。

暴露出的问题：

（1）施工中安全意识、质量意识不强。立杆前工作负责人未对杆坑深度进行认真检查，在杆坑深度不满足规程要求的情况下仍组织立杆，后在电杆埋深不足的情况下，仍然安排作业人员登杆组装金具。

（2）缺乏自我保护意识和风险认知与防范能力。现场作业人员参与了电杆的竖立施工，在登杆作业时，没有正确佩戴安全防护用具，没有意识到电杆埋设深度不够，登杆作业时可能发生倒杆这一风险。

防范措施：

（1）组织进行施工现场勘察，根据现场情况制定施工方案，分析可能发生事故的危险点，有针对性地制订保证安全的组织、安全、技术措施。

（2）开工前应召开班前会，认真学习施工方案，讲解和明确有关施工工艺标准、技术要求、安全措施布置情况和安全注意事项。工作负责人在工作前应对工作班成员进行危险点告知，交代安全措施和技术措施，并确认每一个工作班成员都已签名。

（3）正确使用劳动防护用品。

## 四、机械伤害

［例 8-12］ 配电网电杆组立起重作业。

2005 年 8 月 2 日，×供电公司外线班根据工作计划安排，在 10kV 线路进行立杆作业，吊车由现场工作负责人林××指挥，林××于 2 日前参加了起重设备指挥人员专业技术培训（尚未取证），第一次指挥电杆组立，在电杆起吊过程中，恰逢一辆私家车从吊车旁边经过，林××赶紧指挥吊车人员停止电杆的起吊，停止起吊后电杆晃动剧烈，起吊所用钢丝绳松脱后造成工作班成员谢××重伤。

事故发生主要原因：

（1）现场工作负责人（吊车指挥人员）林××仅参加培训未取得合格证就指挥吊车作业。

（2）作业前林××未有效设置围栏，悬挂警告标示牌，导致作业中私家车驶入作业区。违反《国家电网公司电力安全工作规程（配电部分）》“在道路上施工应装设遮栏（围栏），并悬挂警告标示牌”的规定。

（3）起吊重物前，现场工作负责人林××未检查起吊所用钢丝绳是否绑扎牢固。违反《国家电网公司电力安全工作规程（配电部分）》“起吊重物前，应由起重工作负责人检查悬吊情况及所吊物件的捆绑情况，确认可靠后方可试行起吊。起吊重物稍离地面（或支持物），应再次检查各受力部位，确认无异常情况后方可继续起吊”的规定。

暴露问题：起重现场管理混乱，未落实起重作业的安全技术措施，吊车指挥人员未取得合格证就指挥吊车作业，违反《国家电网公司电力安全工作规程（配电部分）》“起重设备的操作人员和指挥人员应经专业技术培训，并经实际操作及有关安全规程考试合格、取得合格证后方可独立上岗作业”的规定。

防范措施：

（1）严格审查起重设备操作人员和指挥人员的取证情况。

（2）制订施工方案，针对起重作业危险点进行分析，采取预控措施。

（3）严格执行《国家电网公司电力安全工作规程（配电部分）》“在道路上施工应装设遮栏（围栏），并悬挂警告标示牌”的规定。

## 五、特殊环境作业

［例 8-13］ 大风环境伐树作业。

2014 年 8 月 10 日中午，×公司工作负责人林××带领王××持票对 10kV 线路 28～29 号杆线路边坡超高树木进行砍伐，砍伐过程中，风力达到 6 级，为防止树木向线路侧倒伏，王××攀登上树，欲在树木中间以上位置绑系控制绳，攀登过程中树木突然向线路侧倒落，并与 10kV 线路安全距离不足瞬间放电，导致王××触电，经抢救无效死亡。

事故发生主要原因：

工作班成员王××攀登已经锯过的未断树木，树木砍剪前未采取防止树木倒落在线路上的安全措施，加上大风环境因素，造成攀登树木过程中触电。

暴露问题：

(1) 工作人员安全意识不强，在大风特殊环境下进行伐树作业且未采取有效安全措施，违反《国家电网公司电力安全工作规程（配电部分）》“不得攀登已经锯过或砍过的未断树木”“为防止树木（树枝）倒落在线路上，应使用绝缘绳索将其拉向与线路相反的方向”“风力超过 5 级时，禁止砍剪高出或接近带电线路的树木”等规定。

(2) 工作负责人林××监护不到位。

防范措施：严格按照规程规定，落实现场安全措施，加强作业现场危险点分析预控，加强人员监护力度和监护质量；同时注意工作环境，禁止在大风环境下开展此类作业。

［例 8-14］ 大风环境立杆作业。

2005 年 9 月 11 日，大风 7 级，10kV××线现场作业人员进行 15m 钢筋混凝土电杆的组立，当天工作负责人王××，在对班组成员宣读工作票进行安全技术交底后，电杆开始起吊，当电杆起吊至地面 2m 时，起吊电杆用的钢丝绳断裂，砸中站在电杆旁的工作班成员吴××，因外力撞击造成其左脚骨折。

事故发生主要原因：工作负责人王××违章操作，起吊前未检查悬吊情况及所吊物件的捆绑情况，同时因为大风环境不适合起吊工作，造成人身伤害发生。

暴露问题：工作负责人安全意识不强，违章指挥，在大风特殊环境下进行起吊作业且未采取有效安全措施，违反《国家电网公司电力安全工作规程（配电部分)》“在起吊、牵引过程中，受力钢丝绳的周围、上下方、转向滑车内角侧、吊臂和起吊物的下面，禁止有人逗留和通过”“起吊重物前，应由起重工作负责人检查悬吊情况及所吊物件的捆绑情况，确认可靠后方可试行起吊。起吊重物稍离地面（或支持物)，应再次检查各受力部位，确认无异常情况后方可继续起吊”“当风力达到 6 级以上大风时，禁止进行露天起重工作”等规定。

防范措施：严格按照规程规定，落实现场规程和安全技术措施，加强作业现场危险点分析预控，加强施工班组人员自我保护意识、风险认知与防范能力；同时注意工作环境，禁止在大风环境下开展此类作业。

## 六、误操作

［**例 8-15**］ 误碰带电设备触电。

2015 年 03 月 23 日 09：40，××供电公司 110kV××变电站春检试验现场，工作人员孙××在柜后做准备工作时，误将 501 断路器后柜上柜门母线桥小室盖板打开（小室内部有未停电的 10kV3 号母线)，触电倒地。其他工作人员立即对其进行急救并拨打 120 电话。12 时 22 分，孙××经抢救无效死亡。

事故发生主要原因为：作业人员孙××未经工作负责人允许，擅自打开 501 断路器后柜上柜门母线桥小室盖板，属严重行为违章，工作监护人未对其进行有效监护，导致作业人员碰触带电部位死亡。

暴露问题：作业现场危险点辨识不全面，现场工作人员对 10kV 501 进线开关柜内母线布置方式不清楚，采取的措施缺乏针对性。小组工作负责人没有及时发现并制止孙××的违章行为，未能尽到监护责任。

防范措施：此类作业应落实保证安全的技术措施，工作人员应对作业现场危险点全面分析、辨识，同时加强人员监护。

［**例 8-16**］ 10kV 业扩验收人员触电。

2011 年 9 月 26 日 8：30，应业扩报装客户东方公司要求，供电公司客服中心安排吕×组织对新安装的800kVA箱式变电站（光明电器开关有限公司生产）进行竣工检验。10：55，吕×带领验收人员吴×、李×、熊×和施工单位赵×等4人前往现场。到达现场后，吕×电话联系客户负责人，到现场协助竣工检验事宜。稍后，现场人员听见“哎呀”一声，便看到李×跪倒在箱变高压计量柜前的地上，身上着火。经现场施救后送往医院，11：20确诊死亡。经调查，9月17日施工人员施工完毕并试验合格，因客户要求送电，施工人员请示公司薛经理同意后，对箱式变电站进行搭火，仅向用户电工进行了告知，未经项目管理部门许可。事故当天李×独自一人到箱式变电站高压计量柜处（工作地点），没有查验其是否带电，强行打开具有带电闭锁功能的高压计量柜门，进行高压计量装置检查，触击计量装置10kV侧C相桩头。

事故发生主要原因：

（1）李×（死者）对客户设备运行状况不清楚，在未经许可且未认真检查设备是否带电（有带电显示装置）的情况下，强行打开高压计量柜门，造成人身触电。

（2）施工单位未经竣工检验和管理部门批准，在用户要求下擅自将箱式变电站高压电缆搭火，造成设备在竣工检验前即已带电且未告知项目管理部门。

（3）竣工检验工作随意性大，人员安全意识薄弱。

暴露问题：

（1）施工单位管理存在严重违章，设备未经竣工检验和管理部门批准，在用户要求下擅自将箱变高压电缆搭火，造成设备在竣工检验前即已带电，且未告知项目管理部门。

（2）供电公司客户服务中心竣工检验组织不力，现场未认真交待竣工检验有关注意事项，对检验人员疏于管理。

（3）生产厂家装配的电磁锁产品质量较差，锁具强度不够，不能在设备带电时有效闭锁。

防范措施：

（1）在业扩报装工程中，严格执行电气工程（设备）竣工验收投运管理相关流程与规定，严把设备、验收人员安全关。

(2) 强化作业现场安全管控，加强人员安全教育培训。

［**例 8-17**］ 10kV 配合停电误操作。

2012 年 8 月 25 日上午，×供电公司姚××独自携带操作票、绝缘操作杆、安全带和安全帽到 10kV××线××支线 1 号杆进行停电操作（无停电计划）。5：48，姚××在 10kV××线 002 号断路器（开关）还未断开情况下，带负荷拉开 10kV 青和线史桥支线 1 号杆 FK015 刀闸，拉开 A 相隔离开关时，产生弧光导致 A 相绝缘子（靠电源侧动触头处）击穿通过电杆单相接地，在杆上操作的姚××从约 2m 高处赶紧下杆，下地时造成触电死亡。

事故发生主要原因：

姚××违反《国家电网公司电力安全操作规程（配电部分）》“禁止带负荷拉合隔离开关（刀闸）”“单人操作时，禁止登高或登杆操作”的规定，在未确认断路器（开关）已断开，并且无监护情况下带负荷拉合隔离开关，产生弧光造成触电身亡。

暴露问题：工作人员工作随意性强，未经批准，无监护操作，安全意识淡薄，缺乏自我保护能力。

防范措施：

(1) 该类作业应严格按照操作票顺序操作，单人操作时，禁止登高或登杆操作。

(2) 加大员工安全思想意识的培训，杜绝习惯性违章发生。

# 附录A 生产作业安全管控流程

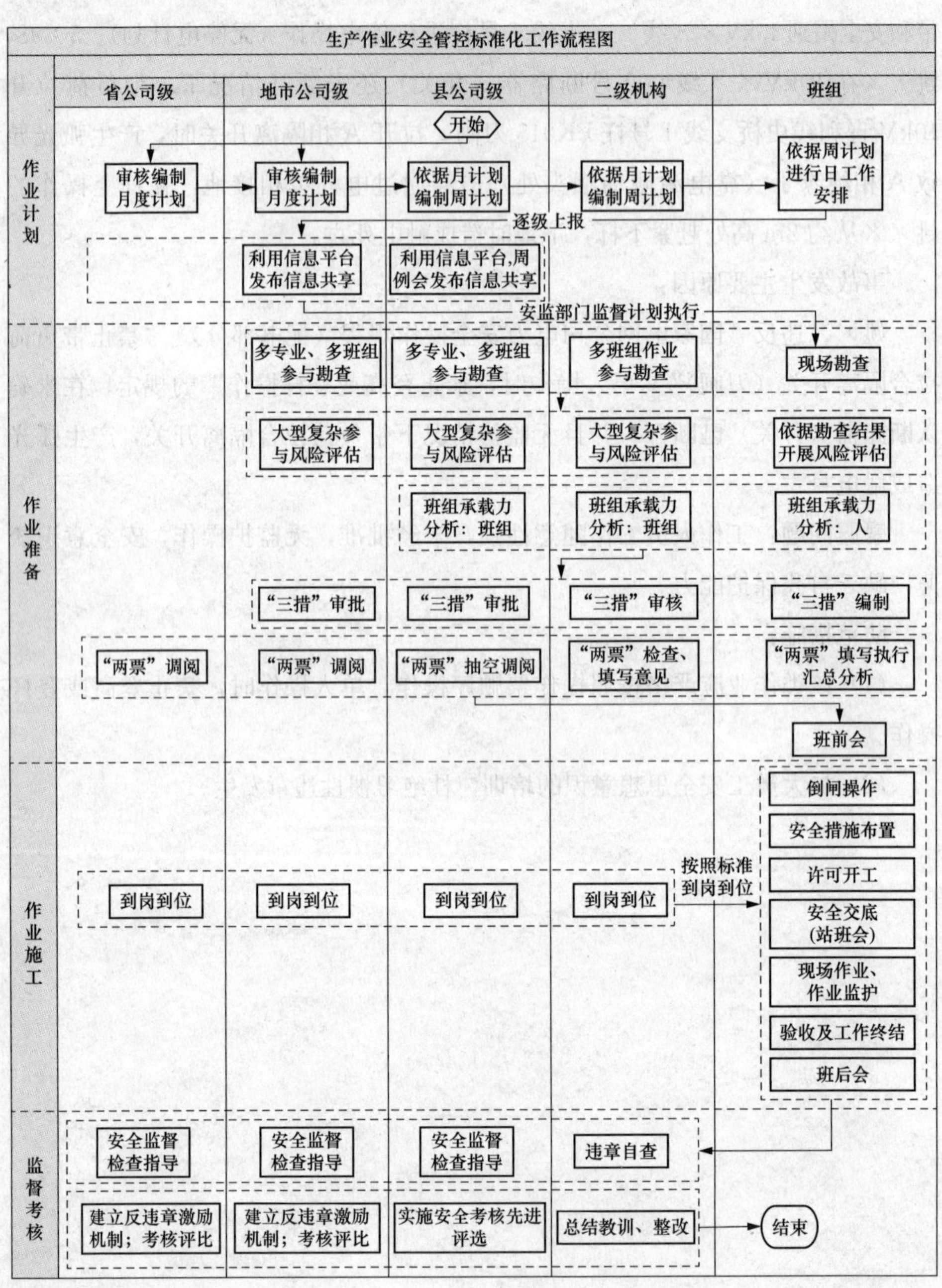
生产作业安全管控标准化工作流程图
省公司级
地市公司级
县公司级
二级机构
班组
作业计划
开始
审核编制月度计划
审核编制月度计划
依据月计划编制周计划
依据月计划编制周计划
依据周计划进行日工作安排
逐级上报
利用信息平台发布信息共享
利用信息平台,周例会发布信息共享
安监部门监督计划执行
作业准备
多专业、多班组参与勘查
多专业、多班组参与勘查
多班组作业参与勘查
现场勘查
大型复杂参与风险评估
大型复杂参与风险评估
大型复杂参与风险评估
依据勘查结果开展风险评估
班组承载力分析：班组
班组承载力分析：班组
班组承载力分析：人
“三措”审批
“三措”审批
“三措”审核
“三措”编制
“两票”调阅
“两票”调阅
“两票”抽空调阅
“两票”检查、填写意见
“两票”填写执行汇总分析
班前会
作业施工
到岗到位
到岗到位
到岗到位
到岗到位
按照标准到岗到位
倒闸操作
安全措施布置
许可开工
安全交底(站班会)
现场作业、作业监护
验收及工作终结
班后会
监督考核
安全监督检查指导
安全监督检查指导
安全监督检查指导
违章自查
建立反违章激励机制；考核评比
建立反违章激励机制；考核评比
实施安全考核先进评选
总结教训、整改
结束

# 附录B 现场勘察记录

勘察单位：　　　　　　　　　　　　　　　　部门（班组）编号

勘察负责人勘察人员：

勘察设备的双重名称（多回应注明双重称号）：

工作任务［工作地点（地段）以及工作内容］：

现场勘察内容：

| 1. 工作地点需要停电的范围 |
| --- |
| 2. 保留的带电部位 |
| 3. 作业现场的条件、环境及其他危险点 |
| 4. 应采取的安全措施 |
| 5. 附图与说明 |

记录人：　　　　勘察日期：　　　　　　年　月　日　时　分至　日　时　分

# 附录C 四措样本

## 1. 第一页：封面

<table>
<tr><td>工程项目（作业）名称<br>组织技术安全措施<br><br><br><br><br><br>编制单位：×　××（盖章）<br><br>年月日</td></tr>
</table>

## 2. 第二页：审批单位名称及审批人员

<table>
<tr><td colspan="5">组织技术安全措施审批表</td></tr>
<tr><td rowspan="7">××供电公司</td><td>会签部门</td><td>签名</td><td>意见</td><td>日期</td></tr>
<tr><td>主管领导</td><td></td><td></td><td></td></tr>
<tr><td>安质部</td><td></td><td></td><td></td></tr>
<tr><td>运检部</td><td></td><td></td><td></td></tr>
<tr><td>调控中心</td><td></td><td></td><td></td></tr>
<tr><td>监理单位</td><td></td><td></td><td></td></tr>
<tr><td>运维单位</td><td></td><td></td><td></td></tr>
<tr><td rowspan="4">××单位</td><td>负责人</td><td></td><td></td><td></td></tr>
<tr><td>安全员</td><td></td><td></td><td></td></tr>
<tr><td>专工</td><td></td><td></td><td></td></tr>
<tr><td>编制</td><td></td><td></td><td></td></tr>
</table>

## 3. 措施内容

<table>
<tr><td>

工程项目（作业）名称<br>组织技术安全措施

一、工程概况及施工作业特点<br>
二、施工作业计划工期、开（竣）工时间<br>
三、停电范围<br>
四、作业主要内容<br>
五、组织措施<br>
六、技术措施<br>
七、安全措施<br>
八、文明施工措施<br>
九、施工作业工艺标准及验收<br>
十、现场作业示意图

</td></tr>
</table>

**注** 纸张为 A4 幅面纵向排版。

# 附录 D 现场作业危险点及控制措施票

第 号

<table>
<tr><td colspan="2">工作负责人</td><td></td><td>审核人</td><td></td><td>工作班组</td><td colspan="2"></td><td>工作内容</td></tr>
<tr><td>序号</td><td colspan="2">作业项目</td><td colspan="2">危险点</td><td colspan="2">控制措施</td><td colspan="2">责任人</td></tr>
<tr><td></td><td colspan="2"></td><td colspan="2"></td><td colspan="2"></td><td colspan="2"></td></tr>
<tr><td colspan="9">以上工作内容、工作地点、作业项目、安全措施、危险点及其控制措施工作负责人已向工作班成员交代清楚，工作班成员在下栏签名</td></tr>
<tr><td colspan="9"></td></tr>
<tr><td colspan="9">执行情况检查</td></tr>
</table>

# 附录E　供电所“两措”管理工作流程

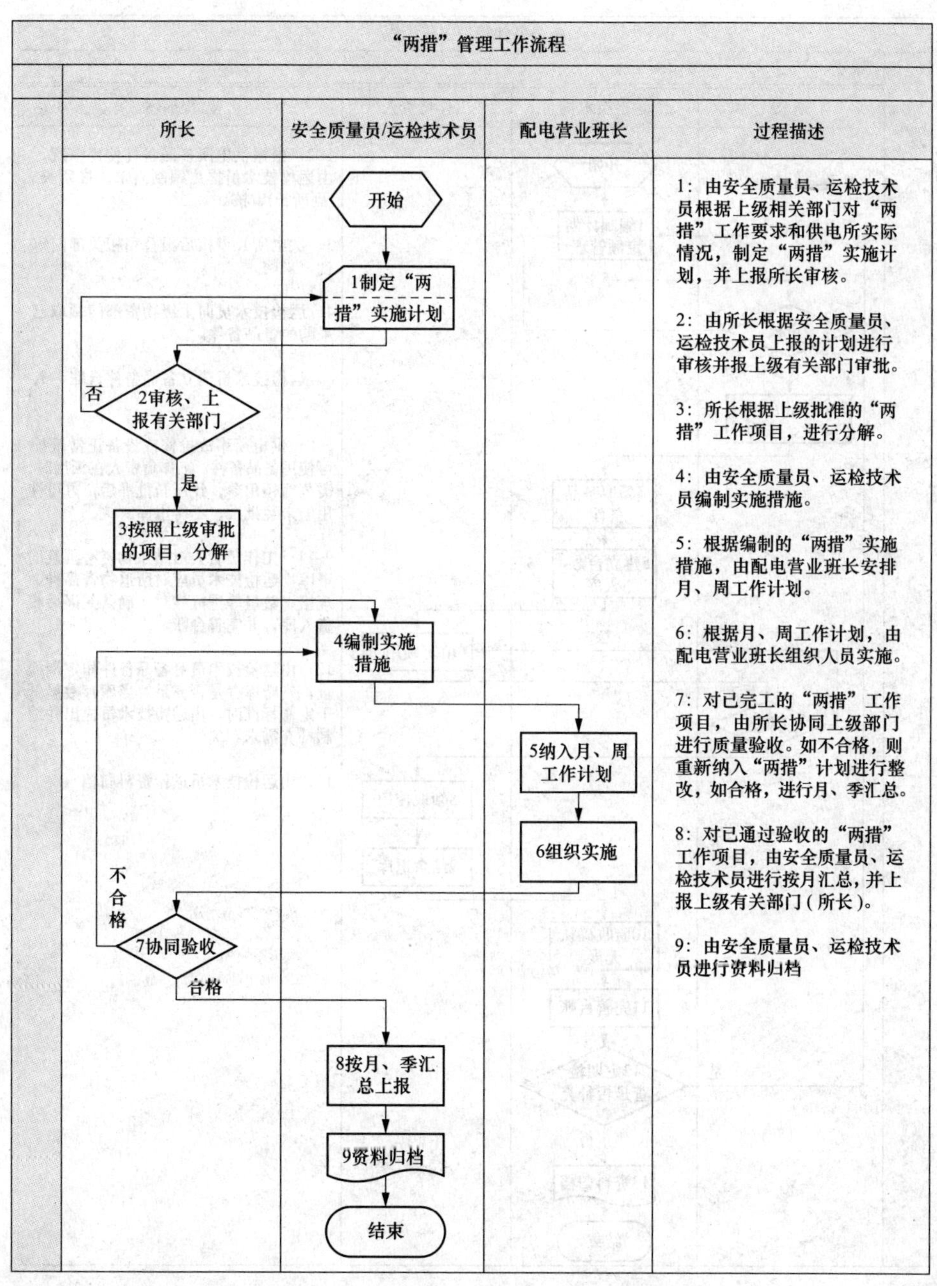
“两措”管理工作流程
所长
安全质量员/运检技术员
配电营业班长
过程描述
开始
1制定“两措”实施计划
2审核、上报有关部门
否
是
3按照上级审批的项目，分解
4编制实施措施
5纳入月、周工作计划
6组织实施
不合格
7协同验收
合格
8按月、季汇总上报
9资料归档
结束
1：由安全质量员、运检技术员根据上级相关部门对“两措”工作要求和供电所实际情况，制定“两措”实施计划，并上报所长审核。
2：由所长根据安全质量员、运检技术员上报的计划进行审核并报上级有关部门审批。
3：所长根据上级批准的“两措”工作项目，进行分解。
4：由安全质量员、运检技术员编制实施措施。
5：根据编制的“两措”实施措施，由配电营业班长安排月、周工作计划。
6：根据月、周工作计划，由配电营业班长组织人员实施。
7：对已完工的“两措”工作项目，由所长协同上级部门进行质量验收。如不合格，则重新纳入“两措”计划进行整改，如合格，进行月、季汇总。
8：对已通过验收的“两措”工作项目，由安全质量员、运检技术员进行按月汇总，并上报上级有关部门（所长）。
9：由安全质量员、运检技术员进行资料归档

# 附录F 供电所备品备件管理工作流程

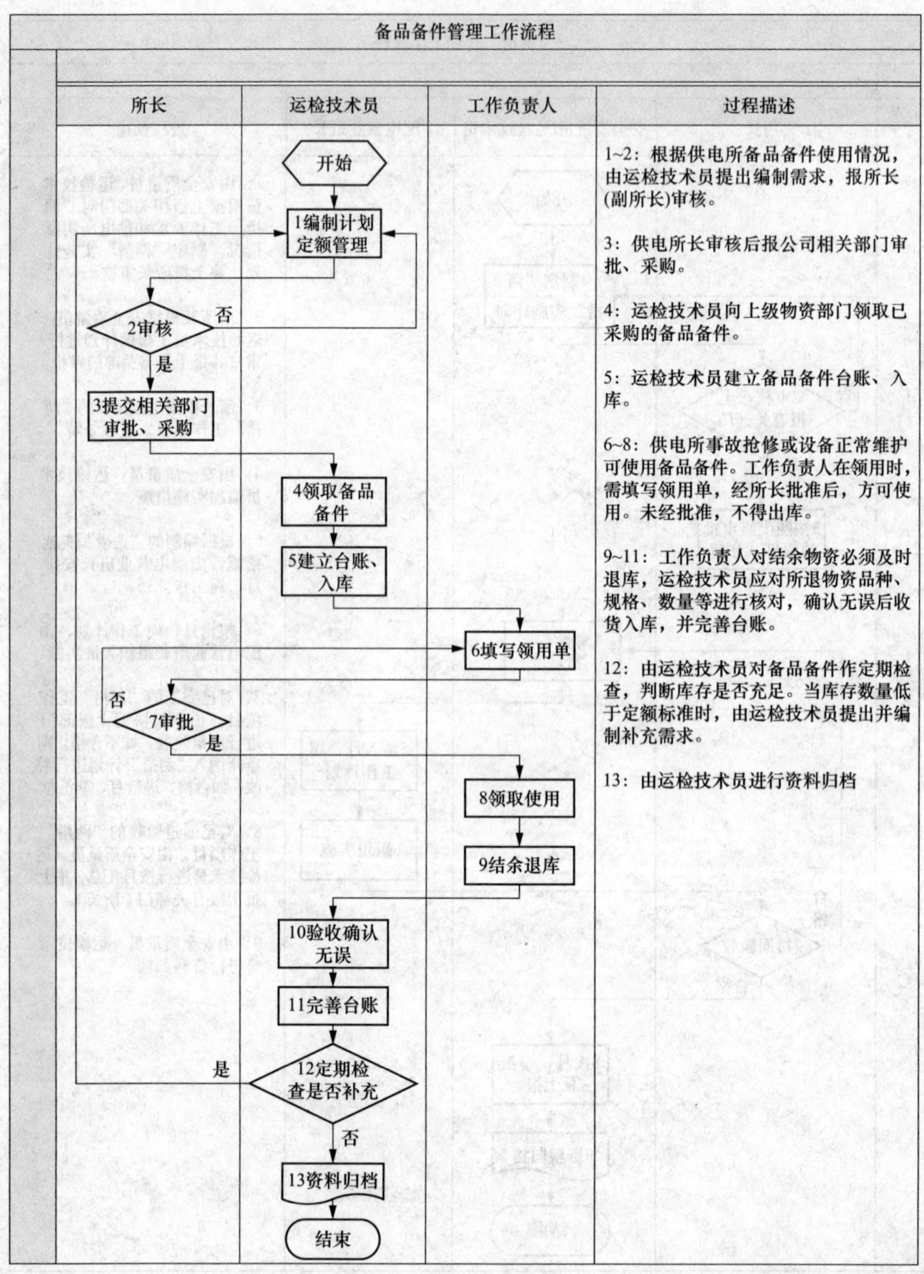
备品备件管理工作流程
所长
运检技术员
工作负责人
过程描述
开始
1编制计划定额管理
2审核
否
是
3提交相关部门审批、采购
4领取备品备件
5建立台账、入库
6填写领用单
7审批
否
是
8领取使用
9结余退库
10验收确认无误
11完善台账
12定期检查是否补充
是
否
13资料归档
结束
1~2：根据供电所备品备件使用情况，由运检技术员提出编制需求，报所长(副所长)审核。
3：供电所长审核后报公司相关部门审批、采购。
4：运检技术员向上级物资部门领取已采购的备品备件。
5：运检技术员建立备品备件台账、入库。
6~8：供电所事故抢修或设备正常维护可使用备品备件。工作负责人在领用时，需填写领用单，经所长批准后，方可使用。未经批准，不得出库。
9~11：工作负责人对结余物资必须及时退库，运检技术员应对所退物资品种、规格、数量等进行核对，确认无误后收货入库，并完善台账。
12：由运检技术员对备品备件作定期检查，判断库存是否充足。当库存数量低于定额标准时，由运检技术员提出并编制补充需求。
13：由运检技术员进行资料归档

# 附录G 工作票管理工作流程

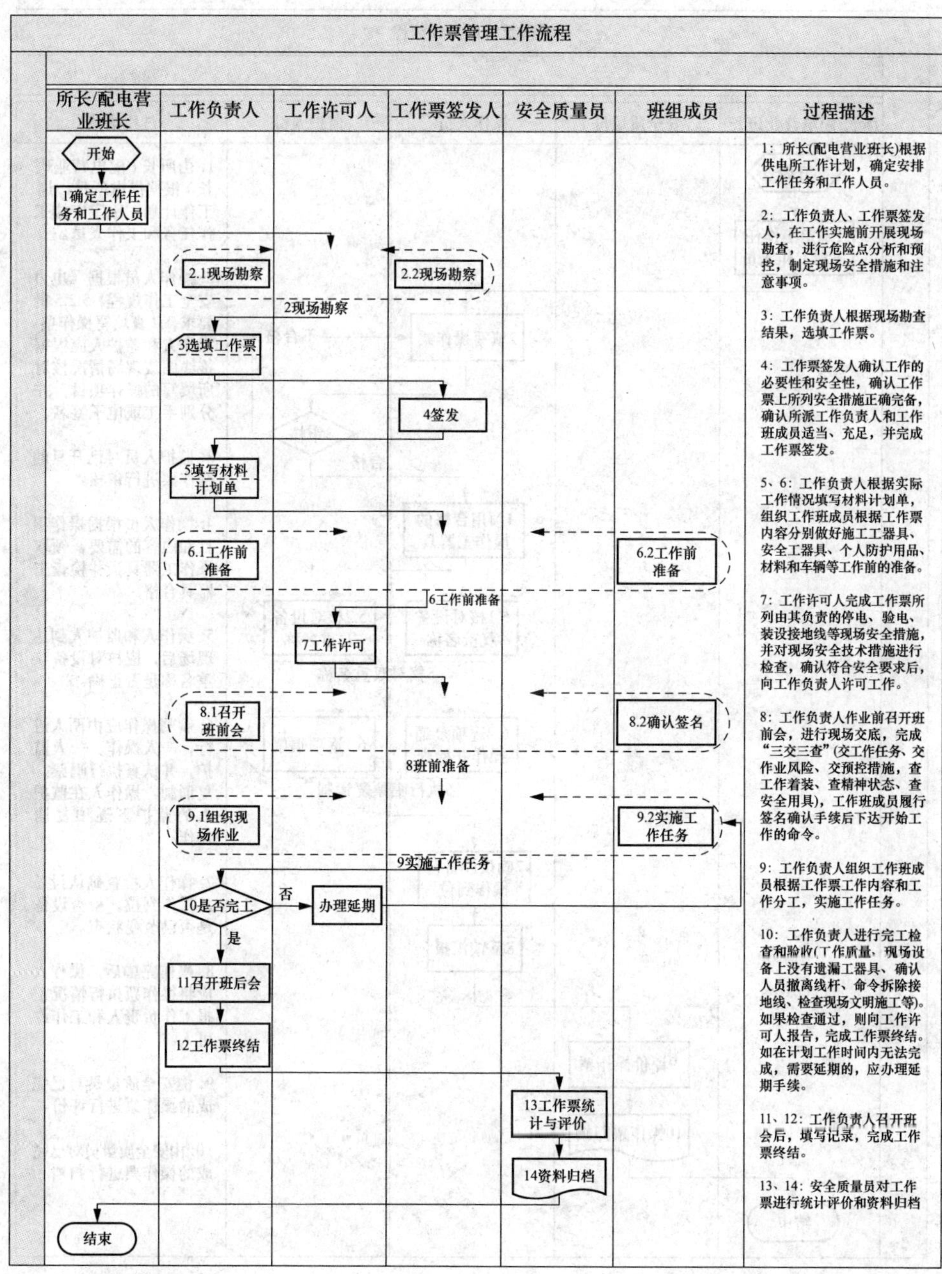

# 附录 H 操作票管理工作流程

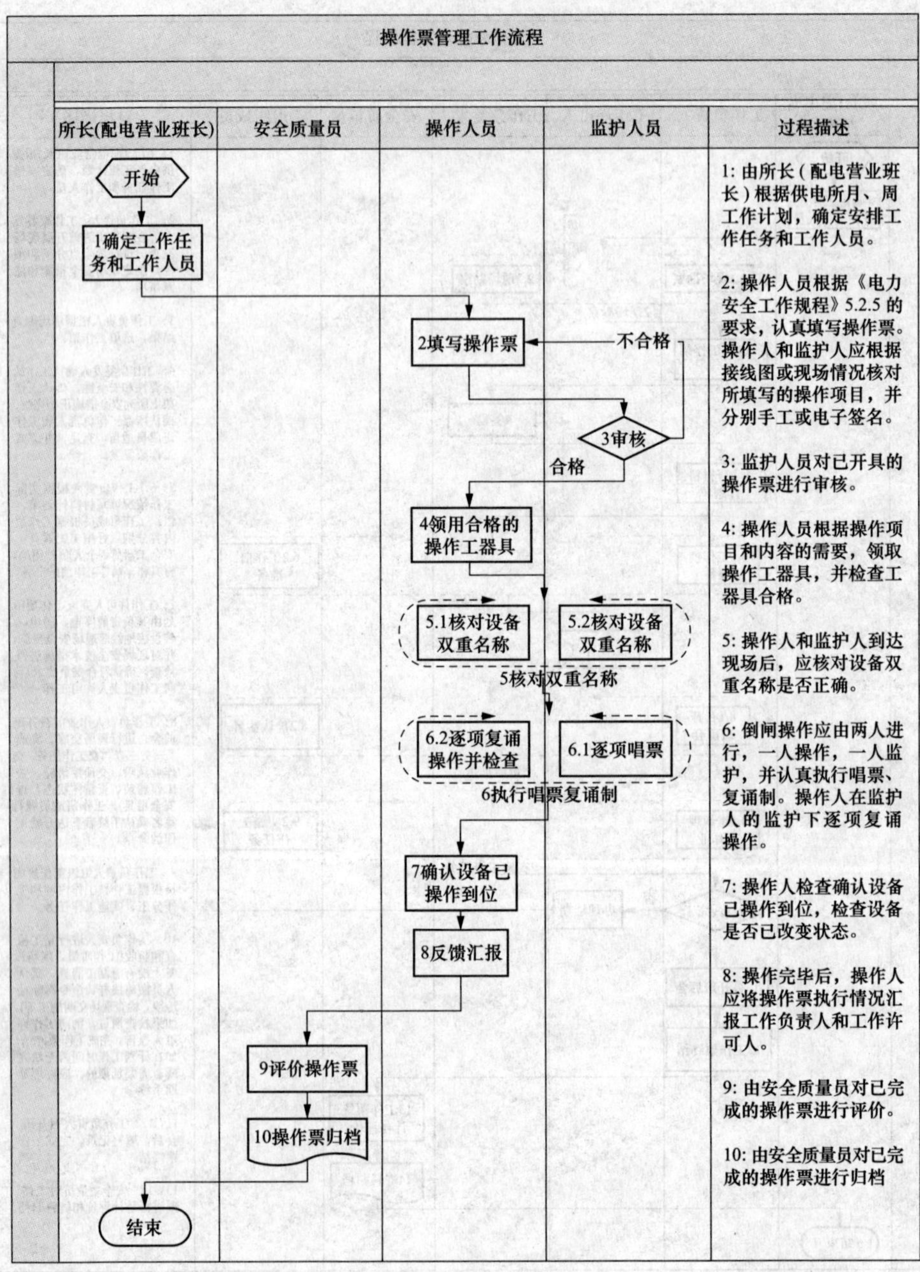
操作票管理工作流程
所长(配电营业班长)
安全质量员
操作人员
监护人员
过程描述
开始
1确定工作任务和工作人员
2填写操作票
不合格
3审核
合格
4领用合格的操作工器具
5.1核对设备双重名称
5.2核对设备双重名称
5核对双重名称
6.2逐项复诵操作并检查
6.1逐项唱票
6执行唱票复诵制
7确认设备已操作到位
8反馈汇报
9评价操作票
10操作票归档
结束
1: 由所长（配电营业班长）根据供电所月、周工作计划，确定安排工作任务和工作人员。
2: 操作人员根据《电力安全工作规程》5.2.5 的要求，认真填写操作票。操作人和监护人应根据接线图或现场情况核对所填写的操作项目，并分别手工或电子签名。
3: 监护人员对已开具的操作票进行审核。
4: 操作人员根据操作项目和内容的需要，领取操作工器具，并检查工器具合格。
5: 操作人和监护人到达现场后，应核对设备双重名称是否正确。
6: 倒闸操作应由两人进行，一人操作，一人监护，并认真执行唱票、复诵制。操作人在监护人的监护下逐项复诵操作。
7: 操作人检查确认设备已操作到位，检查设备是否已改变状态。
8: 操作完毕后，操作人应将操作票执行情况汇报工作负责人和工作许可人。
9: 由安全质量员对已完成的操作票进行评价。
10: 由安全质量员对已完成的操作票进行归档

# 附录I 设备巡视管理工作流程

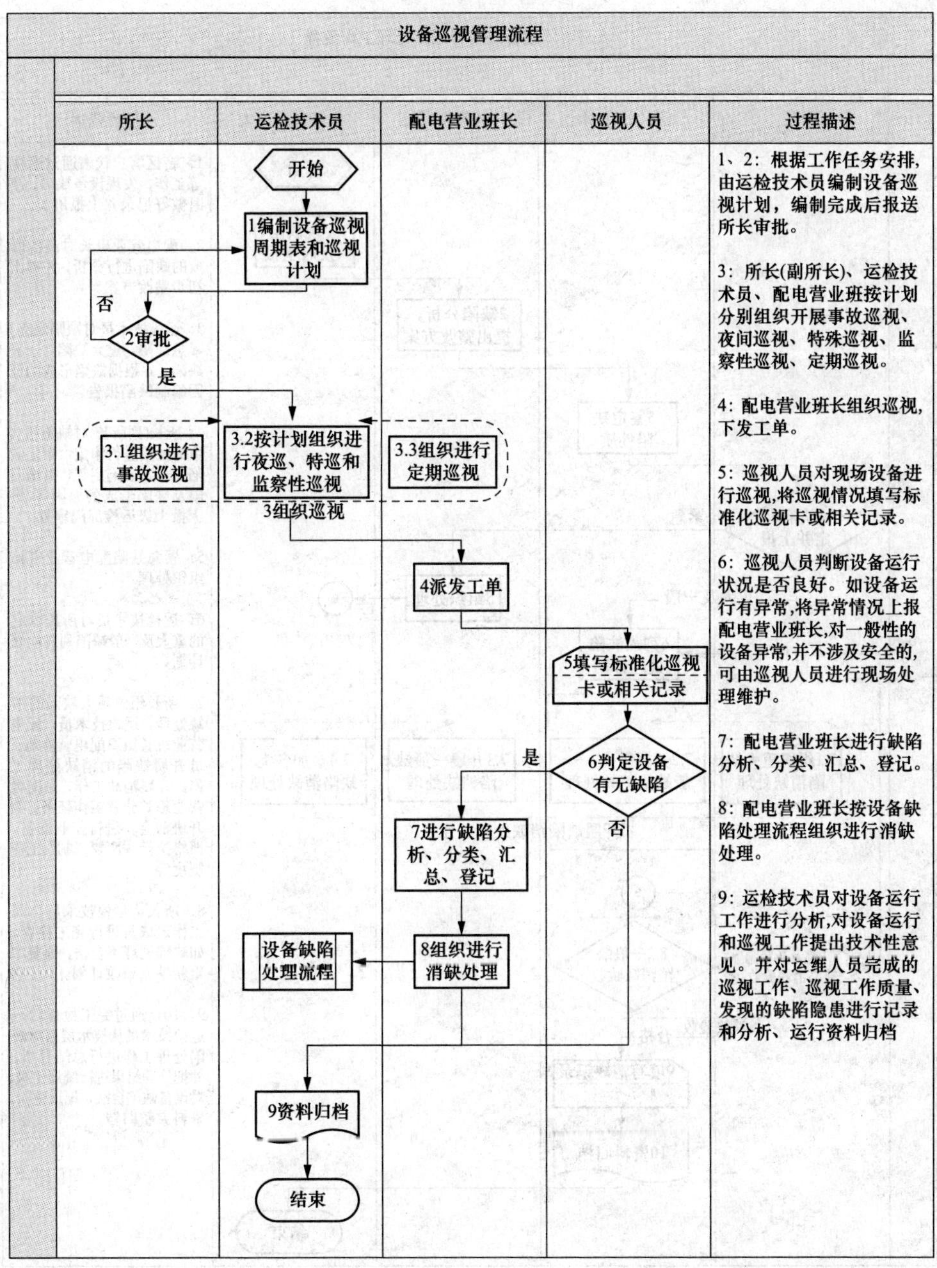
设备巡视管理流程
所长
运检技术员
配电营业班长
巡视人员
过程描述
开始
1编制设备巡视周期表和巡视计划
否
2审批
是
3.1组织进行事故巡视
3.2按计划组织进行夜巡、特巡和监察性巡视
3.3组织进行定期巡视
3组织巡视
4派发工单
5填写标准化巡视卡或相关记录
是
6判定设备有无缺陷
否
7进行缺陷分析、分类、汇总、登记
设备缺陷处理流程
8组织进行消缺处理
9资料归档
结束
1、2：根据工作任务安排，由运检技术员编制设备巡视计划，编制完成后报送所长审批。
3：所长(副所长)、运检技术员、配电营业班按计划分别组织开展事故巡视、夜间巡视、特殊巡视、监察性巡视、定期巡视。
4：配电营业班长组织巡视，下发工单。
5：巡视人员对现场设备进行巡视，将巡视情况填写标准化巡视卡或相关记录。
6：巡视人员判断设备运行状况是否良好。如设备运行有异常，将异常情况上报配电营业班长，对一般性的设备异常，并不涉及安全的，可由巡视人员进行现场处理维护。
7：配电营业班长进行缺陷分析、分类、汇总、登记。
8：配电营业班长按设备缺陷处理流程组织进行消缺处理。
9：运检技术员对设备运行工作进行分析，对设备运行和巡视工作提出技术性意见。并对运维人员完成的巡视工作、巡视工作质量、发现的缺陷隐患进行记录和分析、运行资料归档

# 附录J 设备缺陷管理工作流程

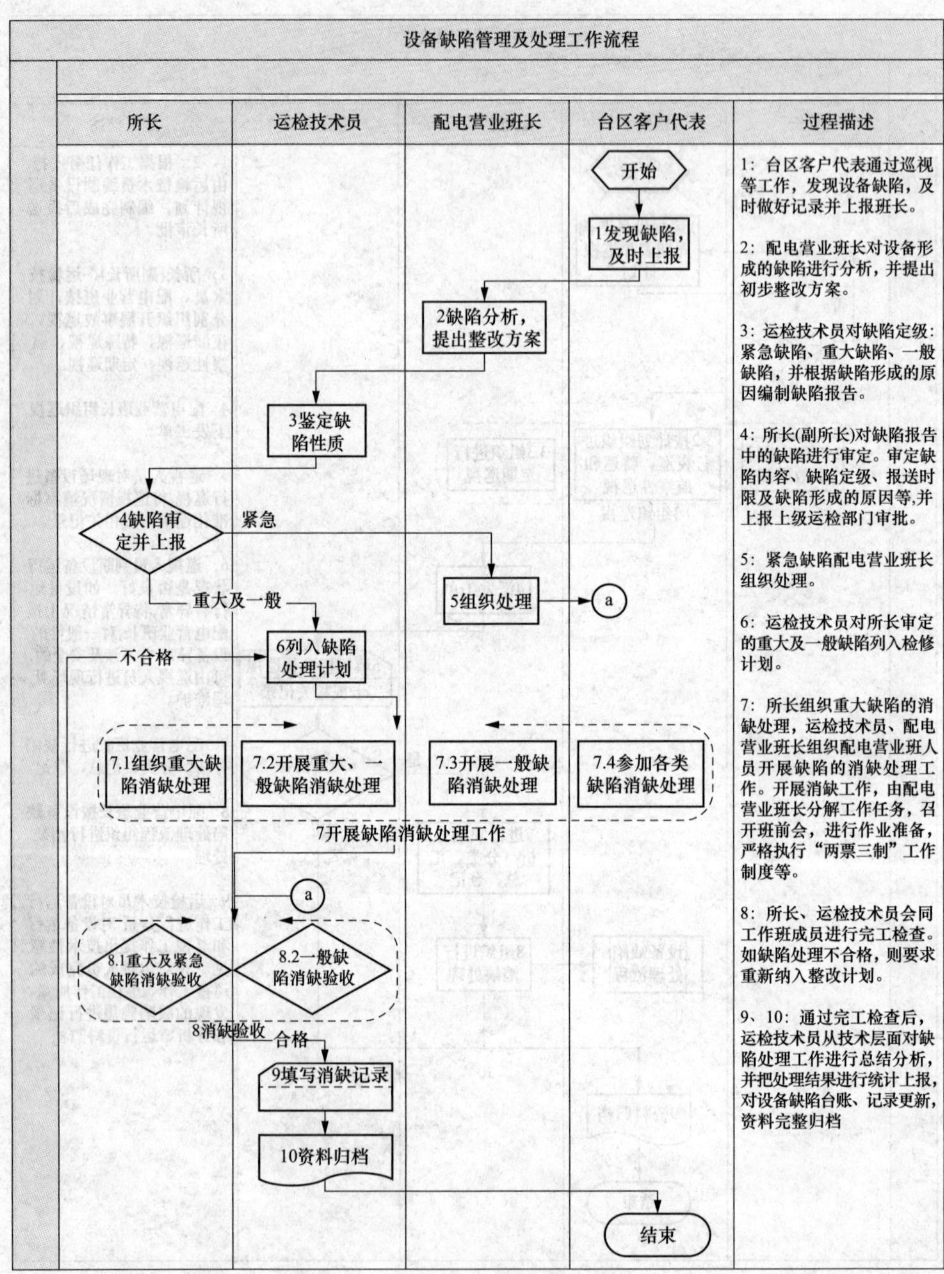
设备缺陷管理及处理工作流程
所长
运检技术员
配电营业班长
台区客户代表
过程描述
开始
1发现缺陷，及时上报
2缺陷分析，提出整改方案
3鉴定缺陷性质
4缺陷审定并上报
紧急
重大及一般
5组织处理
a
6列入缺陷处理计划
不合格
7.1组织重大缺陷消缺处理
7.2开展重大、一般缺陷消缺处理
7.3开展一般缺陷消缺处理
7.4参加各类缺陷消缺处理
7开展缺陷消缺处理工作
a
8.1重大及紧急缺陷消缺验收
8.2一般缺陷消缺验收
8消缺验收
合格
9填写消缺记录
10资料归档
结束
1：台区客户代表通过巡视等工作，发现设备缺陷，及时做好记录并上报班长。
2：配电营业班长对设备形成的缺陷进行分析，并提出初步整改方案。
3：运检技术员对缺陷定级：紧急缺陷、重大缺陷、一般缺陷，并根据缺陷形成的原因编制缺陷报告。
4：所长(副所长)对缺陷报告中的缺陷进行审定。审定缺陷内容、缺陷定级、报送时限及缺陷形成的原因等,并上报上级运检部门审批。
5：紧急缺陷配电营业班长组织处理。
6：运检技术员对所长审定的重大及一般缺陷列入检修计划。
7：所长组织重大缺陷的消缺处理，运检技术员、配电营业班长组织配电营业班人员开展缺陷的消缺处理工作。开展消缺工作，由配电营业班长分解工作任务，召开班前会，进行作业准备，严格执行“两票三制”工作制度等。
8：所长、运检技术员会同工作班成员进行完工检查。如缺陷处理不合格，则要求重新纳入整改计划。
9、10：通过完工检查后，运检技术员从技术层面对缺陷处理工作进行总结分析，并把处理结果进行统计上报，对设备缺陷台账、记录更新，资料完整归档

# 附录 K　供电所剩余电流动作保护装置管理工作流程

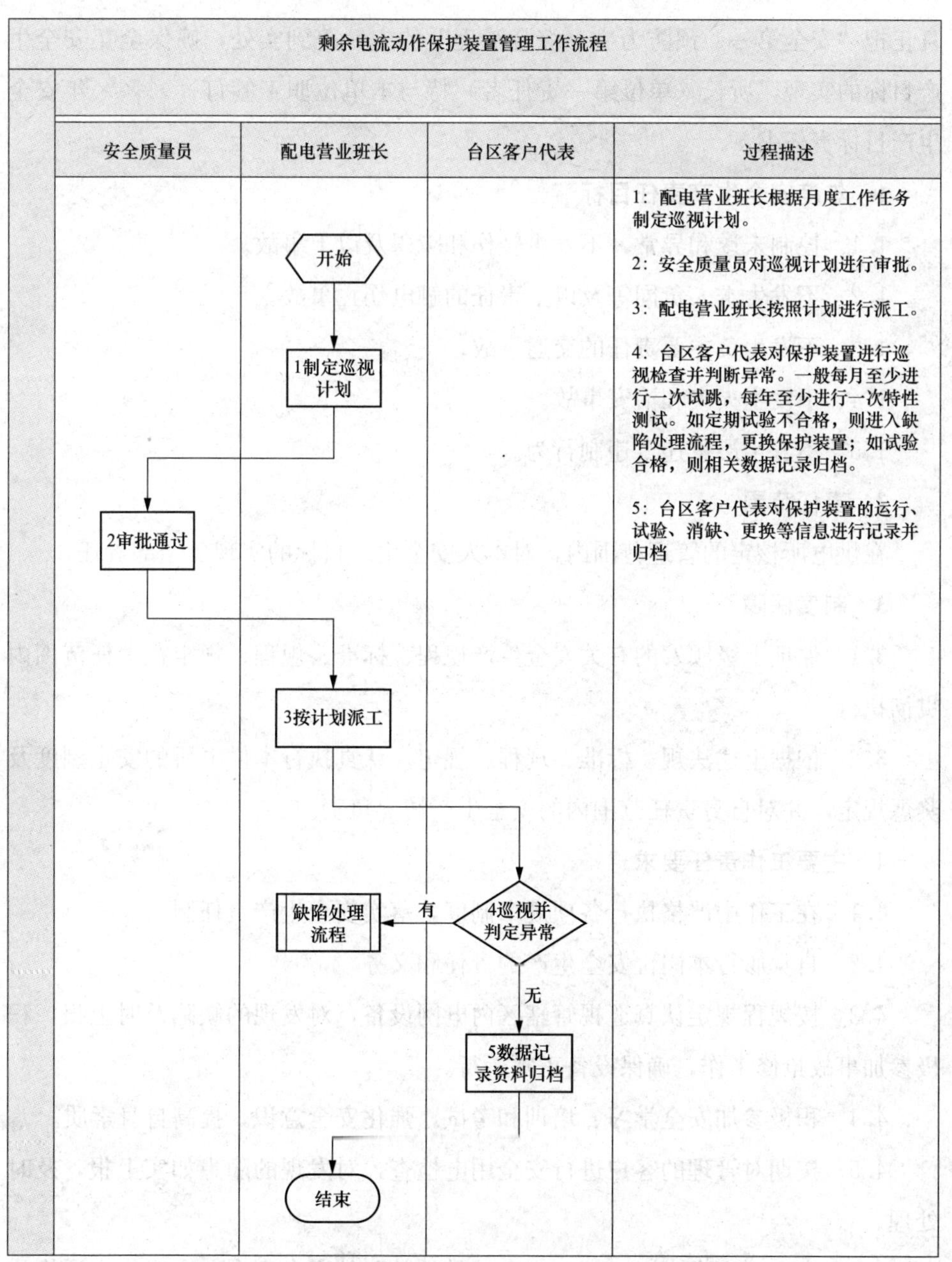
剩余电流动作保护装置管理工作流程
安全质量员
配电营业班长
台区客户代表
过程描述
开始
1制定巡视计划
2审批通过
3按计划派工
4巡视并判定异常
有
缺陷处理流程
无
5数据记录资料归档
结束
1：配电营业班长根据月度工作任务制定巡视计划。
2：安全质量员对巡视计划进行审批。
3：配电营业班长按照计划进行派工。
4：台区客户代表对保护装置进行巡视检查并判断异常。一般每月至少进行一次试跳，每年至少进行一次特性测试。如定期试验不合格，则进入缺陷处理流程，更换保护装置；如试验合格，则相关数据记录归档。
5：台区客户代表对保护装置的运行、试验、消缺、更换等信息进行记录并归档

# 附录L　安全生产目标责任书

为了进一步加强供电所安全生产，落实安全生产责任制，强化安全管理，真正把“安全第一、预防为主、综合治理”的方针落到实处，确保全年安全生产目标的实现，所长（单位第一责任者）特与本单位职工签订××××年安全生产目标责任书。

**1　年度安全生产责任目标**

1.1　控制未遂和异常，不发生轻伤和障碍及以上事故。

1.2　不发生本人负同等及以上责任的触电伤亡事故。

1.3　不发生负主要责任的交通事故。

1.4　不发生火灾和治安事故。

1.5　不发生严重违章违制行为。

**2　责任范围**

在供电所核定的管理范围内，对本人安全生产目标的实现负全部责任。

**3　制度保障**

3.1　保证上级颁发的有关安全生产规程、标准、规程、规定在责任范围内贯彻执行。

3.2　依据上述法规、标准、规程、规定，认真执行本供电所的安全制度及奖惩规定，并对自身责任范围内的安全生产情况负责。

**4　主要工作责任要求**

4.1　在工作中严格执行各项规章制度，落实安全生产责任制。

4.2　自觉履行本岗位安全生产的责任和义务。

4.3　按规程规定认真巡视管辖区内电网设备，对发现的缺陷及时上报，积极参加事故抢修工作，确保设备正常运行。

4.4　积极参加安全学习、培训和考试，强化安全意识，提高自身素质。

4.5　按期对管理的客户进行安全用电检查，对发现的隐患如实上报，及时处理。

4.6　牢记“安全高于一切，安全就是效益”的安全理念，在工作中严格执行“两票三制”，杜绝各种习惯性违章行为。

4.7　认真完成所长交办的其他安全工作。

**5　考核与奖惩**

单位负责人负责对本单位职工进行考核。奖惩按照《×××公司安全生产奖惩办法》和《×××公司生产违章行为奖惩规定》有关规定执行。

**6**　此责任状一式两份，签状单位与签状者各执一份，自××××年1月1日起至××××年12月31日生效。

×××供电所所长：　　　　　　　　　　主管部门负责人：

××××年1月1日

# 附录 M　安全活动记录

单位：国网×××供电公司供电所：×××供电所

<table>
<tr><td>日期</td><td colspan="2">年　月　日</td><td colspan="2">应参加人数　　人</td><td>实到　人</td></tr>
<tr><td>主持人：</td><td colspan="2"></td><td colspan="3">记录人：</td></tr>
<tr><td colspan="6">一、参加活动人员（可附页）</td></tr>
<tr><td></td><td></td><td></td><td></td><td></td><td></td></tr>
<tr><td></td><td></td><td></td><td></td><td></td><td></td></tr>
<tr><td></td><td></td><td></td><td></td><td></td><td></td></tr>
<tr><td></td><td></td><td></td><td></td><td></td><td></td></tr>
<tr><td></td><td></td><td></td><td></td><td></td><td></td></tr>
<tr><td></td><td></td><td></td><td></td><td></td><td></td></tr>
<tr><td colspan="6">二、其他部门或上级参加人员</td></tr>
<tr><td></td><td></td><td></td><td></td><td></td><td></td></tr>
<tr><td colspan="6">三、缺席活动人员</td></tr>
<tr><td colspan="6"></td></tr>
<tr><td colspan="6">四、缺席人员补阅</td></tr>
<tr><td>姓名</td><td>补阅时间<br>（年月日）</td><td>姓名</td><td>补阅时间<br>（年月日）</td><td>姓名</td><td>补阅时间<br>（年月日）</td></tr>
<tr><td></td><td></td><td></td><td></td><td></td><td></td></tr>
<tr><td></td><td></td><td></td><td></td><td></td><td></td></tr>
<tr><td></td><td></td><td></td><td></td><td></td><td></td></tr>
<tr><td colspan="6">五、安全活动内容<br>□学习安全生产标准/制度、贯彻上级文件、会议精神<br>□学习事故通报<br>□异常、违章分析及供电所实际应吸取的教训和应采取的防范措施<br>□安全专项活动<br>□其他</td></tr>
<tr><td colspan="6"></td></tr>
</table>

续表

| 六、本周安全生产情况回顾（本周安全生产情况、安全检查情况、隐患整改情况、不安全因素等） |
| --- |
| |
| 七、下周安全工作要点（预控措施、重点检查项目、建议等） |
| 八、个人发言记录 |
| 九、上级评价<br><br>上级领导或安全员签名 |

注 **1. 填写说明**：本记录依据《国家电网公司安全工作规定》编制。

**2. 填写内容**：主要记录供电所安全活动开展情况，包括安全活动内容、本周安全生产情况回顾（本周安全生产情况、安全检查情况、隐患整改情况、不安全因素等）、下周安全工作要点（预控措施、重点检查项目、建议等）、个人发言记录、上级评价。其中安全活动内容包括安全生产标准/制度、贯彻上级文件、会议精神，事故通报，异常、违章分析及本供电所实际应吸取的教训和应采取的防范措施，安全专项活动。

**3. 填写方式**：本记录可以以纸质文本方式记录也可以使用录音、录像等方式记录，但其中参加人员以及上级评价等内容必须手工填写、纸质记录。

**4. 填写要求**：本记录要求供电所每周记录 1 次，由供电所负责填写。

本记录执行情况纳入供电所各项先进评比与考核，并由公司供电所安全管理职能部门负责管理。

# 附录N　安 全 管 理 台 账

单位：　　　　　　　　　　　　　　　　　　　　　　国网×××省电力公司

供电所：　　　　　　　　　　　　　　　　　　　　　年　月　日

**填写说明：**本台账依据供电所安全基础管理要求和安全生产实际情况编制。

**填写内容：**主要记录供电所年度安全生产目标和保证措施、人员名单及安规考试成绩表、“两措”计划及完成情况、春秋季安全大检查（安全生产月）活动记录、消防设备台账等。

**填写方式：**安全管理台账以电子版或纸质版的形式记录和保存，由供电所安全员负责建立和管理。

**填写要求：**安全管理台账是供电所安全管理的依据和安全生产历史记录。

**填写周期：**日常，由供电所负责填写。

## 目　录



## 一、年度供电所安全生产目标

注：依据各单位每年分解到供电所的安全目标确定。

## 二、年度安全生产目标的保证措施

注：填写保证实现安全生产目标的具体措施。

## 三、年度人员名单及安规考试成绩表

| 姓名 | 性别 | 年龄 | 文化程度 | 岗位（工种） | 工龄 | 安规考试成绩 | 备注 |
|---|---|---|---|---|---|---|---|
| | | | | | | | |
| | | | | | | | |

## 四、“两措”计划及完成情况

月份“两措”计划及完成情况。

| 计划、内容： |
|---|
| |
| 完成、执行情况： |
| |

**注** 本表应按月记录。

## 五、“两措”项目完成情况汇总

| 序号 | 项目内容 | 负责人 | 完成日期 | 完成情况 |
|---|---|---|---|---|
| 1 | | | | |
| 2 | | | | |

## 六、春季暨迎峰度夏安全大检查、整改及总结

### 1. 春季暨迎峰度夏安全大检查记录

| 春季暨迎峰度夏安全大检查开展情况（包括检查计划、检查重点、检查实施）： |
| --- |
| |
| |
| 安全月活动记录： |
| |
| |

**2. 春季暨迎峰度夏安全大检查发现问题整改情况**

| 序号 | 存在问题 | 整改措施 | 整改责任人 | 计划整改时间 | 完成整改日期 | 备注 |
| --- | --- | --- | --- | --- | --- | --- |
| 1 | | | | | | |
| 2 | | | | | | |

**3. 春季暨迎峰度夏安全大检查总结**

注：填写春季暨迎峰度夏安全大检查自查总结。

## 七、秋冬季安全大检查、整改及总结

**1. 秋冬季安全大检查活动记录**

| 秋冬季安全大检查开展情况（包括检查计划、检查重点、检查实施）： |
| --- |
| |
| |

**2. 秋冬季安全大检查发现问题整改情况**

| 序号 | 存在问题 | 整改措施 | 整改责任人 | 计划整改时间 | 完成整改日期 | 备注 |
| --- | --- | --- | --- | --- | --- | --- |
| 1 | | | | | | |
| 2 | | | | | | |

### 3. 秋冬季安全大检查总结

注：填写秋冬季安全大检查自查总结。

## 八、消防器材登记

| 器材名称 | 规格型号 | 配置供电所 | 编号 | 配置位置 | 出厂时间 | 到期时间 | 备注 |
|---|---|---|---|---|---|---|---|
| | | | | | | | |
| | | | | | | | |

## 九、消防器材检查记录

供电所

| 月份 | 器材名称 | 配置数量 | 检查时间 | 检查情况 | 检查人 | 备注 |
|---|---|---|---|---|---|---|
| | | | | | | |
| | | | | | | |

# 附录O　两票统计、分析及考核记录

## 1　填写说明

样张供参考。

## 2　填写内容

（1）工作票及操作票考核记录。

1　栏执行份数：根据本月各类票的实际执行数量填写。

2　栏合格：根据自审和复审情况，判定合格的票数量。

3　栏不合格：根据自审和复审情况，判定不合格的票数量。

4　栏不规范：根据自审和复审情况，判定票面存在不规范情况的票数量。

5　栏合格率：合格与执行份数相除。

合计：将对应的执行份数、合格、不合格、不规范数量各自相加。

（2）工作票统计分析。

1　栏日期：填写该工作票的工作日期。

2　栏工作票类别：填写工作票的种类，例如第一种工作票、第二种工作票、施工作业票等。

3　栏编号：填写工作票的编号。

4　栏工作任务：填写工作票中的工作内容。

5～7　栏执行情况：根据实际情况，在“已执行”“未执行”“作废”中选择，并打钩“√”。

8～10　栏签发人、负责人、许可人：按照工作票中对应填写，如没有则空缺。

合计——总计本月工作票的数量。

合格——通过自审判定合格的工作票数量。

不合格——通过自审判定不合格的工作票数量。

合格率——合格工作票数量/工作票总数×100％。

评价分析——根据工作票执行与自审情况，对本月工作票进行评价和分析，总结好的方面，提出发现的问题和下步整改措施。

(3) 操作票统计分析。

1　栏日期：填写该操作票的工作日期。

2　栏操作票编号：填写操作票的编号。

3　栏工作项目：填写操作票中的工作内容。

4～6　栏执行情况——根据实际情况，在“已执行”“未执行”“作废”中选择，并打钩“√”。

7～8　栏操作人、监护人——按照工作票中对应填写，如没有则空缺。

合计——总计本月操作票的数量。

合格——通过自审判定合格的操作票数量。

不合格——通过自审判定不合格的操作票数量。

合格率——合格操作票数量/操作票总数×100%。

评价分析——根据操作票执行与自审情况，对本月操作票进行评价和分析，总结好的方面，提出发现的问题和下步整改措施。

**3　填写要求**

本台账更新周期：月；由供电所负责填写。

**工作票及操作票考核记录**

部门：××供电所　　　　　　　　　　　　　　　　年　月

| 名称 | 执行份数 | 合格 | 不合格 | 不规范 | 合格率 |
|---|---|---|---|---|---|
| 第一类 | | | | | |
| 电力线路带电作业工作票 | | | | | |
| 配电线路一种工作票 | | | | | |
| 电缆一种工作票 | | | | | |
| 第二类 | | | | | |
| 施工作业票 | | | | | |
| 配变专用一种票 | | | | | |
| 线路二种票 | | | | | |
| 动火作业票 | | | | | |
| 低压带电装（拆）作业票 | | | | | |
| 电力事故应急抢修单 | | | | | |
| 操作票 | | | | | |
| 合计 | | | | | |

自审负责人：________

| 名称 | 执行份数 | 合格 | 不合格 | 不规范 | 合格率 |
|---|---|---|---|---|---|
| 第一类 | | | | | |
| 电力线路带电作业工作票 | | | | | |
| 配电线路一种工作票 | | | | | |
| 电缆一种工作票 | | | | | |
| 第二类 | | | | | |
| 施工作业票 | | | | | |
| 配变专用一种票 | | | | | |
| 线路二种票 | | | | | |
| 动火作业票 | | | | | |
| 低压带电装（拆）作业票 | | | | | |
| 电力事故应急抢修单 | | | | | |
| 操作票 | | | | | |
| 合计 | | | | | |

复审负责人：

**工作票月度统计表**

部门：××供电所　　　　年　月

| 序号 | 日期 | 工作票类别 | 编号 | 工作任务 | 执行情况 | | | 签发人 | 负责人 | 许可人 |
|---|---|---|---|---|---|---|---|---|---|---|
| | | | | | 已执行 | 未执行 | 作废 | | | |
| | 1 | 2 | 3 | 4 | 5 | 6 | 7 | 8 | 9 | 10 |
| | | | | | | | | | | |
| | | | | | | | | | | |
| | | | | | | | | | | |
| | | | | | | | | | | |
| | | | | | | | | | | |
| | | | | | | | | | | |
| | | | | | | | | | | |
| 合计：　张 | | 合格：　张 | | | 不合格：　张 | | | 合格率：　% | | |
| 评价分析： | | | | | | | | | | |

负责人：　　填报人：　　填报时期：　年　月　日

**注**　此表一式两份，一份次月 11 日前上报安监部，一份所内存档。

**操作票月度统计表**

部门：　　　××供电所　　　　　　　　　　　　　　　　年　　月

<table>
<tr><td rowspan="2">序号</td><td rowspan="2">日期</td><td rowspan="2">操作票编号</td><td rowspan="2">工作项目</td><td colspan="3">执行情况</td><td rowspan="2">操作人</td><td rowspan="2">监护人</td></tr>
<tr><td>已执行</td><td>未执行</td><td>作废</td></tr>
<tr><td></td><td>1</td><td>2</td><td>3</td><td>4</td><td>5</td><td>6</td><td>7</td><td>8</td></tr>
<tr><td></td><td></td><td></td><td></td><td></td><td></td><td></td><td></td><td></td></tr>
<tr><td></td><td></td><td></td><td></td><td></td><td></td><td></td><td></td><td></td></tr>
<tr><td colspan="9">合计：　张　　合格：　张　　不合格：　张　　合格率：　%</td></tr>
<tr><td colspan="9">评价分析：</td></tr>
</table>

负责人：　　　　填报人：　　　　填报日期：　　年　　月　　日

**注**　此表一式两份，一份次月 11 日前上报安监部，一份所内存档。

# 附录P　安全隐患告知书

年第　号：

你单位（户）存在以下危害电力设施隐患：

此隐患已严重危及——电力线路的安全运行，并将对你单位（户）人身、财产安全构成威胁。

根据《中华人民共和国电力法》、国务院《电力设施保护条例》以及《××省（市）保护电力设施和维护用电秩序规定》等法律法规，请你单位（户）务必在——日内消除隐患。

若不及时采取相应措施，我公司将根据《中华人民共和国电力法》、国务院《电力设施保护条例》以及《××省（市）保护电力设施和维护用电秩序规定》等法律法规中断你单位（户）供电。如果造成安全生产事故或人员伤亡的，你单位（户）应承担全部赔偿责任和相应法律后果。同时，我公司将报电力管理、安全生产监督管理等政府部门，由其做出相应行政处罚；或向人民法院提起诉讼，追究你单位（户）民事赔偿责任或刑事责任。

签发人：

年　月　日　　接受人：　　　　　　　　　　抄　送：

安全隐患告知书

（回执）

：

我单位（户）已接到20年第号《安全隐患告知书》，并采取措施如下：

责任人：

年　月　日

（单位盖章）

# 附录Q 应急处置预案

| 序号 | 预案名称 | 责任部门 | 备注 |
|---|---|---|---|
| 1 | ××供电公司总体预案 | 安全监察质量部 | |
| 2 | | | |
| 3 | | | |
| 4 | | | |
| 5 | | | |
| 6 | | | |

**填写说明：**

（1）预案应由供电所上级专业部门编制，供电所电子留存。

（2）供电所应制定相应的处置措施。

**填写方式：**本记录以电子文档方式存档。

**填写要求：**本记录由供电所负责填写。

# 附录 R　工器具台账及检查记录

**安全、施工工器具台账**

| 名称 | 电压等级或规格型号 | 编号 | 存放场所 | 检验日期 | 检验周期 | 下次检验日期 | 保管人 |
|---|---|---|---|---|---|---|---|
| | | | | | | | |
| | | | | | | | |
| | | | | | | | |
| | | | | | | | |
| | | | | | | | |
| | | | | | | | |
| | | | | | | | |
| | | | | | | | |
| | | | | | | | |
| | | | | | | | |
| | | | | | | | |
| | | | | | | | |

**安全、施工工器具检查记录**

| 名称 | 电压等级或规格型号 | 编号 | 存放场所 | 检查日期 | 检查情况 | 检查人 |
|---|---|---|---|---|---|---|
| | | | | | | |
| | | | | | | |
| | | | | | | |
| | | | | | | |
| | | | | | | |
| | | | | | | |
| | | | | | | |
| | | | | | | |

**填写说明**：该项台账由“安全、施工工器具台账”及“安全、施工工器具检查记录”组成，需严格按配电设施建设、管理要求，记录安全、施工工器具校验、检测、出入库情况。

**填写内容**：根据供电所个人安全工器具保存、检验、检查实际情况进行填写。

**填写方式**：本台账以电子文档方式记录并保存。

**填写要求**：

(1) 本台账对工器具名称、电压等级或规格型号、编号、存放场所、上次检验日期、检验周期、下次检验日期、保管人和日常检查情况进行记录。

(2) 更新时间。安全、施工工器具台账在工器具更新、检验后记录。

# 附录S 施工工器具出入库记录

**国网××供电公司××供电所安全、施工工器具出入库记录**

| 序号 | 工具名称 | 规格 | 领用数 | 编号 | 单位 | 退回数 | 备注 | 序号 | 工具名称 | 规格 | 领用数 | 编号 | 单位 | 退回数 | 备注 |
|---|---|---|---|---|---|---|---|---|---|---|---|---|---|---|---|
| | | | | | | | | | | | | | | | |
| | | | | | | | | | | | | | | | |
| | | | | | | | | | | | | | | | |
| | | | | | | | | | | | | | | | |
| | | | | | | | | | | | | | | | |
| | | | | | | | | | | | | | | | |
| | | | | | | | | | | | | | | | |
| | | | | | | | | | | | | | | | |
| | | | | | | | | 领用人： | | | 保管员： | | | 日期： | |
| | | | | | | | | 退回人： | | | 保管员： | | | 日期： | |

**填写说明：**该项由“安全、施工工器具试验报告”“安全、施工工器具出入库记录组成。

**填写内容：**（1）安全、施工工器具试验。该项由试验单位提供，供电所存档。

（2）安全、施工工器出入库记录。根据实际情况进行填写。

**填写方式：**本记录以纸质方式记录并保存。

**填写要求：**本记录更新周期为日常。

# 附录T 剩余电流动作保护器台账及测试记录

| 序号 | 单位 | 安装地址 | 漏保名称 | 保护形式 | 型号 | 制造厂家 | 额定电流（A） | 动作电流（A） | 安装日期 | 责任人 | 备注 |
|---|---|---|---|---|---|---|---|---|---|---|---|
| 1 | 1 | 2 | 3 | 4 | 5 | 6 | 7 | 8 | 9 | 10 | 11 |
| 2 | | | | | | | | | | | |
| 3 | | | | | | | | | | | |
| 4 | | | | | | | | | | | |
| 5 | | | | | | | | | | | |
| 6 | | | | | | | | | | | |
| 7 | | | | | | | | | | | |
| 8 | | | | | | | | | | | |
| 9 | | | | | | | | | | | |

**填写说明及要求**：未实现信息系统自动生成的供电所，台账采用手工编制（电子存档）方式；1～2栏填写××供电所及剩余电流动作保护器实际安装的地址，3～8栏按剩余电流动作保护器实际名称及参数填写，9～10栏填写剩余电流动作保护器的安装日期及日常维护的责任人。格式为年月日，如2019.01.01，11栏填写其他注意事项。

**剩余电流动作保护器装置运行测试记录**

| 安装地点 | 1 | 额定动作电流 | 2 | | 型号 | 3 | 制造厂名 | 4 | |
|---|---|---|---|---|---|---|---|---|---|
| 管理人 | 5 | 额定动作时间 | 6 | | 投运时间 | 年　月　日 | | | |
| 测试日期 | 动作电流（mA） | 动作时间（s） | 运行情况 | 测试人 | 测试日期 | 动作电流（mA） | 动作时间（s） | 运行情况 | 测试人 |
| 7 | 8 | 9 | 10 | 11 | 12 | 13 | 14 | 15 | 16 |
| | | | | | | | | | |
| | | | | | | | | | |
| | | | | | | | | | |
| | | | | | | | | | |
| | | | | | | | | | |
| | | | | | | | | | |
| | | | | | | | | | |
| | | | | | | | | | |
| | | | | | | | | | |

**填写要求**：未实现信息系统自动生成的供电所，台账采用手工编制（电子存档）方式；1栏填写剩余电流动作保护器实际安装的地点，2～4栏填写剩余电流动作保护器的基本参数器运行记录操，5栏填写剩余电流动作保护器日常管理人员的姓名，6栏填写剩余电流动作保护器的动作时间，7、12栏填写实际测试日期，格式为年月日，如2016.01.01；8栏、13栏填写测试时剩余电流动作保护器动作时的电流；9栏、14栏填写测试时剩余电流动作保护器动作时的时间；10、15栏填写测试结果，如运行正常、拒动等；11、16栏填写测试人员姓名。

# 附录 U 典型违章 100 条

## （一）典型管理违章 23 条

（1）安全第一责任人不按规定主管安全监督机构。

（2）安全第一责任人不按规定主持召开安全分析会。

（3）未明确和落实各级人员安全生产岗位职责。

（4）未按规定设置安全监督机构和配置安全员。

（5）未按规定落实安全生产措施、计划、资金。

（6）未按规定配置现场安全防护装置、安全工器具和个人防护用品。

（7）设备变更后相应的规程、制度、资料未及时更新。

（8）未按规定严格审核现场运行主接线图，不与现场设备一次接线认真核实。

（9）新入厂的生产人员，未组织三级安全教育或员工未按规定组织安规考试。

（10）特种作业人员上岗前未经过规定的专业培训。

（11）没有每年公布工作票签发人、工作负责人、工作许可人、有权单独巡视高压设备人员名单。

（12）对事故未按照“四不放过”原则进行调查处理。

（13）对违章不制止、不考核。

（14）对排查出的安全隐患未制定整改计划或未落实整改治理措施。

（15）设计、采购、施工、验收未执行有关规定，造成设备装置性缺陷。

（16）未按要求进行现场勘察或勘察不认真、无勘察记录。

（17）不落实电网运行方式安排和调度计划。

（18）违章指挥或干预值班调度、运行人员正常操作。

（19）安排或默许无票作业、无票操作。

（20）客户受电工程接电条件件审核完成前安排接电。

（21）大型施工或危险性较大作业期间管理人员未到岗到位。

（22）对承包方未进行资质审查或违规进行工程发包。

（23）承发包工程未依法签订安全协议，未明确双方应承担的安全责任。

## （二）典型行为违章58条

（24）进入作业现场未按规定正确佩戴安全帽。

（25）从事高处作业未按规定正确使用安全带等高处防坠用品或装置。

（26）作业现场未按要求设置围栏，作业人员擅自穿、跨越安全围栏或超越安全警戒线。

（27）不按规定使用操作票进行倒闸操作。

（28）不按规定使用工作票进行工作。

（29）现场倒闸操作不戴绝缘手套，雷雨天气巡视或操作室外高压设备不穿绝缘靴。

（30）约时停、送电。

（31）擅自解锁进行倒闸操作。

（32）防误闭锁装置钥匙未按规定使用。

（33）不按调度命令执行现场操作。

（34）专责监护人不认真履行监护职责，从事与监护无关的工作。

（35）倒闸操作前不核对设备名称、编号、位置，不执行监护复诵制度或操作时漏项、跳项。

（36）倒闸操作中不按规定检查设备实际位置，不确认设备操作到位情况。

（37）停电作业装设接地线前不验电，装设的接地线不符合规定，不按规定和顺序装拆接地线。

（38）漏挂（拆）、错挂（拆）标示牌。

（39）工作票、操作票、作业卡不按规定签名。

（40）开工前，工作负责人未向全体工作班成员宣读工作票，不明确工作范围和带电部位，安全措施不交代或交代不清，近电作业未设专责监护人员，盲目开工。

（41）工作许可人未按工作票所列安全措施及现场条件，布置完善工作现场安全措施。

（42）作业人员擅自扩大工作范围、工作内容或擅自改变已设置的安全措施。

（43）工作负责人在工作票所列安全措施未全部实施前允许工作人员作业。

（44）工作班成员还在工作或还未完全撤离工作现场，工作负责人就办理工作终结手续。

（45）工作负责人、工作许可人不按规定办理工作许可和终结手续。

（46）进入工作现场，未正确着装。

（47）检修完毕或在封闭风洞盖板、风洞门、压力钢管、蜗壳、尾水管和压力容器人孔前，未清点人数和工具，未检查确无人员和物件遗留。

（48）不按规定使用合格的安全工器具、使用未经检验合格或超过检测周期的安全工器具进行作业（操作）。

（49）不使用或未正确使用劳动保护用品，如使用砂轮、车床不戴护目眼镜，使用钻床等旋转机具时戴手套等。

（50）巡视或检修作业，工作人员或机具与带电体不能保持规定的安全距离。

（51）在开关机构上进行检修、解体等工作，未拉开相关动力电源。

（52）将运行中转动设备的防护罩打开，将手伸入运行中转动设备的遮栏内，戴手套或用抹布对转动部分进行清扫或进行其他工作。

（53）在带电设备周围使用钢卷尺、皮卷尺和线尺（夹有金属丝者）进行测量工作。

（54）在带电设备附近使用金属梯子进行作业，在户外变电站和高压室内不按规定使用和搬运梯子、管子等长物。

（55）进行高压试验时不按规定装设遮拦或围栏，加压过程不进行监护和呼唱，变更接线或试验结束时未将升压设备的高压部分放电、短路接地。

（56）在电容器检修前未将电容器放电并接地，或电缆试验结束后未对被试电缆进行充分放电。

（57）继电保护进行开关传动试验未通知运行人员、现场检修人员。

（58）在继保屏上作业时，运行设备与检修设备无明显标志隔开，或在保护盘上或附近进行振动较大的工作时，未采取防掉闸的安全措施。

（59）跨越运转中输煤机、绞磨、卷扬机等牵引用的钢丝绳。

（60）吊车起吊前未鸣笛示警或起重工作无专人指挥。

（61）在带电设备附近进行吊装作业，安全距离不够且未采取有效措施。

（62）在起吊或牵引过程中，受力钢丝绳周围、上下方、内角侧和起吊物下面，有人逗留和通过。吊运重物时从人头顶通过或吊臂下站人。

（63）龙门吊、塔吊拆卸（安装）过程中未严格按照规定程序执行。

（64）在高处平台、孔洞边缘倚坐或跨越栏杆。

（65）高处作业不按规定搭设或使用脚手架。

（66）擅自拆除孔洞盖板、栏杆、隔离层或因工作需要拆除附属设施时不设明显标志并及时恢复。

（67）进入蜗壳和尾水管未设防坠器和专人监护。

（68）凭借栏杆、脚手架、瓷件等起吊物件。

（69）高处作业人员随手上下抛掷器具、材料。

（70）在行人道口或人口密集区从事高处作业，工作地点的下面不设围栏、未设专人看守或其他安全措施。

（71）在梯子上作业，无人扶梯子或梯子架设在不稳定的支持物上，或梯子无防滑措施。

（72）不具备带电作业资格人员进行带电作业。

（73）登杆前不核对线路名称、杆号、色标。

（74）登杆前不检查基础、杆根、爬梯和拉线是否正常。

（75）组立杆塔、撤杆、撤线或紧线前未按规定采取防倒杆塔措施或采取突然剪断导线、地线、拉线等方法撤杆撤线。

（76）动火作业不按规定办理或执行动火工作票。

（77）特种作业人员不持证上岗或非特种作业人员进行特种作业。

（78）未履行有关手续即对有压力、带电、充油的容器及管道施焊。

（79）在易燃物品及重要设备上方进行焊接，下方无监护人，未采取防火等安全措施。

（80）易燃、易爆物品或各种气瓶不按规定储运、存放、使用。

（81）水上作业不佩戴救生措施。

## （三）典型装置违章19条

（82）高低压线路对地、对建筑物等安全距离不够。

（83）高压配电装置带电部分对地距离不能满足规程规定且未采取措施。

（84）金属封闭式开关设备未按照国家、行业标准设计制造压力释放通道。

（85）备用间隔未纳入调度管辖范围。

（86）电力设备拆除后，仍留有带电部分未处理。

（87）变电站无安全防护措施。

（88）易燃易爆区、重点防火区内的防火设施不全或不符合规定要求。

（89）设备一次安装接线与技术协议和设计图纸不一致。

（90）电气设备无安全警示标志或未根据有关规程设置固定遮（围）栏。

（91）开关设备无双重名称。

（92）线路杆塔无线路名称和杆号，或名称和杆号不唯一、不正确、不清晰。

（93）线路接地电阻不合格或架空地线未对地导通。

（94）平行或同杆架设多回路线路无色标。

（95）在绝缘配电线路上未按规定设置验电接地环。

（96）防误闭锁装置不全或不具备“五防”功能。

（97）机械设备转动部分无防护罩。

（98）电气设备外壳无接地。

（99）临时电源无漏电保护器。

（100）起重机械，如绞磨、汽车吊、卷扬机等无制动和逆止装置，或制动装置失灵、不灵敏。

# 附录V　人身、电网、设备、信息系统事故报告

## 人身事故调查报告书

1. 事故名称（简题）：________事故编号：________

2. 事故单位全称：________地址：________

3. 业别：________省电力公司（直属公司）：________

上级主管单位：________

4. 事故发生时间：____年____月____日____时____分

5. 事故类别：________；主要原因分析________

6. 事故伤亡情况　死亡____人　重伤____人　轻伤____人

| 姓名 | 伤亡情况<br>（死、重、轻） | 工种及级别 | 性别 | 年龄 | 本工种工龄 | 受过何种<br>安全教育 | 所属单位 |
|---|---|---|---|---|---|---|---|
| | | | | | | | |
| | | | | | | | |
| | | | | | | | |

7. 事故经过、原因、直接经济损失：

8. 防止事故重复发生的对策（措施）、执行人、完成期限以及执行检查人：

9. 事故责任分析和对责任者的处理意见：

10. 事故调查组人员名单：

| 姓名 | 性别 | 单位 | 职务 | 事故调查组中的职别 | 签名 |
|---|---|---|---|---|---|
| | | | | | |
| | | | | | |

11. 附件清单（包括图纸、资料、原始记录、笔录、试验和分析计算资料、事故照片、录像、录音等）：

事故单位负责人：________　________

主持事故调查单位负责人：________

主持事故调查单位盖章：________

日期：____年____月____日

## 电网事故调查报告书

1. 事故名称（简题）：____________事故编号：____________

2. 事故单位全称：____________

3. 事故等级：____________；事故类别：____________

4. 事故起止时间：______年______月______日______时______分至

______年______月______日______时______分

5. 事故前电网运行工况（事故前电网实时运行方式，电网功率、电压、频率，气象条件等）：

6. 事故发生、扩大和处置情况：

7. 事故原因及扩大原因：

8. 事故损失及影响情况（少发电量、减供负荷及比例、停电用户数及比例、损坏设备、直接经济损失、对重要用户影响情况等）：

9. 事故暴露问题：

10. 防止事故重复发生的对策（措施）执行人、完成期限以及执行检查人：

11. 事故责任分析和对责任者的处理意见：

12. 事故调查组人员名单：

| 姓名 | 性别 | 单位 | 职务 | 事故调查组中的职别 | 签名 |
|---|---|---|---|---|---|
| | | | | | |
| | | | | | |
| | | | | | |

13. 附件清单（包括图纸、资料、原始记录、笔录、试验和分析计算资料、事故照片、录像、录音等）：

事故单位负责人：________ ________

主持事故调查单位负责人：____________

主持事故调查单位盖章：____________

日期：______年______月______日

**设备事故调查报告书**

1. 事故名称（简题）：________________事故编号：________________

2. 事故单位全称：________________

3. 事故等级：________________；事故类别：________________

4. 事故起止时间：______年______月______日______时______分至______年______月______日______时______分

5. 故障设备情况（设备规范/型号/参数、制造厂、投产日期、最近一次检修日期等）：

6. 事故前运行工况：

7. 事故发生扩大和处置情况：

8. 事故原因及扩大原因：

9. 事故损失情况（少发电量、少送电量、设备损坏情况、直接经济损失、损坏设备修复时间等）：

10. 事故暴露问题：

11. 防止事故重复发生的对策（措施）、执行人完成期限以及执行检查人：

12. 事故责任分析和对责任者的处理意见：

13. 事故调查组人员名单：

| 姓名 | 性别 | 单位 | 职务 | 事故调查组中的职别 | 签名 |
|---|---|---|---|---|---|
| | | | | | |
| | | | | | |
| | | | | | |

14. 附件清单（包括图纸、资料、原始记录、笔录、试验和分析计算资料、事故照片、录像、录音等）：

事故单位负责人：____________ ____________

主持事故调查单位负责人：________________

主持事故调查单位盖章：________________

日期：______年______月______日

## 信息系统事件调查报告书

1. 事件名称（简题）：____________事件编号：____________

2. 事件单位全称：____________________

3. 事件等级：____________________

4. 事件主体类别：____________；事件客体类别____________

5. 事件起止时间：________年________月________日________时________分至________年________月________日________时________分

6. 事件发生、扩大和处置情况：

7. 事件发生原因及扩大原因：

8. 事件的影响范围、损失、后果情况：

9. 事件暴露的问题：

10. 防止事件重复发生的对策（措施）、执行人、完成期限以及执行检查人：

11. 事件责任分析和对责任者的处理意见：

12. 事件调查组人员名单：

| 姓名 | 性别 | 单位 | 职务 | 事故调查组中的职别 | 签名 |
|---|---|---|---|---|---|
| | | | | | |
| | | | | | |
| | | | | | |

13. 附件清单（包括运行记录、系统配置、系统日志文件、机房值班记录、操作单记录、操作票记录、安全设备日志、处理过程记录、调查记录等）：

事件单位负责人：________ ________

主持事件调查单位负责人：____________________

主持事件调查单位盖章：____________________

日期：________年________月________日